高等职业教育食品类专业教材

# 食品添加剂
## （第五版）

主 编
彭珊珊　钟瑞敏

中国轻工业出版社

**图书在版编目（CIP）数据**

食品添加剂 / 彭珊珊，钟瑞敏主编. -- 5版. --
北京：中国轻工业出版社，2025.6. -- ISBN 978-7
-5184-4627-8
Ⅰ. TS202.3
中国国家版本馆CIP数据核字第2024R1C912号

责任编辑：张　靓
文字编辑：赵晓鑫　　责任终审：劳国强　　封面设计：锋尚设计
版式设计：砚祥志远　　责任校对：吴大朋　　责任监印：张京华

出版发行：中国轻工业出版社（北京鲁谷东街5号，邮编：100040）
印　　刷：三河市万龙印装有限公司
经　　销：各地新华书店
版　　次：2025年6月第5版第1次印刷
开　　本：787×1092　1/16　印张：16.5
字　　数：400千字
书　　号：ISBN 978-7-5184-4627-8　定价：43.00元
邮购电话：010-85119873
发行电话：010-85119832　010-85119912
网　　址：http://www.chlip.com.cn
Email：club@chlip.com.cn
版权所有　侵权必究
如发现图书残缺请与我社邮购联系调换
231110J2X501ZBW

# 本书编写人员

**主　编**　彭珊珊（韶关学院）
　　　　　钟瑞敏（韶关学院）

**副主编**　李　琳（中山学院）
　　　　　侯　婷（天津现代职业技术学院）
　　　　　徐吉祥（清远职业技术学院）

**参　编**　石　燕（南昌大学）
　　　　　包永华（浙江经贸职业技术学院）
　　　　　林朝鹏（厦门城市职业技术学院）
　　　　　李平凡（广东轻工职业技术大学）
　　　　　钟桂兴（清远山弘农产有限公司）

# 前 言

当今,我国人民生活水平不断提高,人们对食品提出了越来越高、越来越新的要求。一方面要求食品营养丰富,色、香、味、形俱佳;另一方面还要求食用方便、清洁卫生、无毒无害、确保安全。随着我国经济发展、科技进步,食品工业已进入了迅猛发展的新阶段。食品添加剂是食品工业发展最活跃、最有创造力的因素,它是为改善食品品质和色、香、味,以及为防腐、保鲜和加工工艺的需要而加入的。食品添加剂已成为现代食品工业不可缺少的一部分,并且已经成为食品工业技术进步和科技创新的重要推动力。

食品添加剂与人们的身体健康密切相关,它不是食物原有成分,而是随食品一同被人体所摄入,如果使用不当,就有可能对人体造成危害。为了保障人民的健康,同时适应日益发展的食品工业和国际贸易广泛交流的需要,按照国家的规定,加强对食品添加剂的学习、了解,增强建设社会主义现代化强国和实现中华民族伟大复兴中国梦的使命感,具有十分重要的意义。

我们在前四版的基础上,依据最新颁布的 GB 2760—2024《食品安全国家标准 食品添加剂使用标准》对教材进行修订,主要体现在:从教学实际和岗位需求出发,将学习目标细分为知识、技能、素质三部分;结合食品产业发展现状及趋势,对添加剂的品种、使用范围、安全添加量等进行了更新;完善了实训内容,以满足与工作岗位无缝衔接的高素质技术技能人才培养的需求。

本教材主要包括 GB 2760—2024 和 GB 14880—2012 所列入的食品添加剂的主要部分和国内外已广泛使用的重要食品添加剂类别和常用品种。书中着重介绍了食品添加剂的性状、性能、注意事项及其应用等;同时也适当介绍了国内外食品添加剂的发展动态和使用情况。通过本课程学习,让学生理解和掌握食品添加剂对改善食品品质、改进生产工艺、提高生产率、延长食品保质期的重要作用,学会在食品加工中如何正确选用食品添加剂,培养科学精神与发现、分析、解决问题的能力,以发展食品工业、开拓食品市场,让人们的饮食生活既丰富多彩又安全可靠,培养创新实用的新型人才。

本教材可供食品专业相关院校师生教学使用,也可供从事食品加工、食品卫生的科研人员、职工和管理人员阅读、参考。

本教材在编写的过程中得到国内许多食品专家的热情关怀和有力支持,有许多老师和学生提出了很好的修改建议,特在此表示深深的谢意。

由于编者水平有限,书中难免有疏漏、错误之处,望广大读者批评指正。

编者

# 目 录 CONTENTS

**模块一 食品添加剂基础知识** ... 1
    学习目标 ... 1
    学习内容 ... 1
        项目一 食品添加剂的定义、分类和作用 ... 2
        项目二 食品添加剂的安全性评价 ... 4
        项目三 食品添加剂的使用标准及选用原则 ... 10
        项目四 食品添加剂的发展 ... 15
        思考题 ... 19
    实训内容 ... 19
        实训一 认识食品添加剂 ... 19
        实训二 食品添加剂使用标准的检索 ... 20
        实训三 食品添加剂使用标准的对比 ... 20

**模块二 防腐剂** ... 21
    学习目标 ... 21
    学习内容 ... 21
        项目一 防腐剂的作用机制 ... 22
        项目二 合成防腐剂 ... 23
        项目三 天然防腐剂 ... 28
        项目四 防腐剂的使用和发展趋势 ... 34
        项目五 果蔬防腐剂 ... 38
        思考题 ... 41
    实训内容 ... 41
        实训一 芹菜汁的防腐保藏 ... 41
        实训二 果酱的防腐保藏 ... 42
        实训三 面包的防霉 ... 43

**模块三 抗氧化剂** ... 45
    学习目标 ... 45

学习内容 …… 45
　　　项目一　抗氧化剂的作用机制 …… 46
　　　项目二　油溶性抗氧化剂 …… 47
　　　项目三　水溶性抗氧化剂 …… 51
　　　项目四　抗氧化剂的使用和发展趋势 …… 52
　　思考题 …… 55
　　实训内容 …… 55
　　　实训一　油脂的抗氧化 …… 55
　　　实训二　苹果片的保鲜 …… 56

模块四　**酸度调节剂、甜味剂和增味剂** …… 57
　　学习目标 …… 57
　　学习内容 …… 57
　　　项目一　酸度调节剂 …… 58
　　　项目二　甜味剂 …… 60
　　　项目三　增味剂 …… 66
　　思考题 …… 72
　　实训内容 …… 72
　　　实训一　酸度调节剂性能比较及酸甜比的确定 …… 72
　　　实训二　比较甜味剂性能及食盐对甜度的影响 …… 73
　　　实训三　食品的调味 …… 73

模块五　**着色剂** …… 75
　　学习目标 …… 75
　　学习内容 …… 75
　　　项目一　着色剂的分类、色调和使用特性 …… 75
　　　项目二　合成着色剂 …… 81
　　　项目三　天然着色剂 …… 84
　　思考题 …… 91
　　实训内容 …… 91
　　　实训一　着色剂的调色 …… 91
　　　实训二　着色剂稳定性的对比 …… 92
　　　实训三　调味糖浆的制作 …… 93

**模块六　护色剂和漂白剂** ··············································································· 94
　　学习目标 ························································································· 94
　　学习内容 ························································································· 94
　　　项目一　护色剂 ············································································· 94
　　　项目二　漂白剂 ············································································· 97
　　　思考题 ······················································································ 101
　　实训内容 ······················································································ 101
　　　实训一　香肠加工中护色剂的使用 ················································· 101
　　　实训二　蘑菇罐头加工中护色剂的使用 ·········································· 102
　　　实训三　芒果干加工中漂白剂的使用 ············································· 103

**模块七　食品用香料、香精** ··········································································· 104
　　学习目标 ······················································································ 104
　　学习内容 ······················································································ 104
　　　项目一　食品用香料、香精的分类、呈香和使用 ································ 104
　　　项目二　食品用天然香料 ······························································ 108
　　　项目三　食品用合成香料 ······························································ 111
　　　项目四　食品用香精 ···································································· 114
　　　思考题 ······················································································ 119
　　实训内容 ······················································································ 119
　　　实训一　食品用香精的调香 ·························································· 119
　　　实训二　冰淇淋的调香 ································································· 120
　　　实训三　从天然香料中提取香料并配制香精 ···································· 121

**模块八　乳化剂** ······················································································· 122
　　学习目标 ······················································································ 122
　　学习内容 ······················································································ 122
　　　项目一　乳化剂的作用机制、特点和发展 ······································· 122
　　　项目二　常用乳化剂 ···································································· 128
　　　思考题 ······················································································ 133
　　实训内容 ······················································································ 133
　　　实训一　乳化剂的性能比较 ·························································· 133
　　　实训二　乳化剂对牛乳稳定效果的比较 ·········································· 134
　　　实训三　豆乳饮料制作时乳化剂的使用 ·········································· 134

**模块九 增稠剂** …………………………………………………………………… 136
　学习目标 ………………………………………………………………………… 136
　学习内容 ………………………………………………………………………… 136
　　项目一　增稠剂的特点、作用和发展 ………………………………………… 136
　　项目二　天然增稠剂 …………………………………………………………… 140
　　项目三　合成增稠剂 …………………………………………………………… 146
　　思考题 …………………………………………………………………………… 148
　实训内容 ………………………………………………………………………… 148
　　实训一　增稠剂的性能比较 …………………………………………………… 148
　　实训二　果胶凝胶度(加糖率)的测定 ………………………………………… 149
　　实训三　增稠剂黏度的测定 …………………………………………………… 151
　　实训四　海藻凉粉或"葡萄球"制作时食品添加剂的使用 …………………… 153
　　实训五　果冻制作时食品添加剂的使用 ……………………………………… 154

**模块十　被膜剂、稳定剂和凝固剂** ……………………………………………… 155
　学习目标 ………………………………………………………………………… 155
　学习内容 ………………………………………………………………………… 156
　　项目一　稳定剂和凝固剂 ……………………………………………………… 156
　　项目二　被膜剂 ………………………………………………………………… 160
　　思考题 …………………………………………………………………………… 164
　实训内容 ………………………………………………………………………… 164
　　实训一　豆腐花中凝固剂的使用 ……………………………………………… 164
　　实训二　百合罐头中稳定剂的使用 …………………………………………… 165
　　实训三　柑橘的涂膜保鲜 ……………………………………………………… 166

**模块十一　水分保持剂、面粉处理剂和膨松剂** ………………………………… 168
　学习目标 ………………………………………………………………………… 168
　学习内容 ………………………………………………………………………… 169
　　项目一　水分保持剂 …………………………………………………………… 169
　　项目二　面粉处理剂 …………………………………………………………… 171
　　项目三　膨松剂 ………………………………………………………………… 173
　　思考题 …………………………………………………………………………… 176
　实训内容 ………………………………………………………………………… 176
　　实训一　鸡肉糕中食品添加剂的使用 ………………………………………… 176

实训二　蚕豆罐头中食品添加剂的使用 …… 178
　　实训三　牛奶馒头中食品添加剂的使用 …… 179

**模块十二　消泡剂、抗结剂和胶基糖果中基础剂物质** …… 181
　学习目标 …… 181
　学习内容 …… 182
　　项目一　消泡剂 …… 182
　　项目二　抗结剂 …… 184
　　项目三　胶基糖果中基础剂物质 …… 186
　　思考题 …… 188
　实训内容 …… 188
　　实训一　豆浆中消泡剂的作用 …… 188
　　实训二　冰淇淋中抗结剂的使用 …… 189

**模块十三　食品用酶制剂** …… 190
　学习目标 …… 190
　学习内容 …… 190
　　项目一　酶与酶制剂 …… 190
　　项目二　常用食品用酶制剂 …… 194
　　思考题 …… 200
　实训内容 …… 200
　　实训一　不同浓度果胶酶澄清效果的比较 …… 200
　　实训二　澄清芹菜汁中酶制剂的使用 …… 201

**模块十四　加工助剂** …… 203
　学习目标 …… 203
　学习内容 …… 203
　　项目一　加工助剂种类和使用 …… 203
　　项目二　常用加工助剂 …… 205
　　思考题 …… 209
　实训内容 …… 209
　　实训一　无花果干加工中食品添加剂的使用 …… 209
　　实训二　肉桂油的提取 …… 210
　　实训三　橘子碳酸饮料的制作 …… 211

## 模块十五 营养强化剂 · 213

- 学习目标 · 213
- 学习内容 · 213
  - 项目一 营养强化剂的使用特点 · 213
  - 项目二 氨基酸类强化剂 · 216
  - 项目三 矿物质类强化剂 · 218
  - 项目四 维生素类强化剂 · 223
  - 思考题 · 228
- 实训内容 · 228
  - 实训一 运动饮料中营养强化剂的使用 · 228
  - 实训二 儿童饮料中营养强化剂的使用 · 229
  - 实训三 南瓜糕中营养强化剂的使用 · 230

## 模块十六 其他食品添加剂 · 232

- 学习目标 · 232
- 学习内容 · 232
  - 项目一 主要的其他食品添加剂 · 232
  - 项目二 呈味剂 · 234
  - 项目三 杀菌剂 · 236
  - 项目四 除氧剂 · 238
  - 思考题 · 241
- 实训内容 · 242
  - 实训一 即食软包装风味菜丝的制作 · 242
  - 实训二 淮山玫瑰果酱的制作 · 243
  - 实训三 除氧剂的调研和试验 · 244

**附录一 食品添加剂卫生管理办法** · 245

**附录二 GB 2760—2024《食品安全国家标准 食品添加剂使用标准》(节选)** · 249

**参考文献** · 251

# 模块一

# 食品添加剂基础知识

## 学习目标

### 知识目标

1. 了解食品添加剂的定义、分类、在食品工业中的作用，以及食品添加剂的发展进程。
2. 了解食品添加剂相关的法律、法规，知晓食品添加剂使用标准的内容。

### 技能目标

1. 能正确认识食品添加剂的功能作用，能够区分食品添加剂和非法添加剂。
2. 学会运用现代网络/网站、搜索引擎，检索食品添加剂的使用范围和最大使用量。

### 素质目标

1. 认识食品添加剂在食品工业中的地位和作用，用辩证思维看待食品添加剂的两面性。
2. 在查询和使用 GB 2760—2024《食品安全国家标准　食品添加剂使用标准》的过程中，强化法治意识和合规意识，树立专业责任感。

## 学习内容

食品工业被称为朝阳工业。伴随着改革开放的步伐，中国食品工业奋力前行，取得了突出成就，总产值从 1978 年的 472 亿元上升到 2017 年的 11.4 万亿元（规模以上食品工业企业主营业务收入）。2024 年中国 GDP 总量为 134.9 万亿元（同比增长 5.0%），食品工业作为其重要的组成部分，增长趋势与整体经济趋势保持一致。至 2024 年，全国 4.3 万家规模以上食品工业企业实现营业收入超 9 万亿元，占全国规模以上工业总收入的 6.6%，贡献了 8.7% 的利润，展现出较高的运营效率和盈利能力。全国食品工业增长较快，规模持续扩大，效益有所提高，市场供给丰富。在国民经济工业各门类中，食品工业是名副其实的第一大产业，是我国国民经济发展的重要支柱产业。

食品添加剂对于推动食品工业的发展起着十分重要的作用，有助于食品制造工业生产水平的快速提高，产业结构不断优化，品种档次也更加丰富；成为门类比较齐全，既能满足国内市场需求，又具有一定出口竞争能力的产业，实现持续、快速、健康发展的良好态势。

## 项目一

## 食品添加剂的定义、分类和作用

随着我国改革开放的深入、科学技术的进步和国民经济的蓬勃发展，人民的物质、文化生活水平有了显著的提高，生活节奏也明显加快，这就要求具有充足的、满足各层次人群需求的、多样化的、高品质的食品。为此，必须具备充足的食品原料、品种齐全的食品添加剂和相应的食品加工技术，其中尤以食品添加剂最为重要，它对食品工业的发展起着决定性作用。

### 一、食品添加剂的定义和分类

什么是食品添加剂？《中华人民共和国食品安全法》（2021年）第一百五十条定义："食品添加剂指为改善食品品质和色、香、味以及为防腐、保鲜和加工工艺的需要而加入食品中的人工合成或者天然物质，包括营养强化剂。"GB 2760—2024《食品安全国家标准　食品添加剂使用标准》定义："食品添加剂是为改善食品品质和色、香、味以及为防腐、保鲜和加工工艺的需要而加入食品中的人工合成或者天然物质。食品用香料、胶基糖果中基础剂物质、食品工业用加工助剂也包括在内。"

食品添加剂的种类有很多，按照其来源的不同可以分为天然食品添加剂与化学合成食品添加剂两大类。天然食品添加剂是利用动植物或微生物的代谢产物等为原料，经提取所得的天然物质。化学合成食品添加剂是通过化学手段，使元素或化合物发生包括氧化、还原、缩合、聚合、成盐等合成反应所得到的物质。目前使用的食品添加剂大多属于化学合成食品添加剂。

依据 GB 2760—2024《食品安全国家标准　食品添加剂使用标准》附录 D，食品添加剂按功能类别可分为 23 种，分别为：酸度调节剂、抗结剂、消泡剂、抗氧化剂、漂白剂、膨松剂、胶基糖果中基础剂物质、着色剂、护色剂、乳化剂、酶制剂、增味剂、面粉处理剂、被膜剂、水分保持剂、营养强化剂、防腐剂、稳定剂和凝固剂、甜味剂、增稠剂、食品用香料、食品工业用加工助剂、其他。

### 二、食品添加剂的作用

众所周知，单纯天然食品无论是其色、香、味，还是质构和保藏性都不能满足消费者的需要，没有食品添加剂也就没有现代食品工业，食品添加剂是食品工业的灵魂。食品添加剂的发展大大地促进了食品工业的发展，之所以如此，是因为食品添加剂具有以下作用。

**1. 增加食品的保藏性、防止腐败变质**

使用食品添加剂对于制备新型食品很有必要。据报道，各种生鲜食品在采收后由于不能及时加工或加工不当，损失可达20%~30%。例如果泥、果酱等，水分含量大，易发酵、霉变，因而在加工过程中必须添加防腐剂来抑制微生物生长，延长食品的货架期，并可防止食物中毒。

而且食品添加剂对于人们的消费时尚——新鲜食品也是至关重要的。我国每年约有几十万吨水果白白烂掉，约占全国水果总产量的30%；现在推广净菜市场，净菜有货架期，特别需要解决叶菜类无毒保鲜剂应用的问题。若能将一些不耐贮存的水果多存放一段时间，就能延长加工期，降低生产成本；老百姓买回家，还能多放几天不致烂掉。我国出口的荔枝、龙眼等，常出现腐烂情况，造成严重的经济损失；为了保证在保质期内保持应有的品质，有利于食品保藏和运输，就需要使用防腐剂保鲜。

**2. 改善食品的感官性状**

食品的色、香、味、形态和质地等是衡量食品质量的重要指标。食品加工后，有的褪色，有的变色，风味和质地也可能有所改变，如果适当使用食品添加剂，可改善食品的色、香、味，满足人们对食品风味和口味的需求。例如巧克力中添加各种香味料，就能使其风味独特，口感舒适。方火腿放久了易收缩，加入增稠剂、鲜味剂则又香又嫩。

馒头、面条、面饼、包子等面食制品，一上货架就离不开食品添加剂。由于我国面粉的面筋力差，所以要加入强筋剂；为了使产品增大体积、改善口感、不易老化、不易破皮，要加入乳化剂、稳定剂等添加剂。

**3. 提高食品的品质质量，增加食品的花色品种**

添加不同的食品添加剂能获得不同花色、口味的食品，促进食品生产企业不断开发出新的、档次多样的食品品种，还能极大地提高食品的商品附加值，增加经济效益。

如果没有增稠剂，就不会有果冻类的食品出现。在生产巧克力时所用的可可粉、砂糖、乳粉等原料中，适量的添加磷脂可控制黏度，更主要是使结晶良好，产品口溶性及口感均较好，并能有效防止巧克力在贮存时或在货架上发生冒霜现象。又如一些软糖在贮藏期间水分易损失，导致干缩、变硬等，添加一些水分保持剂等就可以延迟因水分损失而产生的质变。

**4. 有利于生产的机械化、连续化和自动化，推动食品工业走向现代化**

在食品加工中使用澄清剂、助滤剂和消泡剂等有利于加工操作。例如用葡萄糖酸-δ-内酯作为豆腐的凝固剂，有利于豆腐的机械化、连续化生产。又如乳化剂以其特有的表面活性作用广泛应用于方便面中，能使方便面面团中的水分均匀散发，提高面团的持水性和吸水力，有利于蒸煮时成熟。

**5. 保持或提高食品的营养价值**

随着经济的不断发展，人民生活水平的不断提高，人们对食品的追求有了新的要求，如营养食品、保健食品、功能食品、绿色食品等已成为消费市场的新热点，而食品添加剂对生产这些产品的品质起着至关重要的作用。如防腐剂和抗氧化剂在防止食品腐败变质的同时，对保持食品的营养价值有一定的作用。婴儿生长发育需要各种营养素，因而研发了添加矿物质、维生素的配方乳粉。

### 6. 满足其他特殊需要

例如糖尿病患者不能食用蔗糖，优质的甜味剂可以满足糖尿病患者对甜味的需要。又如上班族时间紧张，方便食品的供应给人们的生活带来了极大的便利。

### 7. 提高经济效益和社会效益

在生产过程中使用稳定剂、凝固剂、絮凝剂等食品添加剂能降低原材料消耗，提高产品率，从而降低生产成本，产生显著的经济效益。例如某品牌果汁悬浮饮料采用魔芋粉（悬浮饮料稳定剂），悬浮稳定、增稠又降低成本。

随着社会的发展和进步，食品添加剂已经进入到粮油、肉禽、果蔬加工等各领域，包括饮料、冷食、调料、酿造、甜食、面食、乳品、营养保健品等各个食品企业。

随着食品添加剂新品种的不断开发、食品加工技术水平的不断提高和食品品种的不断丰富，食品添加剂的作用越来越大。

## 项目二

## 食品添加剂的安全性评价

食品添加剂并非食物中的自然成分，其安全使用非常重要。只有在保证添加物安全的基础上，才有添加剂的效果。《中华人民共和国食品安全法》第四十条指出："食品添加剂应当在技术上确有必要且经过风险评估证明安全可靠，方可列入允许使用的范围。"理想的食品添加剂最好是有益无害的物质。特别是化学合成的食品添加剂大都有一定的毒性，所以使用时要严格控制使用量。食品添加剂的毒性是指其对机体造成损害的能力。毒性除与物质本身的化学结构和理化性质有关外，还与其有效浓度、作用时间、接触途径和部位、物质的相互作用与机体的机能状态等条件有关。因此，不论食品添加剂的毒性强弱、剂量大小，对人体均有剂量与效应的关系，即物质只有达到一定浓度或剂量水平，才显现毒害作用。

### 一、食品添加剂安全性毒理学评价

根据《食品添加剂新品种管理办法》（2017年修正版）的规定，食品添加剂新品种申报时须提交安全性评估材料，包括生产原料或者来源、化学结构和物理特性、生产工艺、毒理学安全性评价资料或者检验报告、质量规格检验报告。

#### 1. 进行毒理学安全性评价是食品添加剂使用标准的重要依据

我国现颁布实施的法规主要有 GB 15193.1—2014《食品安全国家标准　食品安全性毒理学评价程序》。这是检验机构进行毒理学试验的主要标准依据，适用于评价食品生产、加工、保藏、运输和销售过程中所涉及的可能对健康造成危害的化学、生物和物理因素的安全性。检验对象包括食品添加剂、食品原料、辐照食品、食品相关产品以及食品污染物等。

基于事实的决策
（课程思政）

#### 2. 受试物的要求

（1）应提供受试物的名称、批号、含量、保存条件、原料来源、生产工艺、质量规格标准、人体推荐（可能）摄入量等有关资料。

（2）对于单一的化学物质，应提供受试物（必要时包括其杂质）的物理、化学性质（包括化学结构、纯度、稳定性等）。对于混合物（包括配方产品），应提供受试物的组成，必要时应提供受试物各组成成分的物理、化学性质（包括化学名称、化学结构、纯度、稳定性、溶解度等）有关资料。

（3）若受试物是配方产品，应是规格化产品，其组成成分、比例及纯度应与实际应用的相同。若受试物是酶制剂，应该使用在加入其他复配成分以前的产品作为受试物。

**3. 食品安全性毒理学评价试验内容**

（1）急性经口毒性试验　依据 GB 15193.3—2014《食品安全国家标准　急性经口毒性试验》，急性经口毒性是指一次或在 24h 内多次经口给予实验动物受试物后，动物在短时间内出现的毒性效应，包括中毒体征和死亡。通常用半数致死量 $LD_{50}$ 表示。

半数致死量 $LD_{50}$，是指经口一次或在 24h 内多次给予受试物后，能够引起动物死亡率为 50% 的受试物剂量。该剂量为经过统计得出的计算值。其单位是每千克体重所摄入受试物质的毫克数或克数，即 mg/kg 体重或 g/kg 体重。

观察期限一般为观察 14 天，必要时延长到 28 天，特殊情况下至少观察 7 天。

该试验可提供在短期内受试物经口接触受试物所产生的健康危害信息；作为急性毒性分级的依据。为进一步毒性试验提供剂量选择和观察指标的依据。初步估测毒作用的靶器官和可能的毒作用的机制。

通常按大鼠口服 $LD_{50}$（mg/kg 体重），将受试物的急性毒性经口 $LD_{50}$ 分为 5 级，见表 1-1。

表 1-1　急性毒性经口 $LD_{50}$ 分级表

| 级别 | 大鼠口服 $LD_{50}$/（mg/kg 体重） | 相当于人的致死量 | |
|---|---|---|---|
| | | mg/kg 体重 | g/人 |
| 极毒 | <1 | 稍尝 | 0.05 |
| 剧毒 | 1~50 | 500~4000 | 0.5 |
| 中等毒 | 51~500 | 4000~30000 | 5 |
| 低毒 | 501~5000 | 30000~250000 | 50 |
| 实际无毒 | >5000 | 250000~500000 | 500 |

急性毒性试验结果的判定：如 $LD_{50}$ 小于人的推荐（可能）摄入量的 100 倍，则一般应放弃该受试物用于食品，不再继续进行其他毒理学试验。

（2）遗传毒性试验　遗传毒性试验能检出被认为是可遗传效应基础的 DNA 损伤及其损伤的固定。并且遗传毒性试验主要用于致癌性预测。试验内容如哺乳动物骨髓细胞染色体畸变试验、体外哺乳类细胞 TK 基因突变试验、体外哺乳类细胞 HGPRT 基因突变试验、体外哺乳动物细胞染色体畸变试验、体外哺乳动物细胞 DNA 损伤修复试验等。遗传毒性试验组合应考虑原核细胞与真核细胞、体内试验与体外试验相结合的原则。

如遗传毒性试验组合中两项或以上试验阳性，则表示该受试物很可能具有遗传毒性和致癌作用，一般应放弃该受试物应用于食品。如遗传毒性试验组合中一项试验为阳性，则再选两项备选试验（至少一项为体内试验）。如再选的试验均为阴性，则可继续进行下一步的毒性试验。如其中有一项试验阳性，应放弃该受试物应用于食品。如三项试验均为阴性，则可继续进行下一步的毒性试验。

(3) 28天经口毒性试验　依据 GB 15193.22—2014《食品安全国家标准　28天经口毒性试验》，确定在28天内经口连续接触受试物后引起的毒性效应，了解受试物剂量-反应关系和毒作用靶器官。得出28天经口最小观察到有害作用剂量（LOAEL）和未观察到有害作用剂量（NOAEL），初步评价受试物经口的安全性，适用于评价受试物的短期毒性作用，并为下一步较长期毒性和慢性毒性试验剂量、观察指标、毒性终点的选择提供依据。

对只需要进行急性毒性试验、遗传毒性和28天经口毒性试验的受试物，若试验未发现有明显毒性作用，综合其他各项试验结果可做出初步评价。若试验中发现有明显毒性作用，尤其是有剂量-反应关系时，则考虑进行进一步的毒性试验。

(4) 90天经口毒性试验　依据 GB 15193.13—2015《食品安全国家标准　90天经口毒性试验》，确定在90天内经口重复接触受试物引起的毒性效应，了解受试物剂量-反应关系、毒作用靶器官和可逆性。得出90天经口最小观察到有害作用剂量（LOAEL）和未观察到有害作用剂量（NOAEL），初步确定受试物的经口安全性，并为慢性毒性试验剂量、观察指标、毒性终点的选择以及获得"暂定的人体健康指导值"提供依据。

根据试验所得的未观察到有害作用剂量进行评价，原则是：未观察到有害作用剂量小于或等于人的推荐（可能）摄入量的100倍表示毒性较强，应放弃该受试物应用于食品；未观察到有害作用剂量大于100倍而小于300倍者，应进行慢性毒性试验；未观察到有害作用剂量大于或等于300倍者，则不必进行慢性毒性试验，可进行安全性评价。

(5) 致畸试验　依据 GB 15193.14—2015《食品安全国家标准　致畸试验》，致畸性是指受试物在器官发生期间引起子代永久性结构异常的性质。由于母体在孕期受到可通过胎盘屏障的某种有害物质作用，影响胚胎器官分化与发育，导致结构异常，出现胎仔畸形。因此，在受孕动物的胚胎器官形成期给予受试物，可检出该物质对胎仔的致畸作用。

根据试验结果评价受试物是不是实验动物的致畸物。若致畸试验结果阳性，则不再继续进行生殖毒性试验和生殖发育毒性试验。在致畸试验中观察到的其他发育毒性，应结合28天和（或）90天经口毒性试验结果进行评价。

(6) 生殖毒性试验和生殖发育毒性试验　依据 GB 15193.15—2015《食品安全国家标准　生殖毒性试验》和 GB 15193.25—2014《食品安全国家标准　生殖发育毒性试验》，生殖毒性试验是评价受试物对雄性和雌性生殖功能或能力的损害和对后代的有害影响。生殖毒性既可发生于雌性妊娠期，也可发生于妊前期和哺乳期。表现为受试品对生殖过程的影响。如生殖器官及内分泌的变化，对性周期和性行为的影响，以及对生育力和妊娠结局的影响。

发育毒性是指个体在出生前暴露于受试物、发育成为成体之前出现的有害作用。表现为发育生物体的结构异常、生长改变、功能缺陷和死亡。

生殖毒性试验目的和原理：凡受试物能引起生殖机能障碍，干扰配子的形成或使生殖细胞受损，其结果除可影响受精卵及其着床而导致不孕外，尚可影响胚胎的发生及发育，如胚胎死亡导致流产、胎仔发育迟缓以及胎仔畸形。如果对母体造成不良影响会出现妊娠、分娩和乳汁分泌的异常，也可出现胎仔出生后发育异常。

生殖发育毒性试验目的和原理：本试验包括三代（F0、F1、F2 代）。F0、F1 代给予受试物，观察生殖毒性，F2 代观察功能发育毒性。提供关于受试物对雄性和雌性生殖功能的影响，如性腺功能、交配行为、受孕、分娩、哺乳、断乳以及子代的生长发育和神经行为情况等。毒性作用主要包括子代出生后死亡的增加，生长与发育的改变，子代的功能缺陷（包括神经行为、生理发育）和生殖异常等。

生殖毒性试验结果评价：逐一比较受试物组动物与对照组动物繁殖指数是否有显著性差异，以评定受试物有无生殖毒性，并确定其生殖毒性的未观察到有害作用剂量（NOAEL）和最小观察到有害作用剂量（LOAEL）。同时还可根据出现统计学差异的指标（如体重、观察指标、大体解剖和病理组织学检查结果等），进一步估计生殖毒性的作用特点。

生殖发育毒性试验结果评价：逐一比较受试物组动物与对照组动物观察指标和病理学检查结果是否有显著性差异，以评定受试物有无生殖发育毒性，并确定其生殖发育毒性的最小观察到有害作用剂量（LOAEL）和未观察到有害作用剂量（NOAEL）。同时还可根据出现统计学差异的指标（如体重、生理指标、大体解剖和病理组织学检查结果等），进一步估计生殖发育毒性的作用特点。

根据试验所得的未观察到有害作用剂量进行评价的原则是：未观察到有害作用剂量小于或等于人的推荐（可能）摄入量的 100 倍表示毒性较强，应放弃该受试物应用于食品；未观察到有害作用剂量大于 100 倍而小于 300 倍者，应进行慢性毒性试验；未观察到有害作用剂量大于或等于 300 倍者，则不必进行慢性毒性试验，可进行安全性评价。

（7）毒物动力学试验　依据 GB 15193.16—2014《食品安全国家标准　毒物动力学试验》，毒物动力学是研究机体对受试物在体内吸收、分布、生物转化和排泄等过程随时间变化的动态特征。毒物动力学试验目的和原理：对一组或几组试验动物分别通过适当的途径一次或在规定的时间内多次给予受试物。然后测定体液、脏器、组织、排泄物中受试物和（或）其代谢产物的量或浓度的经时变化。进而求出动力学参数，探讨其毒理学意义。

根据试验结果，对受试物进入机体的途径、吸收速率和程度、受试物及其代谢产物在脏器、组织和体液中的分布特征，生物转化的速率和程度，主要代谢产物的生物转化通路，排泄的途径、速率和能力，受试物及其代谢产物在体内蓄积的可能性、程度和持续时间做出评价。

（8）慢性毒性试验　依据 GB 15193.26—2015《食品安全国家标准　慢性毒性试验》，慢性毒性是实验动物经长期重复给予受试物所引起的毒性作用。慢性毒性试验目的和原理：确定实验动物长期经口重复给予受试物引起的慢性毒性效应。了解受试物剂量-反应关系和毒性作用靶器官，确定未观察到有害作用剂量（NOAEL）和最小观察到有害作用剂量（LOAEL），为预测人群接触该受试物的慢性毒性作用及确定健康指导值提供依据。慢性毒性试验结果评价应包括受试物慢性毒性的表现、剂量-反应关系、靶器官、可逆性，得出慢性毒性相应的 NOAEL 和（或）LOAEL。

根据慢性毒性试验所得的未观察到有害作用剂量进行评价的原则是：未观察到有害作用剂量小于或等于人的推荐（可能）摄入量的 50 倍表示毒性较强，应放弃该受试物应用于食品；未观察到有害作用剂量大于 50 倍而小于 100 倍者，经安全性评价后，决定该受试物可否用于食品；未观察到有害作用剂量大于或等于 100 倍者，则可考虑允许使用于食品。

（9）致癌试验　依据 GB 15193.27—2015《食品安全国家标准　致癌试验》，致癌性是实验动物长期重复给予受试物所引起的肿瘤病变发生。

致癌试验目的和原理：确定在实验动物的大部分生命期间，经口重复给予受试物引起的致癌效应。了解肿瘤发生率、靶器官、肿瘤性质、肿瘤发生时间和每只动物肿瘤发生数。为预测人群接触该受试物的致癌作用以及最终评定该受试物能否应用于食品提供依据。

根据致癌试验所得的肿瘤发生率、潜伏期和多发性等进行致癌试验结果判定的原则是（凡符合下列情况之一，可认为致癌试验结果阳性。若存在剂量-反应关系，则判断阳性更可靠）：

①肿瘤只发生在试验组动物，对照组中无肿瘤发生。

②试验组与对照组动物均发生肿瘤，但试验组发生率高。

③试验组动物中多发性肿瘤明显，对照组中无多发性肿瘤，或只是少数动物有多发性肿瘤。

④试验组与对照组动物肿瘤发生率虽无明显差异，但试验组中发生时间较早。

## 二、添加剂选择毒性试验的原则

GB 15193.1—2014《食品安全国家标准　食品安全性毒理学评价程序》还规定了对不同受试物选择毒性试验的原则。添加剂选择毒性试验的原则如下。

### 1. 香料

（1）凡属世界卫生组织（WHO）已建议批准使用或已制定日容许摄入量者，以及香料生产者协会（FEMA）、欧洲理事会（COE）和国际香料工业组织（IOFI）4 个国际组织中的两个或两个以上允许使用的，一般不需要进行试验。

（2）凡属资料不全或只有一个国际组织批准的先进行急性毒性试验和遗传毒性试验组合中的一项。经初步评价后，再决定是否进行进一步试验。

（3）凡属尚无资料可查、国际组织未允许使用的，先进行急性毒性试验、遗传毒性试验和 28 天经口毒性试验。经初步评价后，决定是否需进行进一步试验。

（4）凡属用动、植物可食部分提取的单一高浓度天然香料，如其化学结构及有关资料并未提示具有不安全性的，一般不要求进行毒性试验。

### 2. 酶制剂

（1）由具有长期安全食用历史的传统动物和植物可食部分生产的酶制剂，世界卫生组织已公布日容许摄入量或不需规定日容许摄入量者或多个国家批准使用的，在提供相关证明材料的基础上，一般不要求进行毒理学试验。

（2）对于其他来源的酶制剂，凡属毒理学资料比较完整，世界卫生组织已公布日容许摄入量或不需要规定日容许摄入量者或多个国家批准使用，如果质量规格与国际质量规格标准一致，则要求进行急性经口毒性试验和遗传毒性试验。如果质量规格标准不一致，则需增加 28 天经口毒性试验。根据试验结果考虑是否进行其他相关毒理学试验。

（3）对其他来源的酶制剂，凡属新品种的，需要先进行急性经口毒性试验、遗传毒性试验、90 天经口毒性试验和致畸试验。经初步评价后，决定是否进行进一步试验。凡属一个国家批准使用，世界卫生组织未公布日容许摄入量或资料不完整的，进行急性经口毒性试验、遗传毒性试验和 28 天经口毒性试验，根据试验结果判定是否需要进一步的试验。

（4）通过转基因方法生产的酶制剂按照国家对转基因管理的有关规定执行。

**3. 其他食品添加剂**

（1）凡属毒理学资料比较完整，世界卫生组织已公布日容许摄入量或不需规定日容许摄入量者或多个国家批准使用，如果质量规格与国际质量规格标准一致，则要求进行急性经口毒性试验和遗传毒性试验。如果质量规格标准不一致，则需增加 28 天经口毒性试验。根据试验结果考虑是否进行其他相关毒理学试验。

（2）凡属一个国家批准使用，世界卫生组织未公布日容许摄入量或资料不完整的，则可先进行急性经口毒性试验、遗传毒性试验、28 天经口毒性试验和致畸试验。根据试验结果判定是否需要进一步的试验。

（3）对于由动、植物或微生物制取的单一组分、高浓度的食品添加剂。凡属新品种的，需要先进行急性经口毒性试验、遗传毒性试验、90 天经口毒性试验和致畸试验。经初步评价后，决定是否需进行进一步试验。凡属有一个国际组织或国家已批准使用的，则进行急性经口毒性试验、遗传毒性试验和 28 天经口毒性试验，经初步评价后，决定是否需进行进一步试验。

### 三、进行食品安全性评价时需要考虑的因素

依照 GB 15193.1—2014《食品安全国家标准 食品安全性毒理学评价程序》。进行食品安全性评价时需要考虑的因素有以下几点。

**1. 试验指标的统计学意义、生物学意义和毒理学意义**

对试验中某些指标的异常改变，应根据试验组与对照组指标是否有统计学上差异、其有无剂量反应关系、同类指标横向比较、两种性别的一致性及与本实验室的历史性对照值范围等，综合考虑指标差异有无生物学意义。并进一步判断是否具有毒理学意义。此外如在受试物组发现某种在对照组没有发生的肿瘤，即使与对照组比较无统计学意义，仍要给予关注。

**2. 人的推荐（可能）摄入量较大的受试物**

应考虑给予受试物量过大时，可能影响营养素摄入量及其生物利用率，从而导致某些毒理学表现，而非受试物的毒性作用所致。

**3. 时间-毒性效应关系**

对由受试物引起实验动物的毒性效应进行分析评价时，要考虑在同一剂量水平下毒性效应随时间的变化情况。

**4. 特殊人群和敏感人群**

对孕妇、乳母或儿童食用的食品，应特别注意其胚胎毒性或生殖发育毒性、神经毒性和免疫毒性等。

**5. 人群资料**

由于存在着动物与人之间的物种差异，在评价食品的安全性时，应尽可能收集人群接触受试物后的反应资料。如职业性接触和意外事故接触等。在确保安全的前提下，可考虑

遵照有关规定进行人体试食试验，并且志愿受试者的毒物动力学或代谢资料对于将动物试验结果推论到人具有很重要的意义。

### 6. 动物毒性试验和体外试验资料

本程序所列的各项动物毒性试验和体外试验系统是目前管理（法规）毒理学评价水平下所得到的最重要的资料，也是进行安全性评价的主要依据，在试验得到阳性结果，而且结果的判定涉及受试物能否应用于食品时，需要考虑结果的重复性和剂量-反应关系。

### 7. 不确定系数

不确定系数即安全系数。将动物毒性试验结果外推到人时，鉴于动物与人的物种和个体之间的生物学差异，不确定系数通常为100，但可根据受试物的原料来源、理化性质、毒性大小、代谢特点、蓄积性、接触的人群范围、食品中的使用量和人的可能摄入量、使用范围及功能等因素来综合考虑其安全系数的大小。

### 8. 毒物动力学试验的资料

毒物动力学试验是对化学物质进行毒理学评价的一个重要方面，因为不同化学物质、剂量大小，在毒物动力学或代谢方面的差别往往对毒性作用影响很大。在毒性试验中，原则上应尽量使用与人具有相同毒物动力学或代谢模式的动物种系来进行试验。研究受试物在实验动物和人体内吸收、分布、排泄和生物转化方面的差别，对于将动物试验结果外推到人和降低不确定性具有重要意义。

### 9. 综合评价

在进行综合评价时，应全面考虑受试物的理化性质、结构、毒性大小、代谢特点、蓄积性、接触的人群范围、食品中的使用量与使用范围、人的推荐（可能）摄入量等因素，对于已在食品中应用了相当长时间的物质，对接触人群进行流行病学调查具有重大意义，但往往难以获得剂量-反应关系方面的可靠资料；对于新的受试物质，则只能依靠动物试验和其他试验研究资料。然而，即使有了完整和详尽的动物试验资料和一部分人类接触的流行病学研究资料，由于人类的种族和个体差异，也很难做出能保证每个人都安全的评价。所谓绝对的食品安全实际上是不存在的。在受试物可能对人体健康造成的危害以及其可能的有益作用之间进行权衡，以食用安全为前提，安全性评价的依据不仅仅是安全性毒理学试验的结果，而且与当时的科学水平、技术条件以及社会经济、文化因素有关。因此，随着时间的推移与社会经济的发展、科学技术的进步，有必要对已通过评价的受试物按需要进行重新评价，这也是食品行业人员的使命和责任。

## 项目三

## 食品添加剂的使用标准及选用原则

随食品进入人体的添加剂的数量和种类越来越多，因此食品添加剂的安全使用极为重要。理想的食品添加剂应是对人身有益无害的物质，但多数食品添加剂是化学合成物质，往往有一定的毒性，所以在选用时要非常小心。

### 一、食品添加剂的使用原则

选用食品添加剂时首先要充分了解我国政府制定的有关食品添加剂的法规，严格遵循

GB 2760—2024《食品安全国家标准 食品添加剂使用标准》。食品添加剂应当在技术上确有必要且经过风险评估证明安全可靠。

1. 食品添加剂使用时应符合的基本要求

(1) 不应对人体产生任何健康危害。
(2) 不应掩盖食品腐败变质。
(3) 不应掩盖食品本身或加工过程中的质量缺陷或以掺杂、掺假、伪造为目的而使用食品添加剂。
(4) 不应降低食品本身的营养价值。
(5) 在达到预期目的前提下尽可能降低在食品中的使用量。

2. 可使用食品添加剂的情况

(1) 保持或提高食品本身的营养价值。
(2) 作为某些特殊膳食用食品的必要配料或成分。
(3) 提高食品的质量和稳定性,改进其感官特性。
(4) 便于食品的生产、加工、包装、运输或者贮藏。

3. 食品添加剂质量标准

按照 GB 2760—2024 使用的食品添加剂应当符合相应的质量规格要求。

4. 带入原则

(1) 在下列情况下食品添加剂可以通过食品配料(含食品添加剂)带入食品中:
①根据 GB 2760—2024,食品配料中允许使用该食品添加剂;
②食品配料中该添加剂的用量不应超过允许的最大使用量;
③应在正常生产工艺条件下使用这些配料,并且食品中该添加剂的含量不应超过由配料带入的水平;
④由配料带入食品中的该添加剂的含量应明显低于直接将其添加到该食品中通常所需要的水平。

(2) 当某食品配料作为特定终产品的原料时,批准用于上述特定终产品的添加剂允许添加到这些食品配料中,同时该添加剂在终产品中的量应符合本标准的要求。在所述特定食品配料的标签上应明确标示该食品配料用于上述特定食品的生产。

## 二、食品添加剂使用标准的制定

1. 制定食品添加剂使用标准的一般程序

制定食品添加剂使用标准,要以食品添加剂使用情况的实际调查与毒理学评价为依据,对某一种或某一组食品添加剂来说,其制定标准的一般程序如下。

(1) 根据动物毒性试验确定最大无作用剂量或无作用剂量(MNL)。
(2) 将动物试验所得的数据用于人体时,由于存在个体和种系差异,故应定一个合理的安全系数。安全系数可根据动物毒性试验的剂量缩小若干倍来确定,一般定为 100 倍。
(3) 从动物毒性试验的结果确定试验物人体每日允许摄入量。以体重为基础来表示的人体每日允许摄入量,即指每日能够从食物中摄取的量,此量根据现有已知的事实,即使终身持续摄取,也不会显示出危害性。每日允许摄入量以 mg/kg 体重为单位。
(4) 将每日允许摄入量(ADI)乘以平均体重即可求得每人每日允许摄入总量($A$)。

(5) 有了该物质每人每日允许摄入总量（A）之后，还要根据人群的膳食调查，搞清膳食中含有该物质的各种食品的每日摄食量（C），然后即可分别算出其中每种食品含有该物质的最高允许量（D）。

(6) 根据该物质在食品中的最高允许量（D）制定出该种添加剂在每种食品中的最大使用量（E）。在某种情况下，二者可以吻合，但为了人体安全起见，原则上总是希望食品中的最大使用量标准低于最高允许量，具体要按照其毒性及使用等实际情况确定。

### 2. 制定食品添加剂使用标准，以苯甲酸为例进行计算

(1) 最大无作用量（MNL） 由大鼠试验判定 MNL：

$$MNL = 500 mg/kg \text{ 体重}$$

(2) 每日允许摄入量（ADI） 根据 MNL，对于人体的安全系数以 100 计：

$$ADI = MNL/100 = 500/100 = 5 mg/kg \text{ 体重}$$

(3) 每人每日允许摄入总量（A） 以平均体重 55kg 的正常成人计算，苯甲酸的每人每日允许摄入总量为：

$$5 \times 55 = 275 mg$$

(4) 最大使用量（E） 通过膳食调查食品的每日摄入量，计算每人每日苯甲酸摄入量如表 1-2 所示。

表 1-2　　　　　　　　　　　每人每日苯甲酸摄入量计算表

| 食品种类 | 食品的每人每日摄入量/g | 食品中的最大使用量/（g/kg） | 苯甲酸每人每日摄入量/mg |
| --- | --- | --- | --- |
| 酱油 | 50 | 1 | 50 |
| 醋 | 20 | 1 | 20 |
| 汽水 | 250 | 0.2 | 50 |
| 果汁 | 100 | 1 | 100 |
| 总量 |  |  | 220 |

## 三、食品添加剂的标准化和国际化

由于各国饮食习惯及各自理解的不同，其有关食品添加剂的法规亦不相同。同一种添加剂由于试验结果不同，有的国家不许可使用，有的国家许可使用，所使用的范围和最大使用量，甚至质量规格标准均可不同，以致造成国际贸易障碍。随着国际交往的增多，迫切需要食品添加剂的标准化和国际化。

### 1. 食品添加剂法规委员会（CCFA）

FAO/WHO 联合食品添加剂专家委员会（JECFA）于 1955 年在 FAO/WHO 联合召开的第一次国际食品添加剂会议时宣告成立。联合国粮农组织（FAO）与世界卫生组织（WHO）的食品添加剂法规委员会（CCFA）是 FAO/WHO 食品法规委员会（CAC）的下设组织，1962 年在日内瓦成立，由有关国家的政府代表和国际组织代表组成，负责世界范围的食品添加剂标准化工作。从 1985 年起我国作为正式会员国参加会议。该委员会的主要任务是：①批准或制定单个食品添加剂的最大使用量和特定食品中污染物的最大允许

量；②制定由 JECFA 优先评价的食品添加剂和污染物名单；③审阅 JECFA 对食品添加剂的特性和纯度规格；④考虑在食品中的分析测定方法。

**2. 我国食品添加剂标准化技术委员会**

我国于 1973 年成立全国食品添加剂卫生标准科研协作组，开始了食品添加剂的标准化工作。1980 年成立全国食品添加剂标准化技术委员会，这是在原国家技术监督局领导下聘请有关专家组成的专业性标准化工作技术组织，其具体任务为：①向国家质量监督检验检疫总局（简称"质检总局"）和有关行政主管部门提出食品添加剂标准化工作的方针、政策和技术措施的建议；②提出食品添加剂标准制定、修订工作的年度计划和长远规划的建议；③根据质检总局和有关主管部门批准的计划，审查食品添加剂国家标准、行业标准草案，提出审查结论意见和强制性标准或推荐性标准的建议，定期复审已颁发的标准，提出修订、废止执行的建议；④受标准制定部门委托，负责组织食品添加剂的国家标准、行业标准的宣讲、解释工作；⑤收集国内外资料，进行技术交流，向生产、销售和使用单位，以及消费者提供咨询服务工作和宣传指导；⑥受国务院标准化行政主管部门委托，承担国际标准化组织等相应技术委员会对口的标准化技术业务工作，包括对国际标准的中文译稿，以及提出对外开展标准化技术交流活动的建议；⑦受国务院有关行政主管部门委托，在产品质量监督检验、认证和评优等工作中，承担本专业标准化范围内产品质量标准水平评价工作，承担本专业引进项目的标准化审查工作，并向项目主管部门提出标准化水平分析报告；⑧在完成上述任务前提下，技术委员会可面向社会开展本专业标准化工作，接受有关省市和企业委托，承担本专业地方标准和企业标准的制定、审查和宣讲、咨询等技术服务工作；⑨受国务院标准化行政主管部门及有关行政主管部门委托，办理与本专业标准化工作有关的其他事宜。

**3. 我国食品添加剂相关的法规、标准**

尽管国家规定允许使用的食品添加剂在法定的使用范围内是安全的，但是消费者往往对食品添加剂的使用有一定的疑虑，有些食品制造商竭力宣传所谓的无食品添加剂食品，这往往是不切实际的，也是不负责的。例如在实际生产中不使用防腐剂可能具有更大的危险性，因为变质的食物往往会引起食物中毒；此外，防腐剂除了能防止食品变质，还可以杀灭曲霉素菌等产毒微生物，这无疑是有益于人体健康的。有些食品添加剂和食品原料之间并没有明确的界限，有些食品（如果冻）不添加食品添加剂就无法生产，然而我们必须承认，有些食品添加剂具有一定的毒性，必须加强对食品添加剂的管理。

我国有关食品添加剂的法规、标准的主要内容如下。

（1）中华人民共和国食品安全法 《中华人民共和国食品安全法》由中华人民共和国第十一届全国人民代表大会常务委员会于 2009 年通过，2015 年第十二届全国人民代表大会常务委员会会议修订。2018 年第十三届全国人民代表大会常务委员会第七次会议第一次修正（主席令第二十一号），根据 2021 年 4 月 29 日第十三届全国人民代表大会常务委员会第二十八次会议《关于修改〈中华人民共和国道路交通安全法〉等八部法律的决定》第二次修正。《中华人民共和国食品安全法》是适应新形势发展的需要，为了从制度上解决现实生活中存在的食品安全问题，更好地保证食品安全而制定的，其中确立了以食品安全风险监测和评估为基础的科学管理制度，明确食品安全风险评估结果作为制定、修订食品安全标准和对食品安全实施监督管理的科学依据。

《中华人民共和国食品安全法》中有二十余项条款与食品添加剂生产经营和使用的安全要求及其监督管理有关，如"第二条　在中华人民共和国境内从事下列活动，应当遵守本法：（二）食品添加剂的生产经营；（四）食品生产经营者使用食品添加剂、食品相关产品；（六）对食品、食品添加剂、食品相关产品的安全管理。"又如"第三十九条　国家对食品添加剂生产实行许可制度。从事食品添加剂生产，应当具有与所生产食品添加剂品种相适应的场所、生产设备或者设施、专业技术人员和管理制度，并依照本法第三十五条第二款规定的程序，取得食品添加剂生产许可。生产食品添加剂应当符合法律、法规和食品安全国家标准。""第四十条　食品添加剂应当在技术上确有必要且经过风险评估证明安全可靠，方可列入允许使用的范围；有关食品安全国家标准应当根据技术必要性和食品安全风险评估结果及时修订。食品生产经营者应当按照食品安全国家标准使用食品添加剂。""第七十条　食品添加剂应当有标签、说明书和包装。标签、说明书应当载明本法第六十七条第一款第一项至第六项、第八项、第九项规定的事项，以及食品添加剂的使用范围、用量、使用方法，并在标签上载明'食品添加剂'字样。""第七十一条　食品和食品添加剂的标签、说明书，不得含有虚假内容，不得涉及疾病预防、治疗功能。生产经营者对其提供的标签、说明书的内容负责。食品和食品添加剂的标签、说明书应当清楚、明显，生产日期、保质期等事项应当显著标注，容易辨识。食品和食品添加剂与其标签、说明书的内容不符，不得上市销售。""第九十条　食品添加剂的检验，适用本法有关食品检验的规定。""第九十七条　进口的预包装食品、食品添加剂应当有中文标签；依法应当有说明书的，还应当有中文说明书。标签、说明书应当符合本法以及我国其他有关法律、行政法规的规定和食品安全国家标准的要求，并载明食品的原产地以及境内代理商的名称、地址、联系方式。预包装食品没有中文标签、中文说明书或者标签、说明书不符合本条规定的，不得进口"等。

（2）食品添加剂使用标准　GB 2760—2024《食品安全国家标准　食品添加剂使用标准》提供了安全使用食品添加剂的定量指标；包括允许使用的食品添加剂的品种、使用范围及最大使用量或残留量。有的还注明了使用方法。规定了食品添加剂的使用原则、适用于所有使用食品添加剂的生产经营和使用者。在本书以下的各模块有具体的、有代表性的、比较详细的介绍。

（3）食品添加剂新品种管理　为加强食品添加剂新品种管理，根据《中华人民共和国食品安全法》和《食品安全法实施条例》有关规定，卫生部于2010年发布、2017年修正施行《食品添加剂新品种管理办法》，强化食品添加剂管理，防止食品污染，保护消费者身体健康。

为了贯彻《食品添加剂新品种管理办法》，规范食品添加剂新品种申报与受理工作，保证食品添加剂的安全，2010年卫生部制定了《食品添加剂新品种申报与受理规定》。对食品添加剂申报材料作了进一步的明确要求。

（4）食品营养强化剂使用标准　根据《中华人民共和国食品安全法》的规定，我国实施 GB 14880—2012《食品安全国家标准　食品营养强化剂使用标准》。标准规定了食品营养强化的主要目的、使用营养强化剂的要求、可强化食品类别的选择要求以及营养强化剂的使用规定。标准适用于食品中营养强化剂的使用。在"模块十五　营养强化剂"中有具体的、有代表性的、比较详细的介绍。

2008 年原卫生部还制定、施行了《运动营养食品中食品添加剂和食品营养强化剂使用规定》。

法规、标准为食品添加剂的生产及使用提供了明确的指导和规范。生产及使用食品添加剂的相关企业应强化法治意识和合规意识，树立责任感，严格遵守这些法规、标准，保障人民群众的权益，有利于维护社会和谐稳定。

## 项目四
## 食品添加剂的发展

### 一、食品添加剂的发展进程

由于食品科学技术的发展，特别是食品添加剂在食品加工中所起的重要作用，以及为解决滥用和缺乏相应的管理措施等问题，国际上先后于 1955 年和 1962 年成立 FAO/WHO 联合食品添加剂专家委员会（JECFA）和食品添加剂法典委员会（CCFA）[食品添加剂法典委员会（CCFA）于 1988 年改为食品添加剂和污染物法典委员会（CCFAC）]，并分别于 1956 年和 1964 年召开第一次会议。随着现代食品工业的崛起，食品添加剂的地位日益突出，世界各国批准使用的食品添加剂品种也越来越多，其使用水平已成为该国现代化程度的重要标志。

尽管通常认为食品添加剂的发展只是近一个多世纪以来的事，但人们使用食品添加剂的历史悠久。我国食品添加剂的使用历史可以追溯到 6000 多年前的大汶口文化时期，当时酿酒用酵母中的转化酶（蔗糖酶）就属于酶制剂；在距今约 2000 年前的东汉时期就已使用凝固剂盐卤点制豆腐并一直流传至今，实质上卤水就是一种凝固剂。新中国成立前，国民还不了解食品添加剂，更谈不上发展食品添加剂。当时全国仅在上海和沈阳有两个用盐酸水解面筋生产味精的小厂，年产量尚不到 300t。新中国成立后，经历短短 3 年经济恢复时期，政府即对这一关系人民身体健康和生活的食品添加剂事业

我国食品添加剂的
使用早有记载
（课程思政）

予以高度重视。1953 年，卫生部就发文指出，在清凉饮料中不得使用有害于健康的色素与香料，如必须使用苯甲酸钠，其用量不得超过 1g/kg。1960 年国务院又颁布了《食用合成染料管理暂行办法》，强调指出不得以掩饰饮食物腐败或以伪造饮食物为目的而对饮食物施加着色等。但在 20 世纪 90 年代前期，我国食品添加剂行业除发酵制品、味精、柠檬酸企业有万吨级规模外，绝大部分是小而分散企业，技术人才稀缺，有很多企业连一个专业本科生都没有。我国食品添加剂行业和发达国家比，起步较晚。1974 年召开我国"食品添加剂卫生标准科研协作组"第一次会议，直到 1977 年才颁布我国最早的《食品添加剂使用卫生标准》（GBn 50—77）。改革开放后，国民经济全面复苏，食品添加剂也迅速走上快速发展的轨道。1980 年在国家标准局的领导下以原"食品添加剂卫生标准科研协作组"为基础，进一步成立全国食品添加剂标准化技术委员会，研究和提出发展我国食品添加剂标准化工作的方针、政策、技术措施等问题，正式颁布 GB 2760—1981《食品添加

使用卫生标准》（代替 GBn 50—77）。1983 年又由卫生部颁布了《食品安全性毒理学评价程序（试行）》。我国于 1985 年正式成为食品添加剂法典委员会（CCFA）会员国，并参加其相关活动，这些活动对我国食品添加剂的快速发展具有重要作用。

近年来，我国国民经济增长速度较快，其中食品工业和餐饮业得到迅猛发展，作为食品加工和餐饮必不可少的食品添加剂，也获得了更好的发展环境和条件，体现了生产和应用高速增长、竞争力提高、出口贸易增加的好势头。没有食品添加剂就没有现代食品工业。世界上其他发达国家批准使用的食品添加剂加起来约有 15000 多种，我国只有 2300 多种，而且大部分是国外发达国家已使用了几十年，甚至几百年的品种，说明我国在食品添加剂的监管、风险评估方面，比世界上很多国家都严格。在考虑是否启动某种食品添加剂的评估和使用时，我国通常会参考其他发达国家的经验。如果没有两个以上发达国家已经使用了该食品添加剂一段时间，我国一般不会启动其评估和使用程序。

食品添加剂在合法使用的情况下是安全的。迄今为止，我国对人体健康造成危害的食品安全事件没有一起是由于合法使用食品添加剂造成的。超范围、超限量使用食品添加剂和添加非食用物质等"两超一非"的违法行为，才是导致食品安全问题发生的原因。"三聚氰胺"乳粉事件中三聚氰胺不是食品添加剂！"苏丹红鸭蛋"事件中苏丹红也不是食品添加剂！"毒鸭血"事件中福尔马林更不是食品添加剂！《中华人民共和国食品安全法》中明令禁止生产、经营超范围、超限量使用食品添加剂的食品，用非食品原料生产的食品或者添加食品添加剂以外的化学物质和其他可能危害人体健康物质的食品。食品添加剂与非法添加物是完全不同的，消费者不必刻意回避食品添加剂，应科学理性看待。为进一步打击在食品生产、销售、餐饮服务中违法添加非食用物质和滥用食品添加剂的行为，全国开展了一系列专项整治，多年来陆续发布六批《食品中可能违法添加的非食用物质和易滥用的食品添加剂名单》，目前相关名录还在进一步完善中，保障消费者"舌尖上的安全"。

经过 40 多年的改革开放和全国食品行业同仁的辛勤努力，食品添加剂在品种和生产规模上均有很大增长。通过结构调整，我国的食品添加剂行业开始规模化经营，有些生产企业与国际上规模相当，产生了很多年产 5 千吨到万吨的新型企业，且部分企业以出口为主。在生产规模扩大的同时，技术水平的提高，强化管理，质量提高，成本下降；无疑大大提高了产品的国际竞争力。有些品种，过去依靠进口，现在能替代进口并转为出口。

## 二、发展我国的食品添加剂工业必须进行的工作

为了进一步发展我国的食品添加剂工业，适应进入 WTO 以后的新形势，我国食品添加剂行业除了学习新的国际规则，发挥优势，提高国际竞争力，提高全行业的经济效益，还必须做好以下工作。

**1. 调整产品结构**

我国食品添加剂的发展方向和重点要与我国食品工业发展特点相配合，加快为进入人们一日三餐领域所需要的食品添加剂生产的发展。与一日三餐相关的食品工业发展了，食品工业的结构才能从根本转变，要多瞄准国内食品工业和餐饮业的巨大市场，去开发天然营养和多功能的食品添加剂，满足人民群众对丰富、安全食品的需求。

近年来方便食品发展很快，要生产这些具有贮运简易、食用方便特性的包装食品，是

离不开种种食品添加剂的。另外，随着人民生活水平的日益提高，除了要求食品营养丰富、安全无害外，对食品色、香、味、形态和组织结构等方面的要求将越来越高，为了满足这日益增高的要求，必将借助于调味剂、赋香剂、乳化剂、增稠剂、膨松剂及种种品质改良剂。人们对食品的色、香、味、品种、新鲜度等方面提出了更高的要求，必须开发更多更好的新食品来满足人们的需求，要重视发展为满足不同人群生产营养强化食品所需要的食品添加剂。不能盲目引进国外的某些新品种，因为它们不一定能适合我国主食、副食、调料的需要，也不一定适合东方人的口味和体质。

2. 积极倡导"天然、营养、多功能"

我国食品添加剂的生产积极倡导"天然、营养、多功能"，是与国际上"回归大自然、天然、营养、低热量、低脂肪"的趋向相一致的。回归自然，天然食品添加剂是当然的主角。当前，人们对食用色素、防腐剂的安全问题越来越关注，大力开发天然色素、天然防腐剂等食品添加剂，不仅有益于消费者的健康，而且能促进食品工业的发展。中国绿色食品发展中心1999年颁布了有关绿色食品标准，其中规定在AA级绿色食品中，只允许使用天然添加剂，禁止使用化学合成添加剂。随着食品工业的迅猛发展，天然食品添加剂的发展已成为一种不可逆转的潮流。我国地域辽阔，资源丰富，有着几千年的药食同源的传统，对于发展"天然、营养、多功能"的食品添加剂具有独特的优势。

由于传统食品并不都是营养的理想食品，如果适当添加或调整食品中必要的营养素，对提高食品营养价值、合理利用食品资源、增进人民身体健康是非常经济有效的措施。所以食品添加剂向营养强化的方向发展，重点发展一些性能优良、性质稳定、成本低廉的营养强化剂，可能成为一个重要的发展趋势。

3. 加强管理

从2011年4月以来，根据国务院统一部署，各地区、各有关部门深入开展严厉打击食品非法添加和滥用食品添加剂专项工作，取得了阶段性成效。各级农业、工商、质检、食品药品监管等部门不断加大执法检查力度，累计出动执法人员354万余人次，共检查食品和食品添加剂生产经营单位、餐饮服务单位等592万余户（次）。公安机关捣毁了一批非法食品生产、仓储、加工"黑窝点"，破获食品非法添加等刑事案件。审判机关对一些重点案件，进行了公开审理判决。进一步规范了生产经营行为，震慑了违法犯罪分子，增强了广大消费者食品安全信心。各地区、各有关部门陆续出台相关新举措、新办法，不断完善食品安全监管长效机制。

同时为防止低水平的重复建设，以免造成不必要的经济损失。首先应加强行业管理，防止只看到本地区没有生产，见出口有利可图，就盲目上新项目。要加强行业的价格协调，防止恶性竞争，设立必要的最低限价，以保护合法经营者的正当权益。对国外反倾销，要联合应诉，这在国内成功的例子不少。在行业内要推进体制改革和现代化管理，加强质量、设备、环境管理；以人为本，调动员工的积极性；以诚信处理一切。企业不能没有效益，但利润并非唯一的目的，还必须考虑对社会的贡献。要正确认识行业利益和企业利益的关联性，具备有利于行业发展的全局观，这样的企业才有更强的发展后劲。

4. 加强应用研究和推广

国外食品添加剂企业，都设有强大的应用研究中心，如丹尼斯克、奎斯特国际公司，一个最终产品,如面包、冰淇淋和糖果,均有独立的现代化中试生产线。对用户无偿服务,送货上门。国内大型的食品企业有反映:国产优质食品添加剂上门服务少。所以食品添加剂行业,应深入了解国内外市场需求,加强应用技术力量,加强对适合中国国情的食品添加剂的应用研究开发,并力争做到送货上门、送配方上门、送最好的工艺技术上门,才有更大发展。

### 5. 采用高新技术

特别是提取过程,要采用高新分离技术。因为现有生产技术,不论是化学合成或生物合成,均需后提取。传统采用的脱色、过滤、交换、蒸发、蒸馏、结晶等净化精制技术,已经不能满足现代食品所要求的水平。必须采用高新分离技术,如辣椒红采用超临界萃取;香精油采用分子蒸馏;木糖醇采用膜分离;柠檬酸采用色谱分离等,均能提高产品纯度和收率,收到提高产品档次、降低产品成本、改善生产环境的多重效益。

要大力研究生物食品添加剂。采用生物技术等新技术,不断开发新产品,不断扩大应用新领域。天然食品添加剂一般都有较高的安全性,应用也越来越广泛。但自然界植物、动物的生产周期很长,生产效率低,采用现代生物技术生产天然食品添加剂不仅可以大幅度提高生产能力,而且还可以生产一些新型的食品添加剂,如红曲色素、乳酸链球菌素、黄原胶、溶菌酶等。

此外还要研究新型食品添加剂合成工艺,需要开发高效节能的工艺。如甜菊糖苷采用大孔树脂吸附工艺后,产品质量和成本都有很大的改进,对甜菊糖苷的推广应用起到了很大的促进作用。

研究高分子型食品添加剂也是重要发展方向,增稠剂基本上都是天然的或改性天然水溶性高分子,其他食品添加剂除了少数生物高分子外,基本上都是小分子物质。实践表明,若能把普通食品进行高分子化,可使食用安全性大大提高、热值低、效用耐久化。

### 6. 研究食品添加剂的复配

复配添加剂的使用是一个发展方向,这方面饮料行业起了个好头。多年来,饮料行业提倡主剂集中生产,产品分散灌装。其实,主剂就是一种复合食品添加剂,有的称饮料浓缩液。乳化香精也是一种复配添加剂,它在饮料行业的发展中起到很大作用。

复配有协调增效的作用,也方便使用,更便于规范管理,保证质量。生产实践表明,很多食品添加剂复配可以产生增效作用或派生出一些新的效用,研究食品添加剂的复配不仅可以降低食品添加剂的用量,而且可以进一步改善食品品质,提高食品安全性,其经济意义和社会意义是不言而喻的。

还需注意研究开发专用的食品添加剂或食品添加剂组合,可以最大限度地发挥食品添加剂的潜力,极大地方便使用,提高产品质量,降低产品成本,扩大出口,替代进口所需要的食品添加剂。

我国食品添加剂行业,虽然某些品种在国际上已有一定的地位和作用,但总体上还是后兴起的行业,需要继续努力。今后的竞争是质量、价格和服务的竞争。我们的企业不仅要做大,更要做强,实现品种繁多、质量优越、价格低廉、服务周到的目标,方能在国内外市场上具有更强的生命力。总之,原料食品加工还要大力发展,为了达到产业化加工,就必须发展食品添加剂。食品工业的发展需要食品添加剂,而食品添加剂的发展,反过来又将促进食品工业的发展。随着我国食品工业的大发展,将为安全高效的食品添加剂开辟广阔的天地。作为食品行业的一员，我们要深刻理解科技自立自强作为国家发展战略支撑的重大意义，树立人民至上、生命至上的思想。发扬胸怀祖国、服务人民的爱国精神，追求真理、严谨治学的求实精神。努力把自己的科学追求融入建设社会主义现代化强国的伟大事业之中。

> **思考题**
>
> 1. 举例说明食品添加剂的作用。
> 2. 按其来源的不同，食品添加剂可分为哪些种类？按用途的不同，食品添加剂可分为哪些种类？试举例。
> 3. 简述食品安全性毒理学评价试验内容。
> 4. 对食品添加剂——香料选择毒性试验的原则是什么？
> 5. 进行食品安全性评价时需要考虑的因素有哪些？
> 6. 食品添加剂使用时应符合哪些基本要求？在哪些情况下可使用食品添加剂？食品添加剂的选带入原则是什么？
> 7. 举例说明食品添加剂的发展前景。
> 8. 解释名词：食品添加剂、急性经口毒性试验、慢性毒性试验、$LD_{50}$、NOAEL、LOAEL、MNL、FAO、WHO、CCFA、CAC。
> 9. 近年来，曝出的"孔雀石绿"等食品安全事件，是否都是食品添加剂导致的？请你谈谈对食品添加剂与食品安全关系的看法。

模块一
在线测试

### 实训内容

## 实训一　认识食品添加剂

### 一、实训目的

了解食品添加剂的定义和作用。

### 二、实训方法

到超市或者企业调查食品添加剂的使用情况。选择3~4种食品产品，看配方中是否添加了食品添加剂，分别添加了哪些种类，查找相关资料简述其作用。

### 三、实训要求

指出食品添加剂的名称、作用，并进行小结。

## 实训二　食品添加剂使用标准的检索

### 一、实训目的

了解食品添加剂的使用标准。加强食品相关法律和标准的学习意识，不能随便使用食品添加剂，树立专业责任感。

### 二、实训方法

到超市或者企业进行调查，选择 3~4 种食品，查询 GB 2760—2024《食品安全国家标准　食品添加剂使用标准》，得到这些食品中允许使用的食品添加剂种类及名称。

检索方法一：登录中华人民共和国国家卫生健康委员会官网（http://www.nhc.gov.cn/）进行搜索，下载 PDF 版本的 GB 2760—2024《食品安全国家标准　食品添加剂使用标准》进行查询。

检索方法二：借助食品伙伴网的数据库进行查询。

### 三、实训要求

对照我国食品添加剂使用标准，判断该产品中使用的食品添加剂是否符合我国食品添加剂使用标准，并进行小结。

## 实训三　食品添加剂使用标准的对比

### 一、实训目的

了解食品添加剂使用标准的发展变化。

### 二、实训方法

上网查找《食品安全国家标准　食品添加剂使用标准》GB 2760—2014 与 GB 2760—2024。

### 三、实训要求

举例说明《食品安全国家标准　食品添加剂使用标准》GB 2760—2014 与 GB 2760—2024 的不同点，阐述食品添加剂使用标准的发展变化。

# 模块二

# 防腐剂

## 学习目标

### 知识目标

1. 了解防腐剂抗菌作用机制。
2. 掌握合成、天然防腐剂的性能、作用。

### 技能目标

1. 能够正确认识防腐剂的抗菌作用，并进行正确的选用。
2. 学会并掌握合成、天然防腐剂的正确应用。

### 素质目标

1. 认识防腐剂超量、超范围使用带来的食品安全问题。增强法治意识，培养良好的法治思维。
2. 探索研究天然防腐剂取代合成防腐剂的实例。培养勤于思考，乐学善学的学习习惯。

## 学习内容

依据 GB 2760—2024《食品安全国家标准　食品添加剂使用标准》，食品防腐剂是防止食品腐败变质、延长食品贮存期的物质，用于防止食品在贮存、流通过程中主要由微生物繁殖引起的变质，延长食品贮藏期而在食品中使用的添加剂。从抗微生物的概念出发，可更确切地将此类物质称之为抗微生物剂或抗菌剂。

## 项目一

## 防腐剂的作用机制

造成食品腐败变质的原因很多，包括物理、化学及生物等方面的因素，这些因素通常是同时或连续发生的。由于食品营养丰富，适于微生物生长增殖，而微生物又是到处都有、无孔不入的。所以，通常导致食品腐败变质的主要因素是细菌、霉菌、酵母等微生物的侵袭。

### 一、微生物引起的食品变质

微生物引起的食品腐败变质可分为：细菌繁殖造成的食品腐败，霉菌代谢导致的食品霉变和酵母菌分泌的氧化还原酶促使的食品发酵。

#### 1. 食品腐败

食品腐败是指食品受微生物污染，在适合的条件下，微生物的迅速繁殖导致食品的外观和内在发生劣变而失去食用价值的现象。食品发生腐败，在感官上丧失原有的色泽，产生各种颜色，发出腐臭气味，呈现不良滋味，如糖类食品呈现酸味，蛋白质类食品呈现苦味和涩味，食品组织发生软化，生白毛，产生黏液物。从微观上讲，微生物代谢分泌的酶类对食品的蛋白质、肽类、胨、氨基酸等含氮有机物进行分解产生多种低分子化合物，如酚、吲哚、腐胺、尸胺、粪臭素、脂肪酸等，然后进一步分解成硫化氢、硫醇、氨、甲烷、二氧化碳等。在一系列分解过程中产生大量毒性物质，并散发出令人厌恶的恶臭味；某些分解脂肪的微生物能分解食品中的脂肪而导致其酸败变质。

#### 2. 食品霉变

食品霉变是指霉菌在代谢过程中分泌出大量糖酶，使食品中的碳水化合物分解而导致的食品变质。食品霉变后，外观颜色改变，营养成分破坏，且染有霉味。若霉变是由产毒霉菌造成的，则产生的毒素对人体健康有严重影响，如黄曲霉毒素类可导致癌症，所以预防食品的霉变十分必要。

#### 3. 食品发酵

食品发酵是微生物代谢所产生的氧化还原酶促使食品中所含的糖发生不完全氧化而引起的变质现象。食品常见的发酵有酒精发酵、醋酸发酵、乳酸发酵和酪酸发酵。

酒精发酵是食品中的己糖在酵母作用下降解为乙醇的过程。水果、蔬菜、果汁、果酱和果蔬罐头等食品发生酒精发酵时，都产生酒味。

醋酸发酵是食品中己糖经酒精发酵生成乙醇，进一步在醋酸杆菌作用下氧化为醋酸。食品发生醋酸发酵时，不但质量变劣，严重时完全失去食用价值。某些低度酒类（如果酒、啤酒、黄酒）、饮料（如果汁）和蔬菜罐头等常常发生醋酸发酵。

乳酸发酵是食品中的己糖在乳酸杆菌作用下产生乳酸，使食品变酸的现象。鲜乳和乳制品易发生这种酸变而变质。

酪酸发酵是食品中的己糖在酪酸菌作用下产生酪酸的现象。酪酸污染食品发出一种令人厌恶的气味。鲜乳、乳酪、豌豆类食品发生这种酸变时，食品质量严重下降。

### 二、防腐剂抗菌作用的一般机制

微生物繁殖需要有适合的客观条件，即适当的水分、温度、氧、渗透压、pH 和光等。

控制食品所处的环境条件或加入防腐剂均可达到食品防腐的目的。防止食品腐败变质可采用物理方法处理（如冷冻、干制、腌渍、烟熏、加热、辐射等），然而最有效的办法是使用防腐剂。

防腐剂不但抑制细菌、霉菌及酵母的新陈代谢，而且抑制它们的生长。抑菌作用和杀菌作用表现在微生物的死亡率方面是不同的。根据所使用防腐剂的种类，在通常使用的浓度下，需要经过几天或几周时间，才能达到杀死所有微生物的状态，随着防腐剂浓度的增加，微生物的生长速度减慢，死亡速率则加快。但在实际生产应用中，要注意防腐剂的用量，在一定的浓度范围内，大多数微生物被抑制或被杀灭，即可达到防腐作用。虽然经过一段时间后，残存的微生物又会开始繁殖，但此时食物通常已被食用。一般来说，应在微生物数量较少的时期就采取防腐措施，而不是在微生物生长期中添加食品防腐剂。防腐剂不能使已经含有大量微生物的食品恢复新鲜状态。

防腐剂的作用机制存在各种观点和假设，有人对食品防腐剂作用机制做了如下归纳：①作用于遗传物质或遗传微粒结构；②作用于细胞壁和细胞膜系统；③作用于酶或功能蛋白。一般说来防腐过程是多种作用的结果，主要是防腐剂使微生物的蛋白质凝固或变性，从而干扰其生存和繁殖；破坏微生物的细胞膜，干扰微生物的新陈代谢，影响生物过程的电性平衡；改变胞浆膜的渗透性，使微生物体内的酶类和代谢产物逸出导致其失活；对细胞原生质部分的遗传微粒结构产生影响。显然，并不是各类防腐剂都具有全部的作用，而这些作用是相互关联、相互制约的。总的来说，防腐剂最重要的作用可能是抑制一些微生物细胞中酶的反应或者抑制酶的合成，一般是抑制细胞中基础代谢的酶系，或者是抑制细胞重要成分（蛋白质或核酸）的合成。如苯甲酸亲油性大，易透过细胞膜，进入细胞体内，从而干扰微生物细胞膜的通透性，抑制细胞膜对氨基酸的吸收。进入细胞体内的苯甲酸分子，电离酸化细胞内的碱性，并能抑制细胞的呼吸酶系的活性，对乙酰辅酶 A 缩合反应有很强的阻止作用，从而起到食品防腐作用。又如山梨酸的抑菌作用机制是它与微生物的酶系统的巯基相结合，从而破坏许多重要酶系统的作用，此外它还能干扰传递机能，如细胞色素 C 对氧的传递，以及细胞膜表能量传递的功能，抑制微生物增殖，达到防腐的目的。

理论上说，防腐剂也能对人体细胞有同样的抑制作用，其决定性因素是防腐剂的使用浓度，在微生物细胞中所需要的抑制浓度远比人体细胞中要小。就大多数防腐剂而言，防腐剂在人体器官中很快被分解或从体内排泄出去，因此在一定的使用浓度范围内不会对人体造成显著伤害。

用于食品防腐剂的要求是：符合卫生标准，与食品不发生化学反应，防腐效果好，对人体正常功能无影响，使用方便，价格便宜。

食品防腐剂按来源可分为合成防腐剂和天然防腐剂。

项目二

## 合成防腐剂

### 一、合成防腐剂的分类

合成防腐剂是人工合成的化学成分的防腐剂。主要分为有机防腐剂及无机防腐剂两大类。

### 1. 无机防腐剂

无机防腐剂主要有硝酸盐及亚硝酸盐类、二氧化硫及亚硫酸盐类、游离氯及次氯酸盐等。硝酸盐及亚硝酸盐类又是肉类护色剂，二氧化硫及亚硫酸盐类又是常用漂白剂，这部分内容将在"模块六 护色剂和漂白剂"中进行介绍。游离氯及次氯酸盐又是常用杀菌剂，将在"模块十六 其他食品添加剂"中介绍。

### 2. 有机防腐剂

有机防腐剂主要有苯甲酸及其钠盐、山梨酸及其钾盐、对羟基苯甲酸酯类及其钠盐、丙酸及其钠盐和钙盐、乳酸、醋酸等，还有一些其他类型的有机化合物，如联苯、邻苯基苯酚及其钠盐（OPP、SOPP）、苯并咪（TBZ）等化合物。有机防腐剂是主要使用的防腐剂。

## 二、常用的合成防腐剂

### 1. 苯甲酸及其钠盐

苯甲酸亦称安息香酸，分子式 $C_7H_6O_2$。苯甲酸钠亦称安息香酸钠，分子式 $C_7H_5O_2Na$。

（1）性状　苯甲酸为白色有荧光的鳞片状结晶或针状结晶，或单斜棱晶，质轻无味或微有安息香或苯甲醛的气味。在热空气中微挥发，于100℃左右升华，能与水汽同时挥发。苯甲酸的化学性稳定，有吸湿性，在常温下难溶于水，但溶于热水，也溶于乙醇和油。

苯甲酸钠为白色颗粒或晶体粉末，无臭或微带安息香气味，味微甜，有收敛性，在空气中稳定，易溶于水，其水溶液的pH为8，也溶于乙醇。

（2）性能　苯甲酸为一元芳香羧酸，酸性较弱，其25%饱和水溶液的pH为2.8，所以其杀菌、抑菌效力随介质的酸度增高而增强。在碱性介质中则失去杀菌、抑菌作用。pH3.5时，0.125%的溶液在1h内可杀死葡萄球菌等；pH4.5时，对一般菌类的抑制最小浓度约为0.1%；pH5时，即使5%的溶液，杀菌效果也不可靠；其防腐的最适pH为2.5~4.0。

苯甲酸对细菌抑制力较强，对酵母菌、霉菌抑制力较弱。表2-1所示为苯甲酸的部分抑菌力。

表2-1　苯甲酸的部分抑菌力

| 微生物属种 | pH | 苯甲酸最低有效浓度/% |
| --- | --- | --- |
| 链球菌属 | 5.2~5.6 | 0.02~0.04 |
| 大肠杆菌 | 5.2~5.6 | 0.005~0.012 |
| 曲霉属 | 3.0~5.0 | 0.002~0.030 |

苯甲酸钠防腐效果小于苯甲酸，pH3.5时，0.05%溶液能防止酵母生长；pH6.5时，溶液的浓度需提高至2.5%方能有此效果。这是因为苯甲酸钠只有在游离出苯甲酸的条件下才能发挥防腐作用。在较强酸性食品中，苯甲酸钠的防腐效果好。1.18g苯甲酸钠的防腐效能相当于1.0g苯甲酸。

（3）毒性　苯甲酸：大鼠经口 $LD_{50}$ 为 2.7~4.44g/kg 体重，MNL 为 0.5g/kg 体重。苯甲酸入口后，经小肠吸收进入肝脏内，在酶的催化下大部分与甘氨酸化合成马尿酸，剩余部分与葡萄糖醛酸化合形成葡萄糖苷酸而解毒，并全部进入肾脏，最后从尿排出。

苯甲酸是比较安全的防腐剂。

苯甲酸钠：大鼠经口 $LD_{50}$ 为 2.7g/kg 体重。ADI 为 0~5mg/kg 体重。

（4）应用　依照 GB 2760—2024《食品安全国家标准　食品添加剂使用标准》，苯甲酸及其钠盐的使用范围和最大使用量（以苯甲酸计，g/kg）为：碳酸饮料、特殊用途饮料 0.2；配制酒 0.4；蜜饯凉果 0.5；复合调味料 0.6；除胶基糖果以外的其他糖果、果酒 0.8；风味冰、冰棍类、果酱（罐头除外）、腌渍的蔬菜、调味糖浆、食醋、酱油、酿造酱、半固体复合调味料、液体复合调味料、果蔬汁（浆）饮料、蛋白饮料、茶、咖啡、植物（类）饮料、风味饮料 1.0；胶基糖果 1.5；浓缩果蔬汁（浆）（仅限食品工业用）2.0。

**2. 山梨酸及其钾盐**

山梨酸为 2, 4-己二烯酸，亦称花楸酸，分子式 $C_6H_8O_2$。山梨酸钾，分子式 $C_6H_7KO_2$。

（1）性状　山梨酸为无色针状结晶或白色晶体粉末，无臭或微带刺激性臭味，耐光、耐热性好，在 140℃ 下加热 3h 无变化，长期暴露在空气中则被氧化而变色。山梨酸难溶于水，溶于乙醇、冰醋酸。

山梨酸钾为白色至浅黄色鳞片状结晶、晶体颗粒或晶体粉末，无臭或微有臭味，长期暴露在空气中易吸潮、被氧化分解而变色。山梨酸钾易溶于水、乙醇；1% 山梨酸钾水溶液的 pH 为 7~8。

（2）性能　山梨酸（山梨酸钾）是使用最多的防腐剂，大多数国家都使用。山梨酸具有良好的防霉性能，它对霉菌、酵母菌和好气性细菌的生长发育起抑制作用，而对嫌气性细菌几乎无效。山梨酸为酸型防腐剂，在酸性介质中对微生物有良好的抑制作用，随 pH 增大防腐效果减小，pH 为 8 时丧失防腐作用，适用于 pH 在 5.5 以下的食品防腐。

（3）毒性　大鼠经口 $LD_{50}$ 为 10.5g/kg 体重。ADI 为 0~0.025g/kg 体重。山梨酸的毒性比苯甲酸小，许多国家已逐渐用山梨酸取代苯甲酸作食品防腐添加剂。

山梨酸参与人体内新陈代谢所发生的变化和产生的热效应与同碳数的饱和及不饱和脂肪酸无差异。山梨酸经口在肠内吸收，在体内代谢最终生成二氧化碳和水，不从尿中排出，不会在体内积累。

（4）应用　山梨酸及其钾盐除用作防腐剂外，还可作抗氧化剂、稳定剂。依照 GB 2760—2024《食品安全国家标准　食品添加剂使用标准》，山梨酸及其钾盐的部分使用范围和最大使用量（以山梨酸计，g/kg）为：熟肉制品（08.03.08 肉罐头除外）、预制水产品（半成品）0.075；葡萄酒 0.2；配制酒 0.4。

山梨酸难溶于水，使用时先将其溶于乙醇或碳酸氢钠、硫酸氢钾的溶液中，故实际应用多使用山梨酸钾。使用山梨酸及其钾盐作食品防腐剂时，要特别注意食品卫生，若食品被微生物严重污染，山梨酸及其钾盐便成为微生物的营养物质，不但不能抑制微生物繁殖，反而会加速食品腐败。山梨酸及其钾盐与其他防腐剂复配使用，可产生协同作用提高防腐效果。在使用山梨酸或山梨酸钾时，要注意勿使其溅入眼内，它们会严重刺激眼睛，一旦进入眼内赶快以水冲洗，然后就医。

### 3. 丙酸钠与丙酸钙

丙酸，分子式 $C_3H_6O_2$。丙酸钠，分子式 $CH_3CH_2COONa$。丙酸钙，分子式 $(CH_3CH_2COO)_2Ca \cdot nH_2O$（$n=0, 1$）。

（1）性状　丙酸为无色澄清油状液体。稍有刺鼻的恶臭气味。能与水混溶，溶于乙醇。

丙酸钠为白色结晶或白色晶体粉末或颗粒，无臭或微带特殊臭味，易溶于水、乙醇，在空气中吸潮。

丙酸钙为白色结晶或白色晶体粉末或颗粒，无臭或微带丙酸气味。用作食品添加剂的丙酸钙为一水盐，对光和热稳定，有吸湿性；易溶于水，不溶于乙醇。丙酸钙10%水溶液的 pH 为 8~10。

（2）性能　丙酸是一元羧酸，它是以抑制微生物合成 $\beta$-丙氨酸而起抗菌作用的，故在丙酸钠中加入少量 $\beta$-丙氨酸，其抗菌作用即被抵消，然而对棒状曲菌、枯草杆菌、假单胞杆菌等却仍有抑制作用。

丙酸钠对防霉菌有良好的效能，而对细菌抑制作用较小，对酵母菌无作用。它能使蛋白质变性、酶变性，防止产生黄曲霉毒素。丙酸钠起防腐作用的主要是未离解的丙酸，所以应在酸性范围内使用。

丙酸钙的防腐性能与丙酸钠相同，在酸性介质中游离出丙酸，而发挥抑菌作用。丙酸钙能抑制面团发酵时枯草杆菌的繁殖，pH 为 5.0 时最小抑菌浓度为 0.01%，pH 为 5.8 时需 0.188%，最适 pH 应低于 5.5，其他参照丙酸钠。丙酸钙抑制霉菌的有效剂量较丙酸钠小，并降低化学膨松剂的作用，故常用丙酸钠，然而使用丙酸钙可补充食品中的钙质。

（3）毒性　丙酸：大鼠经口 $LD_{50}$ 为 4.29g/kg 体重。丙酸是人体正常代谢的中间产物，可被代谢和利用，安全无毒。

丙酸钠：小鼠经口 $LD_{50}$ 为 5.1g/kg 体重。ADI 不作限制性规定。

丙酸钙：大鼠经口 $LD_{50}$ 为 3.34g/kg 体重。ADI 不作限制性规定。

（4）应用　依照 GB 2760—2024《食品安全国家标准　食品添加剂使用标准》，丙酸及其钠盐、钙盐的使用范围和最大使用量（以丙酸计，g/kg）为：生湿面制品（如面条、饺子皮、馄饨皮、烧卖皮）0.25；原粮 1.8；豆类制品、面包、糕点、食醋、酱油、液态复合调味料 2.5；调理肉制品（生肉添加调理料）、熏、烧、烤肉类 3.0。

我国目前广泛用于食品防腐剂的三大品种为苯甲酸、山梨酸、丙酸及其盐。苯甲酸及其盐是使用时间最长且应用最广泛的食品防腐剂，但近年来因对其毒性有了一定认识，不少国家已明令限制或减少使用，而逐渐以山梨酸、丙酸及其盐代替。丙酸及其钠盐、钙盐价格低于山梨酸，是理想的食品防腐剂之一，作为食品防腐剂在我国具有巨大的潜在市场。

### 4. 对羟基苯甲酸酯类及其钠盐

对羟基苯甲酸酯类又称尼泊金酯，一般有：对羟基苯甲酸甲酯、对羟基苯甲酸乙酯、对羟基苯甲酸丙酯、对羟基苯甲酸丁酯和对羟基苯甲酸异丁酯。它们对食品均有防腐作用，我国允许使用对羟基苯甲酸甲酯钠、对羟基苯甲酸乙酯及其钠盐；日本使用最多的是对羟基苯甲酸丁酯。

对羟基苯甲酸酯类的抗菌能力是由其未电离的分子决定的，所以其抗菌效果不像酸性防腐剂那样易受 pH 的影响。因此，在 pH 为 4~8 的范围内有较好的抗菌效果。

由于对羟基苯甲酸酯类都难溶于水，所以通常是使用其钠盐；或者将对羟基苯甲酸酯类先溶于氢氧化钠、乙酸、乙醇中，然后使用。为更好发挥防腐作用，最好是将两种或两种以上的该酯类混合使用。

(1) 对羟基苯甲酸甲酯钠　对羟基苯甲酸甲酯钠别名尼泊金甲酯钠，分子式 $C_8H_7NaO_3$。

①性状：白色结晶粉末，易溶于醇，极微溶于水。

②性能：由于它具有酚羟基结构，所以抗细菌性能比苯甲酸、山梨酸强。其作用机制是破坏微生物的细胞膜，使细胞内的蛋白质变性，并可抑制微生物细胞的呼吸酶系与电子传递酶系的活性。

③毒性：小鼠经口 $LD_{50}$ 为 5.0g/kg 体重，ADI 为 0~0.01g/kg 体重（对羟基苯甲酸甲酯钠是由对羟基苯甲酸乙酯与氢氧化钠进行中和反应制得，没有改变对羟基苯甲酸乙酯的基本结构，对羟基苯甲酸甲酯钠的 $LD_{50}$、ADI 参考对羟基苯甲酸乙酯）。

④应用：依照 GB 2760—2024《食品安全国家标准　食品添加剂使用标准》，对羟基苯甲酸酯类及其钠盐（对羟基苯甲酸甲酯钠、对羟基苯甲酸乙酯及其钠盐）的使用范围和最大使用量（以对羟基苯甲酸计，g/kg）为：经表面处理的鲜水果、经表面处理的新鲜蔬菜 0.012；热凝固蛋制品（如蛋黄酪、皮蛋肠）、碳酸饮料 0.2；果酱（罐头除外）、食醋、酱油、酿造酱、调味酱、液体复合调味料、果蔬汁（浆）饮料、风味饮料（仅限果味饮料）0.25；焙烤食品馅料及表面用挂浆（仅限糕点馅）0.5。

(2) 对羟基苯甲酸乙酯及其钠盐　对羟基苯甲酸乙酯亦称尼泊金乙酯，分子式 $C_9H_{10}O_3$，对羟基苯甲酸乙酯钠是由对羟基苯甲酸乙酯与氢氧化钠进行中和反应，再干燥而得。对羟基苯甲酸乙酯钠亦称尼泊金乙酯钠，分子式 $C_9H_9O_3Na$。

①性状：对羟基苯甲酸乙酯为无色细小结晶或白色晶体粉末，几乎无味，稍有麻舌感的涩味，耐光和热，无吸湿性，微溶于水，易溶于乙醇、花生油。

对羟基苯甲酸乙酯钠为白色吸湿性粉末。易溶于水，呈碱性。

②性能：对羟基苯甲酸乙酯及其钠盐对霉菌、酵母有较强的抑制作用；对细菌，特别是革兰氏阴性杆菌和乳酸菌的抑制作用较弱。其抗菌作用较苯甲酸和山梨酸强。在有淀粉存在时，对羟基苯甲酸乙酯的抗菌力减弱。

③毒性：小鼠经口 $LD_{50}$ 为 5.0g/kg 体重。ADI 为 0~0.01g/kg 体重。对羟基苯甲酸乙酯及其钠盐的毒性低于苯甲酸。

④应用：依照 GB 2760—2024《食品安全国家标准　食品添加剂使用标准》，对羟基苯甲酸酯类及其钠盐（对羟基苯甲酸甲酯钠、对羟基苯甲酸乙酯及其钠盐）的使用范围和最大使用量与对羟基苯甲酸甲酯钠相同。

**5. 双乙酸钠**

双乙酸钠简称 SDA，又名二醋酸一钠，分子式 $C_4H_7NaO_4 \cdot H_2O$。

(1) 性状　双乙酸钠为白色结晶粉末。带有醋酸气味，易吸湿，极易溶于水（100g/100mL），放出 42.25% 醋酸；10% 的水溶液 pH 为 4.5~5.0；加热至 150℃ 以上分解，具有可燃性；双乙酸钠在阴凉干燥条件下性质很稳定。

(2) 性能　双乙酸钠是一种广谱、高效、无毒的防腐剂，对细菌和霉菌有良好的抑制能力。其抗菌机制是双乙酸钠含有分子状态的乙酸,可降低产品的 pH;乙酸分子与类酯化合物溶性较好,而分子乙酸比离子化乙酸更能有效地渗透微生物的细胞壁,干扰细胞间酶的相互作用,使细胞内蛋白质变性,从而起到有效的抗菌作用。

(3) 毒性　ADI 为 $0\sim0.015\text{g/kg}$ 体重。安全。双乙酸钠在生物体内的最终代谢产物是水和二氧化碳。

(4) 应用　依照 GB 2760—2024《食品安全国家标准　食品添加剂使用标准》,双乙酸钠的使用范围和最大使用量(g/kg)为:豆干类、豆干再制品、原粮、熟制水产品(可直接食用)、膨化食品 1.0;调味品(12.01 盐及代盐制品、12.09 香辛料类除外)2.5;预制肉制品、熟肉制品(08.03.08 肉罐头类除外)3.0;粉圆、糕点 4.0;复合调味料 10.0。

双乙酸钠对粮食、谷物有极好的防霉效果。双乙酸钠用于面包、蛋糕等食品的防霉,可以完全代替丙酸钙,由于两者有协同作用,复配使用能大大提高防霉的效果。

## 项目三

# 天然防腐剂

在食品防腐保鲜剂中,目前占主导地位的还是化学合成物。合成防腐剂有一定的毒性。随着社会、经济的发展,人们对食品的要求越来越高,为满足对食品在品种、品质和数量上更高的要求,除加速开发安全、高效、经济的新型合成防腐剂外,更应充分利用天然防腐剂。天然防腐剂的添加,使食品杀菌条件更趋温和,或可减少合成防腐剂的用量;且天然防腐剂的安全性更高,能更好地接近消费者的需要。目前,天然防腐剂受到抑菌效果、价格等方面的限制,其应用尚不能完全取代合成防腐剂。高效、广谱、无毒、天然防腐剂的寻找和筛选,对于促进食品工业的发展有着重要的科学意义和应用价值。

## 一、天然防腐剂分类

天然防腐剂主要可以分为三大类型,分别是动物源天然防腐剂、植物源天然防腐剂、微生物源天然防腐剂。

### 1. 动物源天然防腐剂

动物成分的抗菌物有分离自蟹、虾的壳聚糖,大马哈鱼及鲱鱼的鱼精蛋白抽提物——鱼精蛋白等。壳聚糖也称作甲壳素,是从蟹、虾、昆虫的甲壳当中提取的一种物质,对多种细菌具有较强的抑制作用,还不会影响到食品风味。精蛋白是一种从鱼类的鱼类精子细胞中提取的具有强碱性的蛋白质,其中不仅含有精氨酸,还具有良好的抑菌能力和热稳定性,因此广泛应用于各种食品的制作。蜂胶具有良好的抗氧化性,并且能抑制和杀灭多种细菌,目前主要用作油脂以及其他食品的天然抗氧化剂。目前抗菌动物成分仍处于应用研究阶段,尚未被列为食品防腐剂。

### 2. 植物源天然防腐剂

天然植物中存在许多具有抗菌作用的生物活性物质。我国拥有丰富的资源,已鉴定发现 300 多种具有一定抗菌效果的植物。抗菌植物主要有香辛植物、中草药等。例如抗真菌作用较强的有：丁香、木香、大黄、荆芥、藿香、肉桂、茵陈、艾叶、川楝子、肉豆蔻、黄连、黄芩、紫草、黄柏等。抗细菌作用较强的有：千里光、藿香、乌梅、栀子、连翘、五味子、金银花、大青叶、桉叶、紫苏梗、厚朴、五倍子、虎杖、草珊瑚、白头翁、黄连等。

植物抗菌作用是指一种植物的提取物在体外能抑制、防止微生物生长繁殖或具有杀灭作用。其机制主要是干扰微生物的代谢过程，影响其结构和功能，如干扰细菌细胞壁的合成，影响细胞膜的通透性、阻碍菌体蛋白质的合成和抑制核酸合成等。具有抗菌活性的植物有效成分结构类型较多，如生物碱、皂苷类、内酯类、黄酮类、萜类、含硫化合物、酚、醇等。

茶多酚是植物源天然防腐剂中的一种代表性物质，具有良好的抑菌和防腐保鲜作用，并且也是一种天然的抗氧化剂，具有提高血管健康度、抗癌、防龋、抗辐射等作用。还有香精油，这种天然防腐剂是从热带芳香植物中提取的，具有良好的抑制微生物的作用。而大蒜辣素对很多常见的食品腐败真菌、痢疾杆菌等致病性肠道细菌具有良好的抑制和杀灭作用。目前抗菌植物尚未被列为食品防腐剂，仍处于应用研究阶段。

### 3. 微生物源天然防腐剂

利用微生物之间的寄生、拮抗作用，是生物防治的理论基础，它比化学药剂处理更安全、有效。在研究中有人发现，市场销售的封袋式"热狗"食品大都被化验出内含李斯特菌，尽管李斯特菌具有令食之者中毒严重乃至约1/3中毒者可因此毙命的危害性，但事实上吃"热狗"食品的消费者们却都安然无恙未受其害。原因何在呢？科学家们经进一步探查发现，"热狗"食品中竟自发存在着一部分能抵御李斯特菌毒性作用的细菌素，正是由于这种微生物间的相互"搏杀"和抗衡，才最终使食"热狗"的消费者免受了李斯特菌的毒害作用。例如细菌素是指由细菌产生的抑菌物质，细菌素实际上是一种微细蛋白质，由某类细菌分泌释放产生，经验证明它对某些微生物杀伤力很强，但对另外一些微生物杀伤力弱。

常用的微生物源天然防腐剂有乳酸链球菌素、纳他霉素、溶菌酶等。

## 二、常用的微生物源天然防腐剂

### 1. 乳酸链球菌素

乳酸链球菌素也称乳酸链球菌肽、尼生素（亦称乳链菌肽或音译为尼辛，Nisin）。

（1）性状　乳酸链球菌素是某些乳酸链球菌在变性乳介质中发酵产生的一种小分子多肽抗菌物质。它的成熟分子由34个氨基酸残基组成，为灰白色固体粉末，是一种高效、无毒、安全、无副作用的天然食品防腐剂。乳酸链球菌素的溶解度和稳定性与溶液的pH有关。一般随pH下降稳定性增强，溶解度提高。pH8.0时易被蛋白水解酶钝化。

（2）性能　乳酸链球菌素能有效地抑制许多革兰氏阳性菌，如金黄色葡萄球菌、溶血性链球菌、链球菌、李斯特菌的生长和繁殖。在添加乳酸链球菌素的包装食品中，可以降低灭菌温度，缩短灭菌时间，改善食品的品质和节省能源，有效地延长食品保藏时间。也可以和其他防腐剂复合使用，以扩大抑菌范围，增强防腐效果。

（3）毒性　乳酸链球菌素是一种对人体安全的天然防腐剂。乳酸链球菌素对蛋白水解酶特别敏感，在消化道中很快被α-胰凝乳蛋白酶分解。它对人体基本无毒性，也不与医用抗生素产生交叉抗药性，能在肠道中无害地降解。

（4）应用　依照 GB 2760—2024《食品安全国家标准　食品添加剂使用标准》，乳酸链球菌素的部分使用范围和最大使用量（g/kg）为：食醋 0.15；食用菌和藻类罐头、杂粮罐头、酱油、酿造酱、复合调味料、饮料类［14.01 包装饮用水、14.02.01 果蔬汁（浆）、14.02.02 浓缩果蔬汁（浆）除外］0.2；面包、糕点 0.3。

乳酸链球菌素使用方法可先将防腐剂粉体按设定量配成溶液，再直接与辅料、肉制品一起混合均匀或注射入肉制品中，也可喷涂于肉制品表面或在防腐液中浸渍一定的时间。操作过程简单，应用如在乳制品中，"无抗奶"这个对人们的安全健康具有重大意义的话题被大众关注。所谓"无抗奶"就是不含有抗生素的牛奶。乳酸链球菌素可取代抗生素治疗奶牛乳腺炎。它可用于乳制品和鲜奶运输过程中的保鲜。乳酸链球菌素不会进入肠道而改变肠道内的正常菌群。不会引起常用药用抗生素出现的抗药性。

### 2. 纳他霉素

纳他霉素是由一种链霉菌经生物技术精炼而成的生物防腐剂。

（1）性状　纳他霉素为无气味、无味道的白色或奶油黄色粉末。分子是一种具有活性的环状四烯化合物，含三份以上的结晶水，其微溶于水，溶于冰醋酸。pH 低于 3 或高于 9 时溶解度会有增高。对紫外线较敏感，故不宜光照。纳他霉素具有一定的抗热能力，在干燥状态下且能耐受短暂高温（100℃）。如置于 50℃以上超过 24h，活性的衰退有明显升高。纳他霉素活性稳定性还受氧化剂及重金属的影响。

（2）性能　纳他霉素对真菌的抑菌作用极强。其抑菌原理是由于纳他霉素的活性是基于麦角固醇与真菌（霉菌及酵母菌）的细胞壁及细胞质膜的反应，导致细胞质膜破裂，使细胞液和细胞质渗漏，最终导致真菌死亡。它不仅能够抑制真菌，还能防止真菌毒素的产生。

纳他霉素对真菌极为敏感，使用微量即可作用。纳他霉素对付霉菌和酵母菌功效比山梨酸钾高 100~200 倍，纳他霉素在 pH3~9 中具有活性。纳他霉素 ADI 为 0.3mg/kg 体重，是一种高效、安全的新型生物防腐剂。用纳他霉素进行食品防腐时，其防腐效果比同类制剂的优越性在于：pH 适用范围广，用量低，成本增加少，对食品的发酵和熟化等工艺没有影响，抑制真菌毒素的产生，使用方便，不影响食品的原有风味。

（3）毒性　ADI 为 0~0.3mg/kg 体重。$LD_{50}$ 为 2.73g/kg 体重。纳他霉素是一种天然、广谱、高效、安全的酵母菌及霉菌等丝状真菌抑制剂，纳他霉素对人体无害，很难被人体消化道吸收，而且微生物很难对其产生抗性。

（4）应用　依照 GB 2760—2024《食品安全国家标准　食品添加剂使用标准》，纳他霉素最大使用量（g/kg）为：蛋黄酱、沙拉酱 0.02（残留量≤10mg/kg）；干酪、再制干酪、干酪制品及干酪类似品 0.3（表面使用，残留量<10mg/kg）；糕点、酱卤肉制品类、熏、烧、烤肉类（熏肉、叉烧肉、烤鸭、肉脯等）、油炸肉类、西式火腿（熏烤、烟熏、蒸煮火腿）类、肉灌肠类、发酵肉制品类 0.3（表面使用，混悬液喷雾或浸泡，残留量<10mg/kg）；发酵酒（15.03.01 葡萄酒除外）0.01g/L。

由于纳他霉素溶解度很低等特点，通常用于食品的表面防腐。

### 3. 溶菌酶

溶菌酶又称胞壁质酶，是一种低相对分子质量的球状蛋白质。

(1) 性状　溶菌酶为白色结晶，易溶于水。溶菌酶是一种比较稳定的碱性蛋白质，最适 pH 为 6~7，最适温度为 50℃。在酸性条件下最稳定。加热至 55℃活性无变化，在 pH 3 时能耐 100℃加热 40 min，在中性和碱性条件下耐热较差，如在 pH7、100℃处理 10 min 即失活。在水溶液中加热至 62.5℃并维持 30min，则完全失活。

(2) 性能　溶菌酶能催化细菌壁多糖的水解，从而溶解许多细菌的细胞壁，使细胞膜的糖蛋白类发生加水分解，而引起溶菌现象。溶菌酶对革兰氏阳性菌、枯草杆菌等均有良好的抗菌能力。研究表明溶菌酶、氯化钠和亚硝酸钠联合应用到肉制品中可延长肉制品的保质期，其防腐效果比单独使用溶菌酶或氯化钠和亚硝酸钠的效果更好。将溶菌酶与其他抗菌物如乙醇、植酸、聚磷酸盐、甘氨酸加以复配使用，效果会更好。目前，溶菌酶已应用于面类、水产、熟食品、冰淇淋、沙拉和鱼子酱等的防腐。

(3) 毒性　溶菌酶是一种专门作用于微生物细胞壁的水解酶，存在于高等动物的组织及分泌物中，植物和微生物中亦存在。其中在鲜鸡蛋中的含量最高，蛋清中的含量达 0.25%~0.3%。作为一种存在于人体正常体液及组织中的非特异性免疫因素，溶菌酶对人体完全无毒、副作用，且具有多种药理作用，它具有抗菌、抗病毒、抗肿瘤的功效。所以是一种安全的天然防腐剂。

(4) 应用　依照 GB 2760—2024《食品安全国家标准　食品添加剂使用标准》，溶菌酶的使用范围和最大使用量（g/kg）为：发酵酒（15.03.01 葡萄酒除外）0.5；干酪、再制干酪、干酪制品及干酪类似品按生产需要适量使用。

### 三、抗菌植物

#### 1. 香辛植物

天然抗菌的食用香辛料植物很多，如胡椒、辣椒、肉豆蔻、香荚兰、姜和香芹子等，许多香辛料含有杀菌、抑菌成分，将它们提取出来用作天然防腐剂，既安全又有效。

据报道，香料植物中抑菌防腐作用最明显的是芥菜子，其活性物质是芥子提取物（异硫氰酸烯内酯）。芥菜子在阻止番茄酱的腐败中，具有较强的防腐作用。据试验，使用 0.1%的苯甲酸钠并不能防止苹果汁的腐败，用芥末和苯甲酸钠，可阻止苹果汁的腐败。

芥子提取物阻碍微生物细胞呼吸等，抗菌范围广，在 60mg/kg 浓度以上就能抑制细菌、酵母菌；对霉菌、类似酵母菌的真菌抗菌效果最好。应用于焖菜类、面包、点心、饼类、渍物等。芥子提取物可抑制大肠菌的生长。据试验，分别将含 10%的芥子提取物（水溶性制剂）以 0.025%、0.05%、0.075%加到呈污染状态的盐渍茄子中 10℃保存，对照不加芥子提取物的茄子，2 周后酵母菌超过 $10^5$ 个/g，3 周后达 $10^7$ 个/g，渍物变质。芥子提取物在食品中直接涂抹、浸渍或者气相接触，添加在食品表面很少的量，就可以发挥抗菌作用。试验证明添加 0.5g 芥菜子于 100g 苹果汁中，可防腐保存 4 个月。

具有较强的抗菌作用的有花椒、高良姜等。将香辛料以精油、浸提液的形式添加在西式火腿、香肠、点心等食品中，不仅起到防腐作用，而且还有增加食品风味的效果。

紫苏、大蒜、白胡椒、豆蔻等也有抑菌作用。试验中人们发现某些天然的抗菌成分多存在于果蔬的风味物质中，如蒜属植物中的丙基二硫化物、紫苏属植物中的紫苏醇等。大蒜是百合科植物，具有很强的杀菌、抗菌能力，大蒜的杀菌、抗菌成分为蒜辣素和蒜氨酸，前者有令人不愉快的臭气，而后者则无，故适合用作食品防腐剂的主要是蒜氨酸。有利用生姜、荸荠皮提取物的混合液进行食品防腐的效果评价，发现它们的抑菌 pH 范围较广，对碱性食品同样适用。有研究大蒜、洋葱、生姜汁抗青霉素、氯霉素的量效关系，认为其辛辣组分是抗菌有效成分。紫苏叶洗净晾干后浸渍于装有酱油的容器中，具有很好的防腐效果，还可增加酱油的醇香味。月桂树干叶加到猪肉罐头内，不仅能起到防腐作用，还能给猪肉增加特殊的香味。

食用香料植物之所以能防腐抑菌，真正起作用的活性物质是精油。有研究认为精油中的类萜类降低生物膜的稳定性，从而干扰了能量代谢的酶促反应。有认为桂醇、茴香脑等有效芳香抗菌成分的抗菌性是基于孢子对抗菌剂的吸收。肉豆蔻中所含的肉豆蔻挥发油、肉桂中所含的挥发油等均有良好的杀菌、抗菌作用。有试验发现用 0.1% 的香叶醇处理果实可减少柑橘腐烂发病率 40%~98%。

上面所介绍的香辛料的抗菌成分几乎都是挥发性的精油成分，而非挥发性成分也有很多已确认具有抗菌性，如辣椒中的辣味成分辣椒素具有显著的抗菌力。

此外，食用香辛料植物成分之间还存在抗菌性的协同增效作用。如将花椒、高良姜等组成复方抗菌效果更好。香兰素和桂醇两者也存在协同效应，香兰素添加量过大，会引起食品的褐变，桂醇浓度高时，会有损食品原有的风味。两者混合使用时其用量大为减少，既能发挥防霉作用，对加香调味也非常有利。

此外，将香辛料与少量的其他天然防腐物如鱼精蛋白并用，可以提高防腐效果。

2. 中草药

我国中草药品种繁多，资源十分丰富，常用的有数百种，历史悠久。从天然中草药中分离、提取天然食品防腐剂具有十分实际的意义。

如有研究者采用 80% 乙醇浸渍法提取荷叶中的抑菌成分，结果发现该提取物对细菌及酵母等主要靠无性裂殖繁殖的微生物具有明显的抑制作用，其最低抑菌浓度（MIC）大都不超过 8%，且在弱碱条件下效果最好。同时发现 80% 乙醇提取物较稳定，能耐高温短时及超高温瞬时的热处理条件。有人发现银杏叶的醇-水提取物对食品中常见的一些革兰氏阴性菌和阳性菌有强烈的抑制作用。并认为提取物中多种长链酚类物质如白果酸、白果酚及漆树酸是抗菌的主要物质。

还有如鱼腥草的提取物具有抗菌作用，对金黄色葡萄球菌、链球菌有很好的抑制作用。有人对几种中药进行了抑菌试验，发现乌梅对细菌、酵母菌和青霉有较强的抑制作用，并且使用 pH 范围较宽。在试验中发现，陈皮、藿香、艾叶和桂皮醇对抗霉菌活性均有明显作用。用大黄与厚朴的提取物混合加在食品中长期保存，抗菌活性不受温度（100℃以下）、pH 的影响，而且水溶性好，添加方便。

此外还有如柑橘果皮、苹果渣的果胶酶分解物有抗菌活性。有抗菌性的果胶分解物主要是聚半乳糖醛酸及半乳糖醛酸，其抗菌性受 pH 影响，pH6.0 以下抗菌性强，pH>6.0 抗菌性弱。一般食品中添加果胶分解物 0.1%~0.3%，如汤面保存试验，未添加果胶分解物的于 20℃ 保存到第 2 天活菌数达 $10^8$ 个/L 以上，产生混浊，而加 0.3% 果胶分解物（pH4.9）的样品经过 5 天后，活菌数仅 $10^3$ 个/L 以下，不产生混浊。还有如辣根、胡椒、连翘、罗汉果等中均能获得一些具有一定防腐和抗菌作用的提取物。

日本厚生省已经批准了齐墩果、瓦嵩、白柏、厚朴、连翘的提取物作为食品防腐剂，用来取代苯甲酸钠、山梨酸。

中草药成分之间也存在抗菌性的协同增效作用，有人用金银花等几种中草药提取液进行研究，发现药物配伍协同作用是增加抗菌效价的一种有效途径。有用壳聚糖—中草药复合制剂，对米饭、泡菜、午餐肉、豆沙、土豆泥、果汁饮料、果酱、水果罐头等八种食品进行保鲜，效果优于苯甲酸钠、山梨酸钾。

依照 GB 2760—2024《食品安全国家标准 食品添加剂使用标准》，目前还没有将抗菌植物列为食品防腐剂，主要还是应用研究。如茶多酚对细菌有广泛抑制作用，但茶多酚仅是抗氧化剂。

### 四、动物中的抗菌物

#### 1. 壳聚糖

壳聚糖即脱乙酰甲壳质，又称几丁质、甲壳素，化学名称为聚 $N$-乙酰葡萄糖胺，学名为聚 2-氨基-2-脱氧-D-葡萄糖，分子式 $C_{30}H_{50}N_4O_{19}$。

（1）性状　壳聚糖为含氮多糖类物质，约含氮 7%，化学结构与纤维素相似，是黏多糖类之一。呈白色或淡黄色粉末状，不溶于水、有机溶剂和碱，溶于盐酸等强酸，能溶于醋酸、乳酸、苹果酸等，但也难溶于柠檬酸等。

（2）性能　壳聚糖对大肠杆菌、普通变形杆菌、金黄葡萄球菌、枯草杆菌等有良好的抑制作用，并且还有抑制鲜活食品生理变化的作用。其抗菌作用是能作用于微生物细胞表层，影响物质透过性，损伤细胞。壳聚糖的脱乙酰程度越高，即氨基越多，抗霉活性越强，对细菌有广谱抗菌性。

（3）应用　壳聚糖广泛存在于甲壳类虾、蟹、昆虫等动物的外壳和低等植物如菌、藻类的细胞壁中，此外在乌贼、水母和酵母等中亦有存在。

试验证明，壳聚糖在果实表面能形成一层不易察觉、无色透明的半透膜，能有效地减少氧气进入果实内部，显著地抑制了果实的呼吸作用，再加上其抗菌作用，故可达到推迟生理衰老、防止果实腐败变质的效果。将壳聚糖制成溶液喷涂于经清洗或剥除外皮的水果上，壳聚糖干后形成的薄膜无色无味通气，食用时不必清除薄膜；因此，壳聚糖可用作食品，尤其是水果的防腐保鲜剂。

壳聚糖应用于保存食品必须注意下面几点：如食品 pH 在 7 以上时壳聚糖呈胶态，则抗菌性低。壳聚糖是蛋白凝聚剂，蛋白质浓度高的食品，由于凝聚作用使壳聚糖的抗菌性降低。因此，壳聚糖适用于 pH 偏酸性及蛋白质少的食品保存。如盐渍白菜，添加壳聚糖 0.0125%~0.05%，于 30℃分别保存 43.5~90.5h，而对照不加壳聚糖的仅保存 15h，活菌数达 $10^6$ 个/mL。

依据 GB 2760—2024《食品安全国家标准 食品添加剂使用标准》，甲壳素作为增稠剂、稳定剂使用。

#### 2. 鱼精蛋白

（1）性状　鱼精蛋白是由一种相对分子质量从数千到 12000 的碱性多肽构成、结构简单的球形蛋白质；含大量氨基酸，其中 70% 为精氨酸。主要来自大马哈鱼、鲱鱼的鱼精，分别称为大马哈鱼鱼精蛋白、鲱鱼鱼精蛋白。它对细菌、酵母菌、霉菌有广谱抗菌作用，特别对革兰氏阳性菌抗菌作用更强，对枯草杆菌、芽孢杆菌、胚芽乳杆菌、干酪乳杆菌等均有良好的抗菌作用，最小抑菌浓度为 70~400mg/mL。

（2）性能　鱼精蛋白的作用机制是抑制线粒体与传递系统中的一些特定成分，抑制一些与细胞膜有关的新陈代谢过程，从而使细胞死亡。

鱼精蛋白在碱性介质中有较高的抗菌能力，在酸性（pH<6）介质中抗菌能力较低。在钙镁等二价阳离子及磷酸、蛋白质等存在时有抑制抗菌能力倾向。鱼精蛋白抽提物热稳定性高，120℃加热30min也能维持活性。

（3）应用　鱼精蛋白已被广泛应用于各种食品中，加在水产品、米面制品、畜肉、蛋、奶、果蔬中都取得较好的防腐效果，如鱼精蛋白能有效延长鱼糕制品的保存期。当鱼精蛋白的添加量达1%时，在12℃和24℃的有效保存期分别为8天和6天。在牛奶、鸡蛋布丁中添加0.05%～0.1%的鱼精蛋白，能在15℃保存5～6天，而对照组（不添加鱼精蛋白的）第4天就开始变质。实际应用上常将鱼精蛋白和其他药剂或其他保存方法并用，如鱼精蛋白与山梨酸并用，不但能在较宽的pH范围内具有抗菌效果，而且还能够得到两者并用的复合抗菌效果。鱼精蛋白与0.01%～0.02%的山梨酸混合使用，即使其浓度比单用鱼精蛋白或山梨酸的浓度低也可取得相同的抗菌效果。鱼精蛋白与其他添加剂如与甘氨酸、醋酸钠、乙醇、单甘油酯等并用或加热后并用抗菌有相乘效果，适用的食品防腐范围也更广。

目前还没有将抗菌动物成分列为食品防腐剂，主要还是应用研究，这是一个创新研究的方向。

## 项目四

## 防腐剂的使用和发展趋势

近年来世界各国对食品的防腐虽然采用了很多先进的保藏手段，如气调速冻保藏、辐射保藏、真空充氮贮藏、低温贮藏、脱氧保藏等，但化学防腐剂的应用仍很普遍。防腐剂的使用，对食品工业的发展发挥了巨大的作用。而且防腐剂的品种不断增加，使用量逐年增长，因此利用防腐剂进行食品的防腐保鲜仍然是一种不可缺少的重要手段。立足于当前，我们必须树立严谨求实、依法添加、按标准添加的守法意识，正确地使用已有的防腐剂。

防腐剂超限量使用的警示案例（课程思政）

### 一、防腐剂的使用

为了使防腐剂在食品中充分发挥作用，必须注意以下几个方面。

#### 1. 使用时的注意事项

（1）减少原料染菌的机会　食品加工用的原料应保持新鲜、干净，所用容器、设备等应彻底消毒，尽量减少原料被污染的机会。原料中含活菌数越少，所加防腐剂的防腐效果越好。若含活菌数太多，即使添加防腐剂，食品仍易于腐败。尤其是快要腐败的食品，即使加了防腐剂也如同没有添加一样。

（2）确定合理的添加时机　防腐剂是在原料中添加还是添加到半成品中，或者添加在成品表面，应根据产品的工艺特性及食品的保存期限等来确定，不同制品的添加时机可有不同。

(3) 适当增加食品的酸度（降低 pH） 不同防腐剂防腐作用的效果，受基质 pH 的影响较大。一般，对酸性防腐剂只有未离解的酸才具有抗菌作用。它能够通过微生物细胞的半透膜在细胞内部产生作用，防腐剂的作用浓度大大低于 1%。酸性防腐剂通常在 pH 较低的食品中防腐效果较好。此外，在低 pH 的食品中，细菌也不易生长。因此，若能在不影响食品风味的前提下增加食品的酸度，可减少防腐剂的用量。

(4) 与热处理并用 热处理可减少微生物的数量。因此，加热后再添加防腐剂，可使防腐剂发挥最大的功效。如果在加热前添加防腐剂，则可减少加热的时间。但是，必须注意加热的温度不应太高，否则防腐剂会与水蒸气一起挥发掉而失去防腐作用。

(5) 分布均匀 防腐剂必须均匀分布于食品中，尤其在生产时更应注意。对于水溶性好的防腐剂，可将其先溶于水，或直接加入食品中充分混匀，对于难溶于水的防腐剂，可将其先溶于乙醇等食品级有机溶剂中，然后在充分搅拌下加入食品中。有些防腐剂并不一定要求完全溶解于食品中，可根据食品的特性，将防腐剂添加于食品表面或喷洒于食品包装纸上。

此外食品中的水分活度及防腐剂在油相及水相中的溶解度之比（即分配系数的大小）也对防腐剂的防腐作用具有明显的影响。

2. 针对防治对象合理使用防腐剂

在食品的防腐保鲜中主要防治的微生物包括细菌、真菌的酵母，不同的食品需要防治的对象不同，如水果以真菌为主，肉类以细菌为主。因此要对不同食品针对其防治对象决定防腐剂品种，表 2-2 所示为一些常用防腐剂对微生物的作用情况。

表 2-2　　　　　　　　　　　　一些常用防腐剂对微生物的作用

| 防腐剂 | 细菌 | 真菌 | 酵母 |
| --- | --- | --- | --- |
| 丙酸 | + | ++ | ++ |
| 山梨酸 | + | +++ | +++ |
| 苯甲酸 | ++ | +++ | +++ |
| 对羟基苯甲酸酯类 | ++ | +++ | +++ |
| 亚硝酸钠 | ++ | - | - |

注："+"表示有抑制作用；"++"表示有较强抑制作用；"+++"表示有强的抑制作用；"-"表示无抑制作用。

并且使用防腐剂方式必须合理，一种防腐剂要达到预期的效果必须有一定的浓度，因此绝不能"少量多次"地用药，而必须是在用药之始就达到足够的浓度，随后再保持一个维持浓度。另外，要根据实际情况，尊重科学，树立专业责任感，选择合适的防腐剂。

3. 防腐剂的复配使用

防腐剂的复配使用可以扩大使用范围，改变抗微生物的作用。至今没有发现能杀灭所有菌的药剂，也没发现只杀灭一种菌的药剂，也就是说各种杀菌剂都有一定的杀菌谱。一种食品中所含有的菌有时不是一种防腐剂都能抑制的。从理论上说，两种防腐剂复配使用的杀菌谱与单一种防腐剂的杀菌谱不同，因此复配使用的防腐剂就可以抑制一种防腐剂不能抑制的，或者需要在很高浓度下才能抑制的菌。例如山梨酸和苯甲酸复配使用要比单独使用能抑制更多的菌。

两种或几种防腐剂复配使用在抗菌能力上有下列三种可能：相加效应，也指各单一物质的效应简单地加在一起；协同效应，也称增效效应，是指混合物的效果比单一物质的效果显著提高，或者说在混合物中每一种药剂的有效浓度都比单独使用的浓度显著降低；拮抗效应，是指与协同效应相反的效应，即混合物的抑制浓度显著高于单一组成物质的浓度。表 2-3 所示为常用防腐剂复配使用的效果。

表 2-3　　　　　　　　　　　　常用防腐剂复配使用的效果

|  |  | 山梨酸 | 苯甲酸 | 对羟基苯甲酸酯类 |
| --- | --- | --- | --- | --- |
| 在 pH=6 时对大肠埃希氏菌的作用 | 山梨酸 |  | ± | ±→- |
|  | 苯甲酸 | ± |  | ± |
|  | 对羟基苯甲酸酯类 | ±→+ | ± |  |
| 在 pH=5 时对啤酒酵母的作用 | 山梨酸 |  | - | ±→- |
|  | 苯甲酸 | - |  | ±→- |
|  | 对羟基苯甲酸酯类 | ±→+ | ±→- |  |
| 在 pH=5 时对黑曲霉的作用 | 山梨酸 |  | ± | ±→- |
|  | 苯甲酸 | ± |  | ±→- |
|  | 对羟基苯甲酸酯类 | - | ±→- |  |

注："-"表示拮抗作用；"±"表示相加效应；"+"表示增效效应。

防腐剂的复配使用尽管具有上述好处，但在实际工作中必须慎重，不能乱用混合防腐剂，因为若混用不当，不但造成防腐剂浪费，而且会促进微生物产生抗药性。防腐剂复配使用应遵循的原则是：只有那些对有互补作用和增效作用的防腐剂才能混合使用；杀菌谱互补的可以混合使用；作用方式互补的，如速效杀菌剂与迟效杀菌剂可以复配使用。例如在饮料中可并用二氧化碳和苯甲酸钠，有的果汁中并用苯甲酸和山梨酸钾。并用防腐剂必须符合我国有关规定，用量应按比例折算且不超过最大使用量。由于使用卫生标准的限制，不同防腐剂并用的实例不多，但同一类防腐剂并用如山梨酸及其钾盐，对羟基苯甲酸酯类的并用则较多。

### 4. 防腐剂的交替使用

长期使用一种防腐剂会使防腐效果降低，这就是通常所说的抗药性。所谓抗药性，指的是当微生物反复不断地通过含有非致死浓度的防腐剂时所产生的抗活性物质能力，这里要区别适应性（非遗传性）和突变性（遗传性）。微生物的适应性是指在防腐剂作用停止时，微生物的抵抗力就消失，而突变性则指仍然保持其抵抗力。至于微生物对防腐剂的分解作用，不是抗药性。

为了解决微生物的抗药性问题，除了不断地研制新的防腐剂外，还需特别注意对现有防腐剂的合理使用。一种防腐剂无论开始时多么有效，也不能"长命百岁"地连年使用下去，应是不同防腐剂交替使用。关于防腐剂的交替使用要特别注意两点：一是具有交叉抗性的防腐剂的交替使用没有意义；二是注意许多商品名称不同的防腐剂其有效成分是相同的。

#### 5. 防腐保鲜必须立足于"防"与"保"

在食品防腐保鲜中，对于微生物必须立足于"防"，对于食品固有的色、香、味、形与营养成分必须立足于"保"。

无论是加工食品，还是果、蔬等鲜活食品，一旦发生腐烂变质，就不能用防腐剂来"治疗"。因此，对于微生物所致的腐烂变质，只能是在发生之前预防。

在贮藏期间对于食品的色、香、味、形及营养成分，应该立足于"保"。有人现正研究：对于各种水果具有的特有香味，能否在贮藏期间再在果实内合成？如现已知在草莓的贮藏环境中加入化学药剂可以产生乙酸乙酯，这是草莓特有香气的主要成分。如果这种方法能够成功，那就意味着可以在贮藏期间利用果蔬的生理活动为保鲜作出新贡献。

此外，将防腐剂与冷藏、辐射等共用可收到更好的效果。

为了保藏食品可采用罐藏、冷藏、干制、腌制或化学保藏等方法，各种方法都各具特点，虽然像正在迅速发展中的速冻之类的保藏法，对保持食品的品质来说是非常优越的，但亦受到设备与成本等条件的限制。在一定的条件下，配合使用防腐剂作为一种保藏的辅助手段，对防止某些易腐食品的损失有显著的效果。它使用简便，一般不需要什么特殊设备，甚至可使食品在常温及简易包装的条件下短期贮藏，在经济上较各种冷热保藏方法优越。所以现阶段防腐剂尚有其一定的作用。今后随着速冻或其他保藏新工艺的不断发展，防腐剂可逐步减少使用。

## 二、防腐剂的发展趋势

食品的种类繁多，有害微生物也千差万别，因而少数几种防腐剂远不能满足食品工业发展的需要。今后，防腐剂必然要根据食品工业的发展来寻求新的发展道路，勇攀高峰。当然，有效、经济、安全仍是指导食品防腐剂发展的原则。还要开发和运用新的具有根本性变革的防腐技术，才能满足食品工业发展的需求。具体有以下三点。

#### 1. 积极发展综合的防腐系统

前面已经提到，涉及食品安全性和保鲜质量的因素包括食品的性质和贮存条件，如温度、贮藏环境下的气体成分、食品的组分、pH、水活度、氧化-还原电势、防腐剂等。因此，搞好食品防腐必须注意改进食品加工工艺，加强对食品的销售、贮藏条件的控制，防腐剂等多种抗菌、防腐方法的综合使用，避免单纯地依赖某一种抗菌、防腐手段。一种食品可以看成是一个生态系统，传统的防腐方法是运用激烈的手段，如盐腌、糖渍、干制、加热、极端的酸化等，虽然达到了防腐的目的，但使食品的内部和感官性质都受到了破坏。综合的防腐系统则是利用可以影响这个生态系统的各种因素，制止有害菌的活动，达到防腐的目的。合成防腐剂与天然防腐剂复配也是今后的一个研究、创新的方向。

#### 2. 不断开发和应用防腐剂新品种

目前使用的防腐剂的安全性是根据现在的资料及技术水平来评价作出的，但科学技术在不断地发展，分析测试手段不断提高，因而这些资料和评价都将受到检验，从而对防腐剂不断地进行取舍。

过去曾经用过的防腐剂如硼砂、甲醛、水杨酸等均已禁用；焦碳酸二乙酯，以前认为是一种安全理想的饮料防腐剂，但近年来发现用其处理的饮料会生成氨基甲酸乙酯，是一种广谱致癌物。

因此，淘汰不宜使用的旧品种，不断开发和应用有效的、经济的、安全的防腐剂新品种，对提高人民的健康水平具有重要的意义。

### 3. 研究和应用天然防腐剂

现在国内外都在大力探寻低毒、高效、广谱及经济实用的防腐剂，据科学家的预测，从动植物体或其代谢物中直接提取食品防腐剂将成为今后食品防腐剂发展的趋势之一。天然防腐剂具有抗菌性强、安全无毒、水溶性好、热稳定性好、作用范围广等合成防腐剂无法比拟的优点，因此开发高效、安全、稳定的天然防腐剂已成为食品科学研究的热点之一。

例如有研究表明，蜂胶在禽蛋、水产品、肉制品、乳制品和水果保鲜中都具有较好的效果。还有人曾对22种挥发油的抗菌活性进行研究，发现它们成分中均含有肉桂醛，抗菌能力强，是很好的粮食、水果防腐防霉剂。生物碱中小檗碱的杀菌作用很强，该碱同时在黄连、黄柏、三颗针等植物中存在，这些植物均有杀菌作用。可以看出，杀菌作用还是植物中的化学成分在起作用，所以对不同植物有效成分抗菌作用机制进行研究，找出其构效关系，发现新的抗菌化合物结构，将是该领域的一个突破方向。

天然防腐剂一般对人体健康无害，而且绝大多数还具有一定的营养价值，随着研究的深入，被揭示的天然抗菌物质越来越多。树立科学严谨的工作态度、实事求是的工作作风和较强的团队合作意识，一定能有创新、有成果。

## 项目五

# 果蔬防腐剂

新鲜果蔬易受病原微生物侵染而腐败变质。因此，世界各国都十分重视果蔬采后的防腐保鲜工作。随着生产和生活的发展和提高，人们对果蔬的防腐保鲜日益重视，我国是一个农业大国，果蔬品种繁多。目前由于缺乏必要的手段，致使我国果蔬腐烂损失率每年达20%。

目前最常用的防腐保鲜手段有低温保鲜、气调保鲜等。但即使在低温和气调条件下，如果没有防腐保鲜剂的配合，许多果蔬也很难有理想的保鲜效果。因此实际应用中很重要的保鲜方法是进行防腐保鲜处理，如采用防霉、杀菌、被膜等处理方法，以延长果蔬保存期。所用果蔬防腐保鲜剂主要是采用一些广谱、高效、低毒的防腐剂。

## 一、果蔬防腐保鲜剂的主要类型

### 1. 溶液浸泡型防腐保鲜剂

溶液浸泡型防腐保鲜剂主要制成水溶液，通过浸泡达到防腐保鲜的目的，是最常用的防腐保鲜剂。该类保鲜剂能够杀死或控制果蔬表面或内部的病原微生物，有的也可以调节果蔬代谢。

（1）苯并咪唑及其衍生物　该类保鲜剂主要有苯来特、噻苯唑、托布津、甲基托布津、多菌灵等，是高效、广谱的内吸性杀菌剂，可以控制青霉菌丝的生长和孢子的形成。但长期使用易产生抗性菌株，并且对一些重要的病原菌如根霉、地霉、毛霉以及细菌引起的软腐病没有抑制作用。

(2) 新型抑菌剂　主要有抑菌唑、双胍盐、米鲜安、三唑灭菌剂、抑菌脲、瑞毒霉等。这类保鲜剂是广谱性的，对苯并咪唑类有抗性的菌株有效。如抑菌唑主要用于柑橘，对青霉菌孢子的形成有抑制作用，具有保护及治疗功能。双胍盐水溶液对柑橘和甜瓜的酸腐病、青霉、绿霉以及苯并咪唑类抗性菌株有强抑制作用。来鲜安抑制青霉、抗苯来特和噻苯唑的菌株，常用于桃、李。三唑灭菌剂对酸腐病有强抑制作用，常用于梨。瑞毒霉可以有效控制疫霉引起的柑橘褐腐病。

(3) 防护型杀菌剂　该类有硼砂、硫酸钠、山梨酸及其盐类、丙酸、邻苯酚(HOPP)、邻苯酚钠(SOPP)、氯硝胺(DCNA)、克菌丹、抑菌灵等。其主要作用是防止病原微生物侵入果实，对果蔬表面的微生物有杀灭作用，但对侵入果实内部的微生物效果不大。目前主要用作洗果剂。最常用的是邻苯酚钠，在使用中要严格控制 pH 在 11~12，处理柑橘时并加入六亚甲基四胺及 NaOH。

(4) 植物生长调节剂　该剂可使果蔬按照人们的期望去调节和控制采后的生命活动。目前主要有生长素类、赤霉素类和细胞分裂素类。如植物激素 2,4-D 与托布津或多菌灵复配作用，对柑橘保鲜效果很好；赤霉素对柑、蕉柑保花保果有很好的效果；6-基腺嘌呤对多种蔬菜有明显的保绿效果。

(5) 中草药煎剂　近年来，中草药煎剂用于果品保鲜的研究日益增多。中草药中含有杀菌成分并且具有良好的成膜特性。现在研究利用的主要有香精油、高良姜煎剂、魔芋提取液、大蒜提取液、肉桂酸等。但是，由于中草药有效成分的提取及大批量生产中存在着很多问题，因此尚未大量利用。

2. 吸附型果蔬防腐保鲜剂

吸附型果蔬防腐保鲜剂主要用于清除贮藏环境中的乙烯、降低 $O_2$ 含量、脱除过多的 $CO_2$、抑制果蔬后熟。主要有乙烯吸收剂、吸氧剂和 $CO_2$ 吸附剂。乙烯吸收剂主要有高锰酸钾，载体如沸石、膨润土、过氧化钙、铝、硅酸盐或铁、锌等。吸氧剂主要有亚硫酸氢盐、抗坏血酸、一些金属如铁粉等。$CO_2$ 吸附剂主要有活性炭、消石灰、氯化镁等。另外，焦炭分子筛既可吸收乙烯，又可吸收 $CO_2$。

吸附剂一般都是装入密闭包装袋中，与所贮藏的果蔬放到一块。使用中应选择适当的吸收剂包装材料，以使吸附剂能起到最大作用。

3. 熏蒸剂

熏蒸剂在室温下能够挥发，以气体形式抑制或杀死果蔬表面的病原微生物，而其本身对果蔬毒害作用较小。目前已经大量用于果蔬及谷物。常见熏蒸剂有仲丁胺、$O_3$、$SO_2$ 释放剂、二氧化氮、联苯等。

熏蒸剂在使用中要掌握好浓度和熏蒸时间。$SO_2$ 是最常用的一种熏蒸剂，主要用于葡萄的保鲜，对灰霉葡萄孢和链格孢菌有较强的抑制作用。

## 二、常用果蔬防腐保鲜剂

### 1. 肉桂醛

肉桂醛又称桂醛、RQA，化学名称为苯丙烯醛，分子式 $C_9H_8O$。肉桂醛可从桂皮等植物体中提取，也可由化学合成。

（1）性状　肉桂醛纯品为无色至淡黄色油状液体，具强烈的肉桂臭，具甜味，溶于乙醇、油脂等，微溶于水。

肉桂醛 1/4000 浓度时，对黄曲霉、黑曲霉、橘青霉、串珠镰刀菌、交链孢霉、白地霉、酵母等均有抑制效果。

（2）毒性　肉桂醛大鼠经口服 $LD_{50}$ 为 3200mg/kg 体重，最大无作用剂量 MNL 为 125mg/kg 体重，肉桂醛在人体内有轻度蓄积性。

（3）应用　依照 GB 2760—2024《食品安全国家标准　食品添加剂使用标准》，肉桂醛可用于经表面处理的鲜水果，按生产需要适量使用，残留量≤0.3mg/kg。

其使用方法可将肉桂醛制成乳液浸果，也可将肉桂醛涂在果袋纸上，利用它的熏蒸性起到防腐保鲜作用。将这种果袋纸用于柑橘保藏。

### 2. 乙氧基喹啉

乙氧基喹啉亦称虎皮灵、抗氧喹。化学名称为6-乙氧基-2，2，4-三甲基-1，2-二氢喹啉，简称 EMQ，分子式 $C_{14}H_{19}NO$。由于它可防治苹果贮藏期的虎皮病而得此名。

（1）性状　乙氧基喹啉为淡黄色至琥珀色的黏稠液体，在光照和空气中长期放置可逐渐变为暗棕色的黏稠液体，但不影响质量。不溶于水，可与乙醇任意混溶。乙氧基喹啉制成 50%乳液即为"虎皮灵"，能很好地分散于水。

（2）毒性　乙氧基喹啉小鼠经口服 $LD_{50}$ 为 1680～18080mg/kg 体重，ADI 为 0.06mg/kg 体重。乙氧基喹啉由消化道吸收，在体内大部分脱去乙基或羟基后由尿排出，少量未经代谢部分由胆汁排出，无蓄积作用。

（3）应用　依照 GB 2760—2024《食品安全国家标准　食品添加剂使用标准》，乙氧基喹啉作防腐剂，用于经表面处理的鲜水果，可按生产需要适量使用，残留量≤1mg/kg。

乙氧基喹啉可用于苹果、梨等贮藏期防治虎皮病。乙氧基喹啉用于水果贮藏可单独使用，也可与其他药剂（如防腐剂等）混合使用。使用方法可浸果，也可熏蒸。将乙氧基喹啉配成乳液，药液中乙氧基喹啉浓度为 2000～4000mg/kg，水果用此药液浸后贮藏；将乙氧基喹啉加到纸上制成果袋纸，或加到聚乙烯中制成加药塑料膜单果包装袋，或加到果箱隔板等处，借其挥发性而起到熏蒸作用。

## 三、果蔬防腐保鲜剂的使用与研究

### 1. 果蔬防腐保鲜剂使用中应注意的问题

（1）不可夸大果蔬保鲜剂的作用。果蔬贮藏保鲜是一个系统工程，它涉及果蔬种类和品种的贮藏性、生长的环境条件、农业栽培技术、采后处理及贮运条件等多方面的因素，不能单靠保鲜剂解决问题。

（2）对症下药。应该在搞清楚引起果蔬腐败变质的可能原因及病原菌之后，有根据地选择保鲜剂，有效地控制果蔬的腐烂变质。

（3）选择适当的保鲜剂浓度和作用条件。药剂保鲜剂浓度决定效果，过高造成浪费，过低达不到效果。此外，保鲜剂的作用条件也直接影响效果，不适宜的条件可导致药效丧失。例如灭菌水剂或膜剂的 pH 影响果蔬表皮组织对保鲜剂的吸收。

（4）保鲜剂配伍合理。配伍时应该弄清楚保鲜剂的理化性质和作用范围，配伍时应注意以下三点：①偏酸性的不宜和偏碱性药剂复配；②复配后会产生化学效应，引起果蔬药害的不能配伍；③混合后出现破坏剂型的不能配伍。

（5）防止抗性菌株的出现。连续使用同一种保鲜剂，可能出现抗性菌株，降低杀菌或抑菌效果，因此要交替使用不同生化作用的保鲜剂。

（6）要按照保鲜剂的说明用药，避免超过安全范围。

### 2. 果蔬防腐保鲜剂的研究发展方向

目前果蔬防腐保鲜剂的研究主要侧重于提高药效、降低残留，即不仅追求其活性和效果，而且也要求对环境和人体健康的影响小。同时，也注重于药剂保鲜剂的合理配伍，以提高其防腐保鲜的效果。据研究报道，特克多、扑海因和赤霉素配伍处理芒果后打蜡能有效延缓衰老。

从天然资源中寻找活性物质来代替化学保鲜剂的研究近年来受到国内外的广泛重视。从植物粗提物中提取具有杀菌活性成分，可用于果蔬的防腐保鲜，并且安全性高。例如，日本从罗汉柏中提取出罗汉柏醇用于果品杀菌；我国的一些大学、研究所等也在研究中草药中的杀菌成分在果品贮藏保鲜中的效果。中国具有丰富的天然植物中草药资源，特别要重视我国天然植物的应用挖掘，研制天然中草药防腐保鲜剂是一个很有潜力的发展方向。

总之，从当前总的发展情况来看，对果蔬防腐保鲜剂的研究应向天然、安全、有效的方向发展。对高效无残留化学保鲜剂、天然植物产品、拮抗微生物等的研究正逐渐成为果蔬保鲜剂的研究重点。

> **思考题**
>
> 1. 食品变质的主要表观现象是什么？导致食品腐败变质的主要因素是什么？
> 2. 简述食品防腐剂抗菌作用的一般机制。
> 3. 防腐剂在食品中充分发挥作用，必须注意哪些方面？
> 4. 试比较几种合成食品防腐剂的共同点和不同点。
> 5. 举例阐述一类天然食品防腐剂的性质、特点和应用。
> 6. 我们需要食品防腐剂吗？使用食品防腐剂到底是利大于弊，还是弊大于利？

模块二
在线测试

**实训内容**

**实训一** 芹菜汁的防腐保藏

## 一、实训目的

通过比较添加防腐剂和未添加防腐剂的芹菜汁，掌握防腐剂在防止蔬菜汁腐败变质过程中的作用。

## 二、实训材料

芹菜；苯甲酸钠或山梨酸钾。

榨汁机；电炉；离心机；天平等。

## 三、实训步骤

（1）芹菜预处理：选择新鲜、无变色、健壮的市售芹菜，去除根与其他杂物，保留芹菜叶、茎，并将芹菜清洗干净。

（2）芹菜汁的制备：将芹菜叶、茎置于榨汁机中榨汁，取汁加热至微沸，离心（4000r/min，15min），取上清液即试验料液芹菜汁。

（3）进行两组平行试验，每组试验的芹菜汁为20.0g。第一组芹菜汁不加任何防腐剂，用作对照。根据 GB 2760—2024，计算第二组芹菜汁添加苯甲酸钠或山梨酸钾的量，经提交指导老师确认后，称取相应的剂量，与第二组芹菜汁搅匀，3~7天后观察两组样品，比较试验结果。

（4）对试验结果进行总结，完成实训报告。

## 四、思考题

（1）本实训原理是什么？

（2）请列举几种防止蔬菜汁发生腐败变质的方法。

（3）如果在芹菜汁中复配使用苯甲酸钠和山梨酸钾，是否可取得更好的防腐效果？

### 实训二　果酱的防腐保藏

## 一、实训目的

通过比较添加防腐剂和未添加防腐剂的果酱，掌握防腐剂在防止果酱腐败变质过程中的作用。

## 二、实训材料

苹果；白砂糖；柠檬酸；山梨酸钾；5%盐水；抗坏血酸。

不锈钢锅；电炉；捣碎机等。

## 三、实训步骤

**1. 工艺流程**

原料处理→预煮→打浆→煮制→装罐→杀菌→冷却→成品。

**2. 实训配方**

苹果肉100g，白砂糖20g，柠檬酸0.1%，抗坏血酸0.1%。

**3. 操作步骤**

（1）原料处理　选用新鲜、成熟度适度、果肉致密、果香味浓的苹果，用清水清洗干净,削除果皮,切块,用刀挖净果核后,立即投入5%盐水中护色。

(2) 预煮　将处理后的果肉称取一定量置于不锈钢锅中,加入占果肉重10%~20%的清水,加柠檬酸0.1%、抗坏血酸0.1%,煮1min,并不断搅拌,使上下层的果块软化均匀。

(3) 打浆　煮后的果块,加入白砂糖,用捣碎机打成浆状。

(4) 煮制　将果浆倒入不锈钢锅中,加热软化10~15min。继续浓缩,并用勺子不断搅拌,当将果浆舀起向下流成片状时即可,出锅前将果浆分做两组,第一组果浆不加任何防腐剂,用作对照;第二组果浆添加山梨酸钾0.03%,与果浆样搅匀。

(5) 装罐　将浓缩后的苹果酱趁热装入洗净消毒的玻璃瓶中(玻璃瓶、罐盖与胶圈先经水洗,100℃热水煮5min),装罐后立即加盖旋紧密封。

(6) 杀菌　杀菌条件100℃,15min。

(7) 冷却　在热水池中分段冷却至35℃以下。

(8) 成品　3~7天后观察,比较两组试验结果,完成实训报告。

## 四、思考题

(1) 本实训原理是什么?
(2) 请列举几种防止果酱腐败变质的方法。

### 实训三　面包的防霉

#### 一、实训目的

通过比较添加防腐剂和未添加防腐剂的面包,掌握防腐剂在防止面包腐败变质中的作用。

#### 二、实训材料

高筋面粉;干酵母粉;白砂糖;盐;花生油;丙酸钙。
烤盘;烤箱;调温调湿箱等。

#### 三、实训步骤

1. 工艺流程
原料处理→面团调制→发酵→整型→装盘→烘烤→冷却→成品。

2. 实训配方
高筋面粉300g,干酵母粉6g,白砂糖15g,盐3g,花生油少许。

3. 操作步骤
(1) 依照GB 2760—2024,计算丙酸钙的用量,并配制成溶液备用。
(2) 高筋面粉、干酵母粉、白砂糖、盐、适量水混合均匀,揉成面团。在盛面团的容器上面盖一层纱布,放温暖处(约28℃)发酵。

（3）在第一次发酵后，将配制的丙酸钙溶液随剩余原料一起和入面中。放温暖处（约28℃）再次发酵。并且制作空白对照组（不加丙酸钙溶液，用等重水替代）。

（4）二次发酵结束后，揉搓面团，整形制成小面团。

（5）烤箱预热200℃；在烤盘表面刷上一层花生油，将小面团逐一摆好；放烤箱烘烤约15min。中间注意上色情况。

（6）面包烘烤完成后，待其自然冷却到室温，即为成品面包，然后用单层聚丙烯塑料食品袋包装。

（7）置于调温调湿箱中（30~36℃，相对湿度80%~90%）存放，3~5天后观察、记录其自然生霉情况，完成实训报告。

## 四、思考题

（1）本实训原理是什么？

（2）计算面包中可以添加的丙酸钙的量。

（3）上网查阅资料并列举其他防止面包腐败变质的方法。

# 模块三 抗氧化剂

## 学习目标

### 知识目标

1. 了解抗氧化剂的类型、作用机制和发展趋势。
2. 掌握几种常用食品抗氧化剂的性能和应用。

### 技能目标

1. 能解释不同抗氧化剂的作用机制。
2. 能够根据产品特点,正确选用合适的抗氧化剂。
3. 对抗氧化剂的作用效果进行评价。

### 素质目标

1. 认识利用食品抗氧化剂的互配效应,以较小的剂量解决食品的抗氧化问题,强化责任意识和社会责任感。
2. 查阅资料,了解天然食品抗氧化剂以及抗氧化剂复配研究的最新进展与趋势,激发勇攀高峰、敢为人先的创新精神。坚持人民至上、生命至上的发展思想。

## 学习内容

食品变质除微生物引起腐败外,氧化也是一个重要的因素,特别是油脂和含油食品。油脂和含油脂的食品在贮藏、加工及运输过程中均会自然地氧化,产生哈喇味,造成食品品质下降,营养价值降低。此外,肉类食品的变色、果蔬的褐变、啤酒的异臭味及变色,也与氧化有关。因此防止氧化已成为食品企业的一个重要问题。

防止食品氧化,除了采用密封、排气、避光及降温等措施外,适当地使用一些安全性高、效果显著的抗氧化剂,是一种简单、经济而又理想的方法。

依据 GB 2760—2024《食品安全国家标准 食品添加剂使用标准》，食品抗氧化剂是能防止或延缓油脂或食品成分氧化分解、变质，提高食品稳定性的物质。

食品抗氧化剂按溶解性可分为油溶性、水溶性两类。油溶性抗氧化剂常用于油脂类的抗氧化作用，如丁基羟基茴香醚、二丁基羟基甲苯、没食子酸丙酯、维生素 E 等；水溶性抗氧化剂多用于食品色泽的保持及果蔬的抗氧化如抗坏血酸及其盐类、异抗坏血酸及其盐类及植酸等。

作为食品抗氧化剂应具备的条件是：抗氧化效果优良，低浓度有效；稳定性好，与食品可以共存，对食品的感官性质无影响；本身及分解产物都无毒、无害；使用方便，价格便宜。

## 项目一

# 抗氧化剂的作用机制

氧化的发生机制：由活性氧引起的游离基反应可产生许多变化，如生物体内的氧化还原、老化及食品品质的劣变等。活性氧即单重态氧，可以还原为过氧化氢（$H_2O_2$），$H_2O_2$ 与金属离子在紫外线照射的作用下生成氢氧游离基（·OH）和其他种类游离基，所有这些活性物质与生物体或食品中的成分均可发生明显的相互作用，其结果是通过成分的氧化而发生老化、变质。过剩的活性氧（自由基）如缺乏抗氧化剂的保护，将引起大量的有害反应。

## 一、抗氧化机制类型

**1. 抗氧化剂是还原剂**

抗氧化剂借助还原反应，降低食品体系及周围的氧含量，即抗氧化剂本身极易氧化，因此有食品氧化的因素存在时（如光照、氧气、加热等），抗氧化剂就先与空气中的氧反应，避免了食品氧化。

**2. 抗氧化剂是过氧化物分解剂**

有些抗氧化剂是过氧化物分解剂，可放出氢离子将氧化过程中产生的过氧化物破坏分解；在油脂中具体表现为使油脂不能产生醛或酮酸等产物。

**3. 抗氧化剂是自由基吸收剂**

自由基吸收剂主要是指在油脂氧化中能够阻断自由基连锁反应的物质，它们一般为酚类化合物，如丁基羟基茴香醚、特丁基对苯二酚、生育酚等；具有电子给予体的作用，可与氧化过程中的氧化中间产物结合，从而阻止氧化反应的进行。例如丁基羟基茴香醚的抗氧化作用是由它放出氢原子阻断油脂自动氧化而实现的。

**4. 抗氧化剂是金属离子螯合剂**

有些抗氧化剂是金属离子螯合剂如 EDTA、柠檬酸等，可通过对金属离子的螯合作用，减少金属离子的促氧化作用。

**5. 抗氧化剂是酶抑制剂**

有些抗氧化剂是酶抑制剂，如葡萄糖氧化酶、超氧化物歧化酶（SOD）、过氧化氢酶、谷胱甘肽氧化酶等酶制剂，它们的作用是可以阻止或减弱氧化酶类的活动，除去氧（如葡萄糖氧化酶）或消除来自食物的过氧化物（如超氧化歧化酶对超氧化物自由基的清除）。

## 二、抗氧化剂的作用机制

抗氧化剂的作用机制比较复杂。以油脂自动氧化为例，简单说明抗氧化剂的作用机制。食用油脂中有不饱和键，在氧气、水、金属离子、光照及受热的情况下，油脂中不饱和键变成酮、醛及醛酮酸。反应式如下：

$$RH \longrightarrow R\cdot + H\cdot$$
$$R\cdot + O_2 \longrightarrow ROO\cdot$$

式中 RH 表示油脂中不饱和脂肪酸；R·表示脂质游离基；ROO·表示脂质过氧基。

若以 AH 表示抗氧化剂，则其可以以 R·+AH ⟶ RH+A·、ROO·+AH ⟶ ROOH+A·等方式切断油脂自动氧化的连锁反应，从而防止油脂继续被氧化。

产生的基团可以 A·+A· ⟶ A—A 和 ROO·+A· ⟶ ROOA 的方式再结合成二聚体和其他产物。

以鱼油为例，鱼油在空气中放置一段时间后，质量会增加，这主要是由于鱼油中生成了过氧化物（图3-1），在油脂中添加抗氧化剂，则随着时间的延长，油脂生成过氧化物的速度减慢（图3-2）。

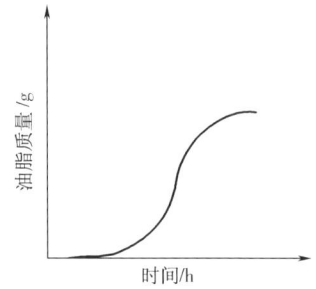

图3-1 鱼油放置空气中时油脂质量变化

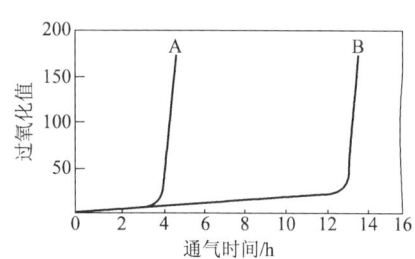

图3-2 抗氧化剂对脂肪氧化作用速度的影响
A—无抗氧化剂的情况 B—有抗氧化剂的情况

## 项目二

# 油溶性抗氧化剂

油溶性抗氧化剂能均匀地分布于油脂中，对油脂食品可以很好地发挥其抗氧化作用。按来源可分为合成抗氧化剂和天然抗氧化剂。

## 一、合成抗氧化剂

目前各国使用的食品抗氧化剂大多是合成的，下面介绍使用较广泛的几种。

### 1. 丁基羟基茴香醚

丁基羟基茴香醚又称叔丁基-4-羟基茴香醚，又称丁基大茴香醚（简称BHA）。分子

式 $C_{11}H_{16}O_2$，相对分子质量 180.25。

(1) 性状　丁基羟基茴香醚为无色至微黄色的结晶或白色结晶性粉末，具有特异的酚类的臭气及刺激性味道，不溶于水，可溶于猪脂、植物油等油脂及乙醇；对热稳定，没有吸湿性，在弱碱性条件下不容易破坏。BHA具有挥发性，在直线光线长期照射下，色泽会变深。不会与金属离子作用而着色，使用方便。缺点是成本较高。

(2) 性能　丁基羟基茴香醚用量为0.02%较用量为0.01%的抗氧化效果提高10%，但用量超过0.02%时，其抗氧化效果反而下降。在猪脂中加入0.005%的BHA，其酸败期延长4~5倍，添加0.01%时可延长6倍。BHA与其他抗氧化剂混用或增效剂等并用，其抗氧化作用更显著。

BHA除抗氧化作用外，还具有相当强的抗菌能力，可阻止寄生曲霉孢子的生长和黄曲霉毒素的生成。BHA的抗霉效力比对羟基苯甲酸丙酯还强。

(3) 毒性　ADI为0~0.5mg/kg体重，安全。

(4) 应用　依照GB 2760—2024《食品安全国家标准　食品添加剂使用标准》，丁基羟基茴香醚的使用范围和最大使用量（g/kg）为：脂肪，油和乳化脂肪制品、熟制坚果与籽类（仅限油炸坚果与籽类）、坚果与籽类罐头、油炸面制品、杂粮粉、即食谷物-包括碾轧燕麦（片）、方便米面制品、饼干、腌腊肉制品类（如咸肉、腊肉、板鸭、中式火腿、腊肠等）、风干、烘干、压干等水产品、固体复合调味料（仅限鸡肉粉）、膨化食品0.2（以油脂中的含量计）；基本不含水的脂肪和油0.2；胶基糖果0.4。

### 2. 二丁基羟基甲苯

二丁基羟基甲苯又称2,6-二叔丁基对甲酚，简称BHT，分子式 $C_{15}H_{24}O$。

(1) 性状　二丁基羟基甲苯为无色或白色结晶粉末，无臭、无味、不溶于水，可溶于乙醇或油脂，对热稳定，与金属离子反应不着色，加热时随水蒸气挥发。

(2) 性能　二丁基羟基甲苯同其他油溶性抗氧化剂相比，稳定性高，抗氧化效果好。BHT与柠檬酸、抗坏血酸或BHA复配使用，能显著提高抗氧化效果。BHT的抗氧化作用是由其自身发生自动氧化而实现的。

(3) 毒性　小鼠经口 $LD_{50}$ 为1.39g/kg体重；急性毒性比BHA大一些。ADI为0~0.125mg/kg体重。

(4) 应用　依照GB 2760—2024《食品安全国家标准　食品添加剂使用标准》，二丁基羟基甲苯使用范围及最大使用量（g/kg）为：脂肪，油和乳化脂肪制品、熟制坚果与籽类（仅限油炸坚果与籽类）、坚果与籽类罐头、油炸面制品、其他杂粮制品（仅限脱水马铃薯制品）、即食谷物-包括碾轧燕麦（片）、方便米面制品、饼干、腌腊肉制品类（如咸肉、腊肉、板鸭、中式火腿、腊肠等）、风干、烘干、压干等水产品、膨化食品0.2（以油脂中的含量计）；胶基糖果0.4。

以柠檬酸为增效剂与BHA复配使用时，复配比为BHT：BHA：柠檬酸=2：2：1。

BHT价格低廉，是我国生产量最大的抗氧化剂之一。

### 3. 没食子酸丙酯

没食子酸丙酯简称PG，分子式 $C_{10}H_{12}O_5$。

(1) 性状　没食子酸丙酯为白色至淡褐色的结晶性粉末，或为乳白色针状结晶，无臭，稍带苦味，水溶液无味。PG易与铜、铁离子反应呈紫色或暗绿色，光线能促进其分解，有吸湿性，难溶于水，易溶于乙醇，对热稳定，在油中加热到227℃后1h仍不会分解。没食子酸丙酯的缺点是易着色，在油脂中溶解度小。

（2）性能　PG对猪油的抗氧化效果较BHA和BHT强，与增效剂并用效果更好，但不如PG与BHA和BHT混用的抗氧化效果好。对于含油的面制品如奶油饼干的抗氧化，效果不及BHA和BHT。

（3）毒性　大鼠经口$LD_{50}$为3.8g/kg体重。在机体内被水解，后内聚为葡萄糖醛酸，随尿排出体外。ADI为0~0.2mg/kg体重。

（4）应用　依照GB 2760—2024《食品安全国家标准　食品添加剂使用标准》，没食子酸丙酯的使用范围和最大使用量（g/kg）为：脂肪，油和乳化脂肪制品、熟制坚果与籽类（仅限油炸坚果与籽类）、坚果与籽类罐头、油炸面制品、方便米面制品、饼干、腌腊肉制品类（如咸肉、腊肉、板鸭、中式火腿、腊肠等）、风干、烘干、压干等水产品、固体复合调味料（仅限鸡肉粉）、膨化食品0.1（以油脂中的含量计）；胶基糖果0.4。

没食子酸丙酯使用量达0.1%时即能自动氧化着色，故一般不单独使用；而与其他抗氧化剂复配使用，或与柠檬酸、异抗坏血酸等增效剂复配使用，效果更好。

## 二、天然抗氧化剂

随着科学的发展，发现合成抗氧化剂存在着安全性方面的忧虑。如，BHT有抑制人体呼吸酶活性的嫌疑，人的皮肤对TBHQ有过敏反应。以天然抗氧化剂逐步取代合成抗氧化剂是今后的发展趋势。天然抗氧化剂由于安全、无毒等优点受到欢迎。GB 2760—2024《食品安全国家标准　食品添加剂使用标准》已将维生素E、茶多酚、植酸、迷迭香提取物等列入食品抗氧化剂。

### 1. 维生素E

维生素E又称生育酚，分子式$C_{29}H_{50}O_2$，天然维生素E广泛存在于植物组织的绿色部分和禾本科种子的胚芽中，如小麦、玉米、菠菜、芦笋、茶叶以及植物油。天然维生素E是从天然植物原料中提取，一般是从植物油精炼过程中脱臭时蒸馏冷凝液馏分（馏出物）提取，脱臭过程中，随着可挥发部分一起被蒸出。天然维生素E的生理活性优于合成维生素E。维生素E有α型、β型、γ型、δ型生育酚和α型、β型、γ型、δ型三烯生育酚，其中以α-生育酚抗氧化活性最大。

（1）性状　维生素E溶于脂肪和乙醇等有机溶剂中，不溶于水，对热、酸稳定，对碱不稳定，对氧敏感，对热不敏感，但油炸时维生素E活性明显降低。

（2）性能　维生素E是一种极好的天然抗氧化剂，它可以防止不饱和脂肪酸的氧化。维生素E抗氧化作用的机制是维生素E能与不饱和脂肪酸竞争脂质过氧基，它能通过自身被氧化成生育醌，从而将ROO—转变为化学性质不活泼的ROOH，中断油脂过氧化的连锁反应，有效抑制油脂的过氧化作用。

维生素E（$AH_2$）被称为自由基捕捉剂，它可使自由基（R·）猝灭。维生素E能消除多种自由基，脂质自由基被还原为脂氢过氧化物，后者在硒谷胱甘肽过氧化物酶作用下分解成无毒羟化物，切断自由基与其他物质反应，有效阻断自由基连锁反应，终止脂质过氧化过程。

温度、浓度、硒、维生素C、柠檬酸以及微波等因素可影响维生素E的抗氧化作用。

（3）应用　依照 GB 2760—2024《食品安全国家标准　食品添加剂使用标准》，维生素 E（$dl$-$\alpha$-生育酚，$d$-$\alpha$-生育酚，混合生育酚浓缩物）的部分使用范围和最大使用量（g/kg）为：调制乳、熟制坚果与籽类（仅限油炸坚果与籽类）、油炸面制品、膨化食品 0.2（以油脂中的含量计）；果蔬汁（浆）类饮料、其他型碳酸饮料、茶、咖啡、植物（类）饮料、特殊用途饮料、风味饮料 0.2（以即食状态计，相应的固体饮料按稀释倍数增加使用量）；方便米面制品、蛋白饮料、蛋白固体饮料 0.2；即食谷物-包括碾轧燕麦（片）0.085。

基本不含水的脂肪和油、复合调味料，按生产需要适量使用。

维生素 E 对于其他抗氧化剂如 BHA、TBHQ、卵磷脂等具有增效作用。

### 2. 茶多酚

（1）性状　茶多酚是呈白、浅黄晶粉，易溶于水及乙醇，味苦涩。在 pH4~8 稳定。遇强碱、强酸、光照、高热及铁等金属离子易变质。

茶多酚是从茶叶中提取的全天然抗氧化物，是一种稠环芳香烃，是茶叶中多酚类物质的总称，包括儿茶素、黄酮醇、花色素、酚酸等。其中以儿茶素最为重要。

（2）性能　茶多酚能清除有害自由基，阻断脂质过氧化过程。具有抗氧化能力强、无毒副作用、无异味等特点。

（3）应用　依照 GB 2760—2024《食品安全国家标准　食品添加剂使用标准》，茶多酚的部分使用范围和最大使用量（g/kg）为：基本不含水的脂肪和油、糕点、焙烤食品馅料及表面用挂浆（仅限含油脂馅料）、腌腊肉制品类（如咸肉、腊肉、板鸭、中式火腿、腊肠等）0.4（以油脂中儿茶素计）；熟制坚果与籽类（仅限油炸坚果与籽类）、油炸面制品、即食谷物-包括碾轧燕麦（片）、方便米面制品、膨化食品 0.2（以油脂中儿茶素计）；果酱、水果调味糖浆 0.5（以儿茶素计）；蛋白固体饮料 0.8。

### 3. 迷迭香提取物

迷迭香提取物是从迷迭香植物中提取出的天然抗氧化剂。迷迭香提取物有鼠尾草酸、迷迭香酸、熊果酸等。

（1）性状　迷迭香提取物都不容易挥发，具有良好的热稳定性。鼠尾草酸是油溶性迷迭香提取物，迷迭香酸是水溶性迷迭香提取物，熊果酸是从迷迭香的叶中提取的一种三萜类化合物。

（2）性能　迷迭香提取物有其独特的抗氧化性能：安全、高效、耐热、广谱。对各种复杂的类脂物氧化有广泛而很强的抑制效果。如鼠尾草酸能阻止或延缓油脂或含油食品氧化，提高食品的稳定性和延长贮存期的纯天然物质。在油脂中比 BHA 抗氧化效果强 2~6 倍。能长期耐受 190℃ 的高温油炸而具有抗氧化效果。

迷迭香抗氧化机能主要在于其能猝灭单重态氧，清除自由基，切断类脂自动氧化的连锁反应，螯合金属离子和有机酸的协同增效等。迷迭香酸中还原性的成分如酚羟基、不饱和双键和酸等，单独存在时具有抗氧化作用，组合在一起时具有协同作用。

（3）应用　依照 GB 2760—2024《食品安全国家标准　食品添加剂使用标准》，迷迭香提取物的使用范围和最大使用量（g/kg）为：植物油脂、脂肪含量80%以上的乳化制品、02.02 类以外的脂肪乳化制品，包括混合的和（或）调味的脂肪乳化制品、固体复合调味料 0.7；动物油脂（包括猪油、牛油、鱼油和其他动物脂肪等）、熟制坚果与籽类（仅限油炸坚果与籽类）、油炸面制品、预制肉制品、酱卤肉制品类、熏、烧、烤肉类（熏肉、叉烧肉、烤鸭、肉脯等）、油炸肉类、西式火腿（熏烤、烟熏、蒸煮火腿）类、肉灌肠类、发酵肉制品类、半固体复合调味料、液体复合调味料、膨化食品0.3；植物蛋白饮料0.15（以即饮状态计，相应的固体饮料按稀释倍数增加使用量）。

## 项目三

## 水溶性抗氧化剂

氧化反应如果发生在切开、削皮、碰伤的水果蔬菜、罐头原料上，产生的现象是使原来食品的色泽变暗或变成褐色。褐变是氧化酶类的酶促反应使酚类和单宁物质氧化变为褐色。酚类物质如儿茶酚在酚类氧化酶的作用下生成醌，经羟化生成羟醌，再聚合生成褐色素。

利用抗氧化剂可以防止褐变，通过抑制酶的活性和消耗氧达到抑制褐变的作用。水溶性食品抗氧化剂易溶于水，常用的有以下几种。

### 1. D-异抗坏血酸及其钠盐

D-异抗坏血酸（异维生素C），分子式$C_6H_8O_6$，相对分子质量176.13。

异抗坏血酸钠，分子式$C_6H_7NaO_6 \cdot H_2O$，相对分子质量216.12。

（1）性状　D-异抗坏血酸是抗坏血酸的异构体，化学性质与抗坏血酸相似。异抗坏血酸钠是抗坏血酸钠的异构体，化学性质与抗坏血酸钠相似。D-异抗坏血酸及其钠盐均为白色至浅黄色结晶或晶体粉末，无臭，干燥状态在空气中稳定，易溶于水，水溶液遇空气、微量金属、热和光易变质。D-异抗坏血酸有酸味，异抗坏血酸钠稍有咸味。

（2）性能　D-异抗坏血酸及其钠盐的抗氧化性能优于抗坏血酸及其钠盐，在肉制品中D-异抗坏血酸与亚硝酸钠复配使用，既可提高肉制品的成色效果，又可防止肉质氧化变色。此外它还能加强亚硝酸钠抗肉毒杆菌的效能，并能减少亚硝胺的产生。

（3）毒性　大鼠经口$LD_{50}$为18g/kg体重。ADI为0~0.005g/kg体重。人摄取D-异抗坏血酸，在体内可转变成维生素C，安全。

（4）应用　依照GB 2760—2024《食品安全国家标准　食品添加剂使用标准》，D-异抗坏血酸及其钠盐在葡萄酒中最大使用量0.15g/kg（以抗坏血酸计）。可在各类食品（列入表A.2中编号为1~62、64~68的食品类别除外）中，按生产需要适量使用。

### 2. 抗坏血酸

抗坏血酸亦称L-抗坏血酸、维生素C，分子式$C_6H_8O_6$。

（1）性状　抗坏血酸为白色至微黄色晶粉，无臭，带酸味，遇光颜色逐渐黄褐。干燥状态性质较稳定，水溶液中易受空气中的氧氧化而分解，在中性和碱性溶液中分解尤甚，在pH3.4~4.5时较稳定。它易溶于水和乙醇。抗坏血酸不溶于油脂，且对热不稳定，故不用作无水食品的抗氧化剂。

（2）性能　抗坏血酸有强还原性能，抗氧化机制是：自身氧化消耗食品和环境中的氧，使食品中的氧化还原电位下降到还原范畴，并且减少不良氧化物的产生。

若抗坏血酸与维生素E复配使用，能显著提高抗氧化性能。

(3) 毒性　大鼠经口 $LD_{50} \geq 5g/kg$ 体重。ADI 为 $0 \sim 0.015g/kg$ 体重。安全。

(4) 应用　依照 GB 2760—2024《食品安全国家标准　食品添加剂使用标准》，抗坏血酸使用范围和最大使用量（g/kg）为：小麦粉 0.2；去皮或预切的鲜水果、去皮、切块或切丝的蔬菜 5.0；果蔬汁（浆）1.5（以即饮状态计，相应的固体饮料按稀释倍数增加使用量）；可在各类食品（列入表 A.2 中编号为 1~5，10~62、68 的食品除外）中按生产需要适量使用。

## 项目四

# 抗氧化剂的使用和发展趋势

## 一、抗氧化剂的使用

生产含油脂食品一般采用抗氧化剂以防止生产的含油脂产品保存时间长而产生"哈喇味"。但食品抗氧化剂在使用时，如果方法不当，往往达不到理想的效果。因此，使用时还必须注意以下几点。

### 1. 完全混合均匀

因抗氧化剂在食品中用量很少，为使其充分发挥作用，必须将其十分均匀地分散在食品中。可以先将抗氧化剂与少量的物料调拌均匀，再在不断搅拌下，分多次添加物料，直至完全混合均匀为止。

### 2. 掌握使用时机

抗氧化剂只能阻碍或延缓食品的氧化，所以应在食品保持新鲜状态和未发生氧化变质之前使用；在食品已经发生氧化变质后再使用是不能改变已经变坏的后果的。例如油脂的氧化酸败是自发的链式反应。在链式反应的诱发期之前加入抗氧化剂才能阻断过氧化物产生，切断反应链，从而达到防氧化的目的。如果抗氧化剂加入过迟，即使加入较多量的抗氧化剂，也无法阻断氧化链式反应，往往还会发生相反的作用。

### 3. 控制影响抗氧化剂效果的因素

要使抗氧化剂充分地发挥作用，对影响其还原性的各种因素必须加以控制。这些影响因素一般为光、热、氧、金属离子，以及抗氧化剂在食品中的分散状态等。

(1) 紫外光和热量能促进抗氧化剂分解、挥发而失效。例如，BHT、BHA 经加热，迅速挥发的温度分别为 70℃ 和 100℃；特别是在油炸等高温下很容易分解。

(2) 食品内部和它的周围氧的浓度大，会使抗氧化剂迅速氧化而失去作用。因此，在食品中添加抗氧化剂，应同时采取充氮或真空密封包装，以隔断空气中的氧，使抗氧化剂更好地发挥作用。

(3) 铜、铁等重金属离子是氧化催化剂，它们的存在会使抗氧化剂发生氧化而失去作用。因此，在添加抗氧化剂时，应尽量避免这些金属离子混入食品。生产食品和油脂的用具及容器，不能采用铜、铁制品。

### 4. 抗氧化剂的复配

所谓复配抗氧化剂，就是从两种或两种以上天然动植物或代谢物中提取出来的通过协同作用表现出更强抗氧化性的复合物。

如利用已有的合成抗氧化剂与天然抗氧化剂复配，天然抗氧化剂之间的互配，天然抗氧化剂与增效剂配合使用等使其发生增效作用，减少合成抗氧化剂的用量，使充分利用抗氧化剂的协同作用，可以大量节省资源，降低使用量。如生育酚和迷迭香混合使用，有增效作用；磷脂酰乙醇胺对 α-生育酚有加成效果。维生素 C 和维生素 E 有明显的协同效果。

增效剂是可以辅助食品抗氧化剂发挥作用或使抗氧化剂发挥更强烈的作用的物质，主要有丙氨酸等氨基酸、柠檬酸等有机酸及其盐类、磷酸盐类、山梨醇、植酸等。这是因为这些酸性物质对金属离子有螯合作用，能钝化促进氧化的微量金属离子，从而降低氧化作用。有人认为，增效剂能与抗氧化剂的基团发生作用，使抗氧化剂再生。增效剂的使用明显降低了抗氧化剂的用量，这样既降低成本，又减少了抗氧化剂带来的不利影响。

## 二、抗氧化剂的发展趋势

### 1. 发展天然抗氧化剂

随着人们对食品安全的日益关注及人类回归自然的心理诉求，天然抗氧化剂因其安全性良好受到了更多的青睐。随着科学的发展，人们认为合成抗氧化剂存在着安全性方面的忧虑，如 TBHQ 对人的皮肤可能引起过敏反应。天然抗氧化剂在自然界分布广泛，尤其是在我国，资源丰富，种类繁多。研究表明，许多草本植物和天然调味品中都含有具有抗氧化作用的活性成分，是良好的天然抗氧化剂的来源，目前从自然界提取天然抗氧化剂最活跃的领域集中在香辛料和中草药。

（1）香辛料　我国香辛料历史悠久，追溯到五千年前的帝王神农时代，当时人类对植物中挥发出的香气已很重视。很多香辛料中具有抗氧化效果，例如研究发现芝麻油中含有多种抗氧化物，如芝麻酚二聚物，丁香酸，阿魏酸与 4 种木聚糖系列化合物。生姜也是受人们喜爱的香辛料，姜中的姜油酮、6-姜油醇、6-姜油酚均具有较强的抗氧化活性。

有研究认为百里香、花椒、牛至、大蒜、丁香、肉豆蔻等香辛料的提取物都有一定的抗氧化性。

（2）中草药　中国是中草药的发源地，目前中国约有 12000 种药用植物，这是其他国家所不具备的，在资源上我们占据独特优势。古代先贤对中草药的深入探索、研究和总结，使得中草药得到了广泛的认同与应用。我国的一些研究报告指出，红参、当归、生地、酸枣仁、阿魏、川芎等中草药的提取物均有抗脂质过氧化作用。如金锦香、石榴皮、马鞭草的甲醇提取物和金锦香、三七草、芡实、钩藤的乙酸乙酯提取物的抗氧化能力均强于 BHA。

还有如：茵陈蒿、丹参、鼠尾草、迷迭香、夏香草、辣椒、马郁兰、薄荷、罗勒和留兰香等都具有潜在的开发价值。从中草药中提取抗氧化剂是继香辛料后研究、开发的又一个热点。

（3）黄酮类和酚酸　黄酮类化合物中可用作天然抗氧化剂的最著名的化合物是栎精。许多黄酮类化合物在油-水和油-食品体系中有显著的抗氧化能力，在用于乳制品、猪油、黄油的试验中均有效。

油料种子（如大豆、棉籽、花生等）中所含具有抗氧化活性的物质主要是黄酮类化合物和酚酸。酚酸类包括肉桂酸衍生物和苯甲酸衍生物,它们在油-水体系中具有明显的抗氧化活性。一般的阔叶植物是黄酮和酚酸的丰富来源。

(4) 果蔬中的天然抗氧化剂　近年来,随着抗衰老、抗氧化研究的不断深入,对与维持人体健康有关的食品生理功能性的研究报道越来越多,其中果蔬植物的抗氧化活性及其抗氧化成分的研究备受瞩目。人们日常食用的各种水果和蔬菜中含有各种天然抗氧化物质,如 $\alpha$-生育酚、抗坏血酸、$\beta$-胡萝卜素、类胡萝卜素、番茄红素以及类黄酮、花青素、绿原酸等多种酚类物质。

原花青素具有极强的抗氧化剂活性,是一种很好的氧游离基清除剂和脂质过氧化抑制剂。如葡萄籽原花青素可抑制 Fe 催化的卵磷脂质体(PLC)的过氧化,其作用明显强于儿茶素。

番茄红素具有独特的长链分子结构,使其具有强有力的消除自由基能力和较高的抗氧化能力。

还有肽和氨基酸具有抗氧化和强化氧化两种作用。一些生物碱、愈创酸和某些微生物的代谢产物都具有一定的抗氧化作用。

(5) 日常饮食中常见的植物性食品　包括大豆、花生、棉籽、芥菜、油菜籽、大米、芝麻籽和茶叶等,内含许多不同的抗氧化物质。

大豆制品中含有多种抗氧化化合物。大豆油中主要的抗氧化物质为 $\alpha$-生育酚;大豆粉中含有生育酚、黄酮、异黄酮、配糖物及其衍生物、磷脂质、氨基酸和多肽等,所以大豆粉常常被用作抗氧化剂,添加到油脂、焙烤食品或肉制品中。

芥菜及油菜籽中含有酚酸化合物,这些物质用于延长猪肉的脂质氧化上的综合抗氧化效果比在同浓度下的 BHT 要好。

此外,氨基酸及其衍生物(色氨酸、甘氨酸、甲硫氨酸、酪氨酸等)也有抗氧化作用。

以天然抗氧化剂逐步取代合成抗氧化剂是今后食品工业的发展趋势,目前,对天然抗氧化剂虽已有一定的研究,但是还不够深入、全面,开发实用、高效、成本低廉的天然抗氧化剂仍是天然抗氧化剂的研究重点。

**2. 抗氧化剂的复配**

在单独使用某种抗氧化剂时,结构的单一性可能使其抗氧化性受到局限,因而复配可以达到提高抗氧化性能,降低使用成本的目的。例如,酚类和胺类抗氧化剂同时使用,具有明显的协同效应。同时,各抗氧化剂之间按比例复配,也具有协同效应。不同作用机制的两种抗氧剂之间,如自由基清除剂和过氧化物分解剂有更好的抗氧化协同作用。向亚油酸的丁醇/水(3/2,体积比)溶液中加入维生素 E 可以抑制氧气的吸收,而且出现了一个诱导期,当茶多酚与维生素 E 一同加入时,诱导期显著延长,表明茶多酚与维生素 E 具有协同抗氧化性。类胡萝卜素是维生素 A 的前体,有着独特的生理功能,茶多酚能够保护类胡萝卜素,通过提高其保存率来发挥协同效应,增强抗氧化效果。

有研究表明:①复配抗氧化剂的成分在一定程度上是安全的,但是有些天然抗氧化剂也有一定的毒性,在使用前要进行相关的毒理学试验。②复合抗氧化物进入生物体后,本身及其代谢产物的生理功能等方面的研究还应受到重视。③如何运用现代生物技术或其他高新技术来实现已知复配抗氧化物的工业化生产,也是重要的研究方向。

> **思考题**
>
> 1. 什么是抗氧化剂？其作用机制如何？
> 2. 比较一下抗氧化剂 BHA、BHT 及 PG 在安全性、抗氧化特性及使用特性方面的异同。
> 3. 如何利用抗氧化剂的互配效应以达到用较小的剂量解决食品的抗氧化问题？举例。
> 4. 举例说明水溶性抗氧化剂的性能、作用和应用。
> 5. 天然抗氧化剂的优缺点是什么？结合所学知识，上网查阅资料，谈谈天然抗氧化剂的发展趋势。
> 6. 针对抗氧化剂对自由基的清除，结合所学知识，上网查阅资料，谈谈你对天然抗氧化剂开发的认识。

模块三
在线测试

## 实训内容

### 实训一　油脂的抗氧化

#### 一、实训目的

比较添加抗氧化剂和未添加抗氧化剂油脂的过氧化值，掌握抗氧化剂及其增效剂在防止油脂氧化过程中的作用。

#### 二、实训材料

猪油；冰醋酸-氯仿混合液（3∶2，体积比）；0.01mol/L 硫代硫酸钠标准溶液；1%淀粉指示剂；碘化钾饱和溶液；没食子酸丙酯（PG）；柠檬酸。

烘箱；天平等。

#### 三、实训步骤

（1）油样的制备　将做三个平行试验，每例试验的油样（猪油）为 20.0g。第一例油样不加任何添加剂，用作对照；第二例油样添加 0.01%PG；第三例油样添加 0.01%PG 和 0.005%柠檬酸。将油样搅匀（可温热）后，各称取 2g 油样测定其过氧化值，剩余样品同时放入（63±1）℃烘箱中，每天取样一次，每次称取三个油样各 2g，测定过氧化值，比较结果。

（2）过氧化值的测定　称取油样 2.0g 置于干燥的碘量瓶中，加入冰醋酸-氯仿混合液 30mL，碘化钾饱和溶液 1mL，摇匀。1min 后，加蒸馏水 50mL，1%淀粉指示剂 1mL，用 0.01mol/L 硫代硫酸钠标准溶液滴定至蓝色消失。记录下所消耗的硫代硫酸钠标准溶液体积。在同样条件下做一空白试验。

$$过氧化值（\%）= \frac{(V_1-V_2)\times C\times 0.1296}{W}\times 100\%$$

式中　$V_1$——样品滴定时消耗硫代硫酸钠标准溶液的体积，mL；
　　　$V_2$——空白滴定时消耗硫代硫酸钠标准溶液的体积，mL；
　　　$C$——硫代硫酸钠标准溶液的浓度，mol/L；
　　　$W$——油样的质量，g；
　　0.1296——1mol/L 硫代硫酸钠 1mL 相当于碘的质量，g。

### 四、思考题

(1) 本实训原理是什么？
(2) 请查阅资料，列举几种防止含油脂食品发生氧化的方法。
(3) 如果单独使用抗氧化剂增效剂如柠檬酸钠，是否对油脂也可取得抗氧化效果？

## 实训二　苹果片的保鲜

### 一、实训目的

了解果蔬抗氧化的方法，掌握防止苹果片等果蔬褐变的方法。

### 二、实训材料

苹果；食盐；维生素 C。
天平等。

### 三、实训步骤

(1) 挑选无腐烂、病虫害的苹果进行清洗，去皮、切块（约 2cm 厚度）。
(2) 配制保鲜液：水中加入 2% 食盐、2% 维生素 C 混匀。
(3) 切分后的水果分成 2 份，1 份浸入保鲜液中浸泡 1min，取出，晾干，另 1 份不处理。
(4) 待切分后水果表面无水珠时用包装袋封口包装，贮藏。
(5) 10~30min 后，观察采用不同处理方式贮藏一段时间后的苹果片的外观，完成实训报告。

### 四、思考题

(1) 阐述本实训果蔬贮藏保鲜的原理。
(2) 保鲜液中加入食盐、维生素 C 的目的是什么？
(3) 阐述进行果蔬保鲜的意义。
(4) 上网查阅资料，思考苹果片抗氧化保鲜的其他方法。

# 模块四

# 酸度调节剂、甜味剂和增味剂

## 学习目标

### 知识目标

1. 了解酸度调节剂、甜味剂、增味剂的作用机制。
2. 掌握酸度调节剂、甜味剂、增味剂的性能和应用。

### 技能目标

1. 能够根据产品的感官要求，选用合适的酸度调节剂、甜味剂或增味剂。
2. 能够对酸度调节剂、甜味剂和增味剂的作用效果进行评价。

### 素质目标

1. 认识食品酸度调节剂、甜味剂、增味剂在食品工业中的作用，深刻理解优化食品配方设计是满足人民群众对美好生活向往的重要途径之一。
2. 通过风味的调配，初步掌握常见酸度调节剂、甜味剂和增味剂的协同效应，领会食品组分间相互作用的科学规律。

## 学习内容

食品风味是由食品的色、香、味、形刺激人的视觉、味觉、嗅觉和触觉等器官，引起人对它的综合印象的一种感觉体验。味觉包括心理味觉、物理味觉和化学味觉。心理味觉是由食品的形、色、光泽决定的；物理味觉是由食品的软硬度、黏度、冷热、咀嚼感和口感的反应决定的；而化学味觉则是由呈味物质作用感觉器官的客观反应。

食品的呈味物质溶于唾液或其溶液刺激舌的味蕾，经味神经纤维传至大脑的味觉中枢，经过大脑分析，才能产生味觉。所以味的强度与呈味物质的水溶性有关。不同的呈味物质溶解速度不同，所以产生味觉的时间也就有快有慢，味觉维持的时间也有长有短。例如，蔗糖较易溶解，其产生味觉也较快，味觉消失也较快；而糖精钠较难溶，其产生味觉则较慢，味觉维持时间也较长。

味觉受温度影响，最能刺激味觉的温度为 10~40℃，30℃时味觉最敏感，高于、低于此温度时味觉均减弱。

此外，不同的呈味物质对味觉还有协同增强或相消减弱的作用。如味精与核苷酸共存时，味觉鲜味增强；麦芽酚加入糖果，甜味增强。食盐与醋酸混合使咸味觉减弱。

各国对味觉的分类并不一致，我国分为酸、咸、甜、苦、辣、鲜和涩共 7 味；日本分为咸、酸、甜、苦、辣；欧美分为甜、酸、咸、苦、辣和金属味。GB 2760—2024《食品安全国家标准 食品添加剂使用标准》中列入的呈味剂有酸度调节剂、甜味剂、增味剂。

相互作用
（课程思政）

## 项目一

## 酸度调节剂

依据 GB 2760—2024《食品安全国家标准 食品添加剂使用标准》，用以维持或改变食品酸碱度的物质称为酸度调节剂。

### 一、酸度调节剂的酸味影响因素

1. 酸味与氢离子有关

舌黏膜受氢离子刺激即引起酸味感觉，所以在溶液内能离解出氢离子的酸类都具有酸味。酸味的刺激阈值用 pH 来表示，无机酸的酸味阈值在 3.4~3.5，有机酸的酸味阈值在 3.7~4.9。大多数食品的 pH 在 5~6.5，虽为酸性，但并无酸味感觉，若 pH 在 3.0 以下，则酸味感强，难以适口。

2. 阴离子对酸味的影响

酸度调节剂的酸味除与氢离子有关外，也受阴离子影响。有机酸的阴离子容易吸附在舌黏膜上，中和了舌黏膜中的正电荷，使得氢离子更容易与舌味蕾相接触，而无机酸的阴离子易与口腔黏膜蛋白质相结合，对酸味的感觉有钝化作用，故一般地说，在相同的 pH 时，有机酸的酸味强度大于无机酸。由于不同有机酸的阴离子在舌黏膜上吸附能力的不同，酸味强度也不同，如对醋酸、甲酸、乳酸、草酸来说，在相同的 pH 下，其酸味的强度为：醋酸>甲酸>乳酸>草酸。

酸度调节剂的阴离子对风味也有影响，这主要是由阴离子上有无羟基、氨基、羧基，它们的数目和所处的位置决定的。如柠檬酸、抗坏血酸和葡萄糖酸等的酸味带爽快感；苹果酸的酸味带苦味；乳酸和酒石酸的酸味伴有涩味；醋酸的酸味带有刺激性臭味；谷氨酸的酸味有鲜味等。

### 二、常用的酸度调节剂

酸度调节剂广泛用于食品加工和生产中。它还可使防腐剂、发色剂、抗氧化剂增效，也是食品酸性缓冲剂。重点介绍以下几种。

### 1. 柠檬酸

柠檬酸也称枸橼酸，化学名为 3-羟基-羧基戊二酸，柠檬酸一水合物分子式 $C_6H_8O_7 \cdot H_2O$，相对分子质量 210.14。

（1）性状　柠檬酸有一水合物和无水物两种，为无色半透明结晶，或白色晶体颗粒或粉末，无臭，有强酸味。含 1 分子结晶水的柠檬酸在空气中放置易风化，失去结晶水；易溶于水。无水柠檬酸在潮湿空气中吸潮能形成一水合物。1%水溶液的 pH 为 2.31。除易溶于水外，它们还易溶于乙醇。

（2）性能　柠檬酸是柠檬、柚子、柑橘等存在的天然酸味的主要成分，具有强酸味，酸味柔和爽快，入口即达到最高酸感，后味延续时间较短。与柠檬酸钠复配使用，酸味更为柔和。

柠檬酸还有良好的防腐性能，能抑制细菌增殖。它还能增强抗氧化剂的抗氧化作用，延缓油脂酸败。柠檬酸含有 3 个羧基，具有很强的螯合金属离子的能力，可用作金属螯合剂。它还可用作色素稳定剂，防止果蔬褐变。

（3）毒性　大鼠经口 $LD_{50}$ 为 11.7g/kg 体重，ADI 不作限制性规定。

常饮大量含高浓度柠檬酸的饮料，可造成牙釉质腐蚀。柠檬酸急性中毒症与低血钙症相似。出现运动亢进、呼吸急促、毛细血管扩张、强直性痉挛、发绀等。柠檬酸是人体三羧酸循环的重要中间体，无蓄积作用。

（4）应用　依照 GB 2760—2024《食品安全国家标准　食品添加剂使用标准》，柠檬酸可在各类食品（列入表 A.2 中编号为 1~15、17~53、59~62、64~68 的食品类别除外）中按生产需要适量使用。柠檬酸的钠盐、钾盐也可作为酸度调节剂，在各类食品（列入表 A.2 中编号为 1~53、59~62、64~68 的食品类别除外）中按生产需要适量使用。

无水柠檬酸多用于粉末制品，其酸度强，用量较一水合柠檬酸少约 10%。

### 2. 乳酸

乳酸即为 2-羟丙酸，分子式 $C_3H_6O_3$。

（1）性状　乳酸为无色或浅黄色液体，具有特异收敛性酸味。有吸湿性。与水、乙醇、甘油等混溶。产品中常含有 10%~15%的乳酸酐。

（2）性能　乳酸存在于腌渍物、果酒、酱油和乳酸菌饮料中。乳酸还具有较强的杀菌作用，能防止杂菌生长，抑制异常发酵的作用。

（3）毒性　大鼠经口 $LD_{50}$ 为 3.73g/kg 体重。ADI 无限制规定。

（4）应用　依照 GB 2760—2024《食品安全国家标准　食品添加剂使用标准》，乳酸可在各类食品（列入表 A.2 中编号为 1~4、6~53、57~68 的食品类别除外）中按生产需要适量使用。同时乳酸钠也可作为酸度调节剂，可在各类食品（列入表 A.2 中编号为 1~68 的食品类别除外）中按生产需要适量使用。

### 3. 醋酸

醋酸，分子式 $C_2H_4O_2$。

（1）性状　浓度为 99%的醋酸称做冰醋酸；冰醋酸常温下为无色透明液体，有强刺激性气味；在 16.75℃凝固成冰状结晶，故而得名。冰醋酸不能直接使用，稀释后才能称为通常所说的醋酸。醋酸蒸气极易着火，与空气混合的爆炸范围为 4%~5%。它与水、乙醇能混溶，水溶液呈酸性。

(2) 性能　醋酸味极酸，用大量水稀释仍呈酸性反应。

(3) 毒性　小鼠经口 $LD_{50}$ 为 4.96g/kg 体重。ADI 不作限制性规定。大量服用醋酸能使人中毒。浓醋酸对皮肤有刺激和灼伤作用。

(4) 应用　依照 GB 2760—2024《食品安全国家标准　食品添加剂使用标准》，醋酸可在各类食品（12.03 食醋除外）（列入表 A.2 中编号为 1~68 的食品类别除外）中按生产需要适量使用。常用于调味酱、泡菜、罐头、酸黄瓜、饮料等。普通食醋中含有 3%~5% 的醋酸。

4. 磷酸

磷酸，分子式 $H_3PO_4$。

(1) 性状　食品级磷酸浓度在 85% 以上，无臭，为无色透明浆状液体，磷酸稀溶液有愉快的酸味。磷酸加热至 215℃ 变为焦磷酸；于 300℃ 左右转变为偏磷酸，有毒。磷酸潮解性强，能与水、乙醇混溶，接触有机物则着色。

磷酸盐包括焦磷酸钠，磷酸二氢钙，磷酸二氢钾，磷酸氢二铵，磷酸氢二钾，磷酸氢钙，磷酸三钙，磷酸三钾，磷酸三钠，三聚磷酸钠，磷酸二氢钠，磷酸氢二钠，焦磷酸四钾，聚偏磷酸钾，酸式焦磷酸钙等。

(2) 性能　磷酸属强酸，其酸味较柠檬酸大，为其 2.3~2.5 倍。有强烈的收敛味和涩味。

(3) 毒性　ADI 为 0~0.070 g/kg 体重。

(4) 应用　磷酸除用作酸度调节剂外，还可用作水分保持剂、膨松剂、稳定剂、凝固剂、抗结剂等。

依照 GB 2760—2024《食品安全国家标准　食品添加剂使用标准》，磷酸的部分使用范围和最大使用量（g/kg，最大使用量以磷酸根 $PO_4^{3-}$ 计）为：米粉（包括汤圆粉等）、谷类和淀粉类甜品（如米布丁、木薯布丁）（仅限谷类甜品罐头）、预制水产品（半成品）、水产品罐头 1.0；婴儿配方食品、较大婴儿和幼儿、特殊医学用途婴儿配方食品、婴幼儿辅助食品 1.0（仅限使用磷酸氢钙和磷酸二氢钠）；杂粮罐头、其他杂粮制品（仅限冷冻薯类制品）1.5。

## 项目二

# 甜味剂

甜味是甜味剂分子刺激味蕾而产生的一种复杂的物理、化学和生理过程。甜味是易被人们接受且最感兴趣的一种基本味，不但能满足人们的爱好，还能改进食品的可口性和某些食用性质。依据 GB 2760—2024《食品安全国家标准　食品添加剂使用标准》，甜味剂是指赋予食品以甜味的物质。

### 一、甜味剂的分类和甜度

1. 甜味剂的分类

甜味剂按来源可分两大类：一类是天然甜味剂，如蔗糖、果糖、葡萄糖、麦芽糖、甜菊糖苷、山梨糖醇、木糖醇等；另一类是人工合成甜味剂，如糖精钠、环己基氨基磺酸钠、天门冬酰苯丙氨酸甲酯、阿力甜等。

甜味剂按营养还可分为营养型和非营养型。营养型甜味剂是指与蔗糖甜度相等的含量，其热值相当于蔗糖热值的2%以上者，主要包括各种糖类（如葡萄糖、果糖、麦芽糖等）和糖醇类（山梨糖醇、木糖醇等）。营养型甜味剂的相对甜度，除果糖、木糖醇等外，一般均低于蔗糖。非营养型甜味剂是指与蔗糖甜度相等的含量，其热值低于蔗糖热值2%者，包括甜菊糖苷、甘草苷等天然物和糖精钠、甜蜜素、安赛蜜等化合物。

### 2. 甜味剂的甜度

甜味的高低称为甜度，它是甜味剂的重要质量指标。甜味剂的甜度，现在还不能用物理或化学方法定量地测定，只能凭人们的味觉感官判断。故目前还没有表示甜度绝对值的标准。

甜度有两种表示方法：一种是将甜味剂配成可被感觉出甜味的最低浓度（即阈值），即极限浓度，称为极限浓度法；另一种是将甜味剂配成与蔗糖浓度相同的溶液，然后以蔗糖溶液为标准比较该甜味剂的甜度，此法称为相对甜度法。即取蔗糖的甜度为100，其他甜味剂与它比较而得出相对甜度，如表4-1所示。甜味剂的甜度一般以相对甜度来比较。

表4-1 各种甜味剂的相对甜度

| 甜味剂 | 相对甜度 | 甜味剂 | 相对甜度 |
| --- | --- | --- | --- |
| 蔗糖 | 100 | 转化糖 | 80~130 |
| 乳糖 | 16~27 | 木糖醇 | 100~140 |
| 半乳糖 | 30~60 | 糖精钠 | 20000~70000 |
| 麦芽糖 | 32~60 | 环己基氨基磺酸钠 | 3000~4000 |
| D-甘露糖 | 32~60 | 甘草酸 | 3000~20000 |
| D-山梨糖醇 | 40~70 | 三氯蔗糖 | 600000 |
| 葡萄糖 | 74 | 甜菊糖苷 | 20000~30000 |
| 麦芽糖醇 | 75~95 | 阿力甜 | 约200000 |

### 3. 甜度的影响因素

甜味剂的甜度受多种因素影响，其中主要的有浓度、温度和介质。

一般地说，甜味剂的浓度越高，甜度越大。但多数甜味剂的甜度随浓度增大的程度并不相同。例如，葡萄糖溶液的甜度随浓度增高的程度大于蔗糖，在较低的浓度，葡萄糖溶液的甜度低于蔗糖，而随浓度增大甜度差别减小。通常所说的葡萄糖的甜度比蔗糖低，系指在低浓度时而言。当浓度达40%时，两者的甜度基本相同。

多数甜味剂的甜度受温度影响，通常甜度随温度升高而降低。例如，5%果糖的溶液在5℃时甜度为147，18℃时为128.5，40℃时为100，60℃时为79.05。

介质对甜度也有影响，在水溶液中于40℃以下，果糖的甜度高于蔗糖，在柠檬汁中两者甜度大致相等。某些调味剂对甜味剂的甜度也有影响，但无一定规律。如3%~10%蔗糖溶液，在1%食盐溶液中，甜度降低；而5%~7%蔗糖溶液，在0.5%食盐溶液中，甜度增高。在糖液中添加增稠剂（如淀粉或树胶），能使甜度稍有提高。例如，在1%、2%、5%和10%的蔗糖溶液中添加2%的淀粉，使溶液的甜度少许提高。

甜味剂可分为合成甜味剂和天然甜味剂。

## 二、合成甜味剂

合成甜味剂是人工合成的,不被人体代谢吸收,无营养价值,不产生热量,故适合糖尿病、肥胖症等病人用作甜味剂及用于低热量食品生产。摄入过量对人体可能造成危害。

常用的合成甜味剂有以下几种。

**1. 糖精钠**

糖精钠,分子式 $C_7H_4NNaO_3S \cdot 2H_2O$。

（1）性状　糖精钠为无色至白色结晶或晶体粉末,无臭或微有芳香气味,味极甜并微带苦,在空气中慢慢风化,失去一半结晶水而成为白色粉末,易溶于水,溶解度随温度升高迅速增大,10%的水溶液呈中性,微溶于乙醇。

（2）性能　糖精钠在水中离解出来的阴离子有极强的甜味,甜度为蔗糖的200～700倍。稀释1000倍的水溶液仍有甜味。甜味阈值约为0.00048%。但分子状态却无甜味而反有苦味,故高浓度的水溶液亦有苦味。因此,使用时浓度应低于0.02%。

糖精钠与酸复配使用有爽快的甜味;与其他甜味剂以适当的比例复配,可调出接近蔗糖的甜味;且在食品生产中不会引起食品染色和发酵。

（3）毒性　小鼠经口 $LD_{50}$ 为17.5g/kg体重。ADI 为0～2.5mg/kg体重。试验结果表明糖精钠无致癌性。糖精钠入口0.5h后即出现在尿中,24h内排出90%,48h内可全部排出。但是糖精钠生产过程中产生的中间体物质对人体健康有危害;当食用较多的糖精钠时,会影响肠胃消化酶的正常分泌,降低小肠的吸收能力;严重时,会引起血小板减少而造成急性大出血、脏器损害等。有研究显示,糖精钠使老鼠患上膀胱癌,致癌性可能不是糖精钠所引起的,而是与钠离子及大鼠的高蛋白尿有关。糖精钠的阴离子可作为钠离子的载体而导致尿液生理性质的改变。

（4）应用　糖精钠还可用作增味剂。依照 GB 2760—2024《食品安全国家标准　食品添加剂使用标准》,糖精钠使用范围和最大使用量（g/kg,以糖精钠计）为：冷冻饮品（03.04食用冰除外）、腌渍的蔬菜、复合调味料、配制酒0.15；果酱0.2；蜜饯、新型豆制品（大豆蛋白及其膨化食品、大豆素肉等）、熟制豆类、脱壳熟制坚果与籽类1.0；带壳熟制坚果与籽类1.2；水果干类（仅限芒果干、无花果干）、蜜饯类、凉果类、话化类、果糕类5.0。

糖精钠是使用历史最长,但也是最具争议的合成甜味剂。从长远来看,它将可能被其他安全性较高的甜味剂所逐步替代。我国现已加大力度限制糖精钠的生产和销售,严禁新建和改扩建糖精钠项目。

**2. 环己基氨基磺酸钠、环己基氨基磺酸钙**

环己基氨基磺酸钠又称甜蜜素,分子式 $C_6H_{12}NNaO_3S$；环己基氨基磺酸钙,分子式 $C_{12}H_{24}CaN_2O_6S_2 \cdot 2H_2O$。

（1）性状　环己基氨基磺酸钠为白色结晶或白色晶体粉末,无臭,味甜,易溶于水,10%水溶液 pH 6.5；难溶于乙醇。对热、光、空气稳定。加热后微有苦味。在酸性条件下略有分解,在碱性条件下稳定。溶于亚硝酸盐、亚硫酸盐含量高的水中产生石油或橡胶的气味。

环己基氨基磺酸钙为白色结晶或结晶性粉末，几乎无臭，味甜，对热、光、空气均稳定。140℃加热2h，可失去结晶水，于500℃分解。易溶于水，微溶于乙醇。10%水溶液的pH 5.5~7.5。

（2）性能　环己基氨基磺酸钠的甜度为蔗糖的30~40倍，为无营养甜味剂。其浓度大于0.4%时带苦味。

环己基氨基磺酸钙的甜度为蔗糖的30~50倍。加热后有苦味，在水溶液中呈钙离子强电解质，易与果汁中的有机酸类作用，亦可使乳中蛋白凝固。

（3）毒性　环己基氨基磺酸钠：小鼠经口$LD_{50}$为18g/kg体重。ADI为0~11mg/kg体重。人口服环己基氨基磺酸钠，无蓄积现象，40%由尿排出，60%由粪便排出。摄入过量对人体的肝脏和神经系统可能造成危害。

环己基氨基磺酸钙：小鼠经口$LD_{50}>$10g/kg体重。ADI为0~11mg/kg体重（以环己基氨基磺酸计）。

（4）应用　目前世界上对甜蜜素的安全性仍存在争议。如美国、日本等40多个国家禁止使用甜蜜素作为食品甜味剂，但在中国、欧盟、澳大利亚、新西兰等80多个国家是允许使用的。依据GB 2760—2024《食品安全国家标准　食品添加剂使用标准》，环己基氨基磺酸钠、环己基氨基磺酸钙的部分使用范围和最大使用量（g/kg，以环己基氨基磺酸计）为：果酱、蜜饯、腌渍的蔬菜、熟制豆类1.0；脱壳熟制坚果与籽类1.2；方便米面制品（仅限调味面制品）、面包、糕点1.6；焙烤食品馅料及表面用挂浆（仅限焙烤食品馅料）2.0；带壳熟制坚果与籽类6.0；蜜饯类、凉果类、话化类、果糕类8.0。餐桌甜味料按生产需要适量使用。

环己基氨基磺酸钙水溶液含钙离子，为避免产生沉淀，不宜添加于豆制品和乳制品中。常分别与糖精钠、甜味素、安赛蜜、阿力甜混合使用，既可增加甜度，又可改善风味。

### 3. 天门冬酰苯丙氨酸甲酯

天门冬酰苯丙氨酸甲酯又称阿斯巴甜、甜味素、蛋白糖，分子式$C_{14}H_{18}N_2O_5$。

（1）性状　天门冬酰苯丙氨酸甲酯为白色晶体粉末，无臭，微溶于水、乙醇。0.8%水溶液pH 4~6.5。在水溶液中不稳定，易分解失去甜味。低温和pH 3~5时较稳定；干燥状态可长期保存，温度过高时其稳定性较差，结构发生破坏而生成三酮哌嗪失去甜味。在干燥条件下，用于食品加工的温度不得超过200℃。

（2）性能　天门冬酰苯丙氨酸甲酯有强甜味，其稀溶液的甜度为蔗糖的100~200倍。甜味与砂糖十分接近，有凉爽感，无苦味和金属味。

（3）毒性　小鼠经口$LD_{50}>$10g/kg体重。天门冬酰苯丙氨酸甲酯进入人体后会被小肠内的胰凝乳蛋白酶分解产生甲醇、苯丙氨酸和天冬氨酸。ADI为0~40mg/kg体重。

（4）应用　依据GB 2760—2024《食品安全国家标准　食品添加剂使用标准》，阿斯巴甜（含苯丙氨酸）的部分使用范围和最大使用量（g/kg）为：醋、油或盐渍水果、腌渍的蔬菜、腌渍的食用菌和藻类、冷冻挂浆制品、冷冻水产糜及其制品（包括冷冻丸类产品等）、预制水产品（半成品）、熟制水产品（可直接食用）、水产品罐头0.3；加工坚果与籽类、膨化食品0.5；调制乳、果蔬汁（浆）类饮料、蛋白饮料、碳酸饮料、茶、咖啡、植物（类）饮料、特殊用途饮料、风味饮料0.6；餐桌甜味料按生产需要适量使用。

添加该添加剂的食品应标明：天门冬酰苯丙氨酸甲酯（含苯丙氨酸）或阿斯巴甜（含苯丙氨酸）。若食品类别中同时允许使用天门冬酰苯丙氨酸甲酯乙酰磺胺酸（最大使用量乘以 0.64 可以转换为阿斯巴甜的用量），当混合使用时，最大使用量不能超过标准规定的阿斯巴甜的最大使用量。

### 三、天然甜味剂

天然甜味剂也称天然代糖，是从天然甜料植物中提取的一类天然产物。其甜度与人造甜味剂相似，但其安全性比人造甜味剂要高得多，使其成为健康的替代品。

天然甜味剂主要有下面几种。

#### 1. 甜菊糖苷

甜菊糖苷是从天然甜料植物甜叶菊叶中提取的一类天然产物，分子式 $C_{38}H_{60}O_{18}$。

（1）性状　甜菊糖苷为白色至浅黄色晶体粉末，耐高温，在空气中易吸湿，易溶于水、乙醇。在酸性和碱性条件下都较稳定，如加入 pH 3.0 的软饮料中，室温下放置 30 天无变化。

（2）性能　甜菊糖苷的甜度约为蔗糖的 300 倍，甜味纯正，清凉甘甜，残留时间长，后味可口。对其他甜味剂有改善和增强作用。为非发酵物质，不使食物着色。甜菊糖苷与柠檬酸复配，改善甜味。食用后不被人体吸收，不产生热量。

（3）毒性　小鼠经口 $LD_{50} \geqslant 15g/kg$ 体重。甜菊糖苷食用后不被人体吸收，较安全、无毒。

（4）应用　依据 GB 2760—2024《食品安全国家标准　食品添加剂使用标准》，甜菊糖苷的使用范围和最大使用量（g/kg，以甜菊醇当量计）为：新型豆制品（大豆蛋白及其膨化食品、大豆素肉等）0.09；杂粮罐头、即食谷物，包括碾轧燕麦（片）、膨化食品 0.17；调制乳 0.18；可可制品、巧克力和巧克力制品，包括代可可脂巧克力及制品 0.83；调味糖浆 0.91；熟制坚果与籽类 1.0；蜜饯 3.3；糖果 3.5；茶制品（包括调味茶和代用茶）10.0。餐桌甜味料按生产需要适量使用。

甜菊糖苷是糖尿病、肥胖病患者良好的天然甜味剂。

#### 2. 山梨糖醇

山梨糖醇天然品广泛存在于植物界，如海藻、苹果、梨、葡萄等水果中。山梨糖醇一般以葡萄糖为原料，经催化加氢反应精制而成，分子式 $C_6H_{14}O_6$。

（1）性状　山梨糖醇为无色针状结晶，或白色晶体粉末，无臭；易溶于水，微溶于乙醇；耐酸、耐热性能好；与氨基酸、蛋白质等不易起美拉德反应。山梨糖醇液是含 67%~73% 山梨糖醇的水溶液，为无色、透明稠状液体。

（2）性能　山梨糖醇有清凉的甜味，其甜度约为蔗糖的 50%~70%。1g 山梨糖醇在人体内产生 12.56kJ 热量。山梨糖醇食用后不致龋齿，不被人体消化吸收，在血液内不转化为葡萄糖，也不受胰岛素影响。能保持甜、酸、苦味强度的平衡，增强食品的风味。

（3）毒性　小鼠经口 $LD_{50}$ 为 23.2~25.7g/kg 体重。ADI 不作特殊规定。内服过量能引起腹泻、消化紊乱。

（4）应用　山梨糖醇除作为甜味剂外，还可作膨松剂、乳化剂、水分保持剂、稳定剂、增稠剂。

依照 GB 2760—2024《食品安全国家标准 食品添加剂使用标准》，山梨糖醇的部分使用范围和最大使用量（g/kg）为：冷冻水产糜制品（包括冷冻丸类产品等）20.0；生湿面制品（如面条、饺子皮、馄饨皮、烧麦皮）30.0；其他均按生产需要适量使用。

山梨糖醇有吸湿、保水作用，防止干燥，在口香糖、糖果生产中加入少许可起保持食品柔软、改进组织和减少硬化起砂的作用。在面包、糕点中用于保水目的。用于甜食等食品中能防止在物流过程变味，还可防止糖、盐等析出结晶，由于它是不挥发的多元醇，所以还有保持食品香气的功能。山梨糖醇还能螯合金属离子，用于罐头饮料和葡萄酒中，可防止因金属离子而引起的混浊。

### 3. 木糖醇

木糖醇是木糖代谢的正常中间产物。在自然界中，广泛存在于果品、蔬菜、谷类、蘑菇之类食物和木材、稻草、玉米芯等植物中，分子式 $C_5H_{18}O_5$。

（1）性状　木糖醇是一种白色粉末或白色晶体五碳糖醇，有吸湿性。它易溶于水，微溶于乙醇，10%水溶液的 pH 5.0~7.0。pH 3~8 时稳定，热稳定性好。

（2）性能　木糖醇是糖醇中最甜的一种，具有清凉甜味。它不受酵母菌和细菌作用，不发生美拉德反应；能预防、抑制龋齿的发生，进入体内后不产生热量。

（3）毒性　小鼠经口 $LD_{50}$ 为 22g/kg 体重。ADI 不作特殊规定，安全。

（4）应用　依照 GB 2760—2024《食品安全国家标准　食品添加剂使用标准》，木糖醇可在各类食品（GB 2760—2024 表 A.2 中编号 1~68 的食品类别除外）中按生产需要适量使用。

木糖醇主要作为糖的替代物添加于口香糖、硬糖等中，可作糖尿病患者糖类替代品。

## 四、复合甜味剂

理想的甜味剂要求：安全无毒、甜味纯正，与蔗糖相似；高甜度、低热值，稳定性高，不致龋，价格合理。完全能达到这几点要求的甜味剂，目前还不存在。由于每一种甜味剂其甜味的口感和质感与蔗糖都有区别，且用量大时往往会产生不良风味和后味，用复合甜味剂就可克服这些不足之处。

不同种类甜味剂有协同效应，即甜味剂经复合后有协同增效作用，不仅可消除苦味、涩味，使味道更接近蔗糖，同时也相应提高了甜度。例如将蔗糖与葡萄糖混合，假设两糖的甜度互不影响、混合液的甜度应为两者甜度之和，若蔗糖溶液浓度为 10%，其甜度为 10，而葡萄糖溶液的浓度为 5.3%，其甜度为 3.5。计算所得甜度应为 13.5，实际两者混合液的甜度为 15.0。10%的果糖和蔗糖的混合液（60/40）比 10%的蔗糖水溶液甜度提高 30%。甜菊糖苷与蔗糖、甜蜜素与蔗糖都有很好的协同作用，两者合用可显著提高甜度。另一方面，由于甜味剂之间呈味的相乘作用，使用量可进一步减少，因而成本更低。例如，软饮料中同时使用几种甜味剂时，成本可大大降低。据报道，糖精钠、蔗糖和甜菊糖苷混合使用，可以使软饮料中的蔗糖用量减少，至少可减少标准配方用量的 12%以上。

复合甜味剂举例：

（1）颗粒状 a（%）　糖精钠 20，甘草酸 1，柠檬酸钠 3，山梨糖醇 2，蔗糖脂肪酸酯 1，葡萄糖 73。

(2) 粉末状 a（%）　　糖精钠 15，柠檬酸钠 5，葡萄糖 80。

(3) 颗粒状 b（%）　　甘草酸 7，柠檬酸钠 10，甜菊糖苷 3.5，苹果酸钠 3，乳糖 76.5。

(4) 粉末状 b（%）　　甜菊糖 22，蔗糖 37.7，麦芽糖 30，糊精 10，食盐 0.3。

复合甜味剂不仅能提高甜度，还能赋予食品好的质地、口感。单一甜味剂使用时都有一定程度的缺陷，如糖精钠有一定的后苦味；甜菊糖苷有一定的草腥味；有报道称乳糖醇与高浓度的甜味剂配合使用，其味感、甜味强度和其他风味方面非常接近于蔗糖。以异麦芽糖、甜味素和异麦芽糖-甜菊糖苷制作的碳酸饮料，品尝不出后苦味。

正是因为各种甜味剂之间存在协同增效作用，才使得复合甜味剂具有使用方便、甜度高、甜味纯正、生产成本降低的特点，从而成为甜味剂开发、应用的一个重要发展方向。

## 项目三

# 增味剂

依据 GB 2760—2024《食品安全国家标准　食品添加剂使用标准》，增味剂是补充或增强食品原有风味的物质。增味剂亦称鲜味剂，或风味增强剂。食品增味剂的应用已有很长的历史，普遍受到人们的喜爱和欢迎。从汉字的结构来看，有"鱼"有"羊"谓之"鲜"。说明在我国古代，人们已经知道鱼类和动物的肉类具有鲜美的味道。在日常生活中经常利用各种鱼、肉以及蘑菇、海藻、各种蔬菜等制成鲜美滋味的汤类，用于增强食品的风味，引起强烈食欲。现代科学已经证明，这些不同风味的鲜美滋味是由各类食品所含的不同鲜味物质呈现出来的。例如，竹笋、酱油中含天门冬氨酸，贝类中含琥珀酸，鸡、鱼、肉汁中含 $5'$-肌苷酸，香菇中含 $5'$-鸟苷酸等，而显现出的鲜味构成了各自不同的独特风味。

## 一、增味剂特性和分类

### 1. 增味剂特性

作为增味剂要同时具有以下三种呈味特性。

(1) 本身具有鲜味，且呈味阈值较低，即在较低的浓度时，也可以刺激感官显示出鲜美的味道。不同的增味剂，其呈鲜味阈值亦不同，例如，谷氨酸钠的呈味阈值为 0.012g/100mL，天门冬氨酸钠为 0.10g/100mL，肌苷酸二钠为 0.025g/100mL，鸟苷酸二钠为 0.012g/100mL，琥珀酸二钠为 0.02g/100mL。

(2) 对食品原有的味道没有影响。即食品增味剂的添加不会影响酸、甜、苦、咸等基本味对感官的刺激效果。

(3) 能够补充和增强食品原有的风味。增味剂能给予食品一种令人满意的鲜美味道。尤其是在有食盐存在的咸味食品中具有更显著的增味效果。

### 2. 增味剂分类

增味剂根据其化学成分可分为氨基酸类增味剂、核苷酸类增味剂、有机酸类增味剂和复合增味剂等。

增味剂根据其来源可以分为动物性增味剂、植物性增味剂。

## 二、氨基酸类增味剂

化学组成为氨基酸及其盐类的食品增味剂统称为氨基酸类增味剂。主要有谷氨酸钠、L-丙氨酸、氨基乙酸等。

### 1. 谷氨酸钠

谷氨酸钠俗称味精，分子式 $C_5H_8O_4NNa \cdot H_2O$。

（1）性状　谷氨酸钠为无色至白色结晶或晶体粉末，无臭，易溶于水，溶解度随温度升高而增大，微溶于乙醇。水溶液一般加热也稳定。0.2%水溶液 pH 为 7.0。无吸湿性，对光稳定。加热至210℃时形成焦谷氨酸。在碱性、酸性条件下加热，呈味力下降。谷氨酸钠与酸，如盐酸作用，生成谷氨酸或谷氨酸盐酸盐；谷氨酸钠与碱作用，生成谷氨酸二钠，加酸后又生成谷氨酸钠。

市售味精按谷氨酸钠含量不同，一般可分为99%、90%、80%等，其中含量为99%的呈颗粒状结晶，而含量为80%的是粉末状或微小晶体状。

（2）性能　谷氨酸钠具有强烈的肉类鲜味，特别是在微酸性（pH 约为6）中味道更鲜。用水稀释至3000倍，仍能感觉出其鲜味，其鲜味阈值为0.014%。试验表明，当谷氨酸钠质量占食品质量 0.2%~0.8%时，能最大程度增进食品的天然风味。

谷氨酸钠有缓和咸、酸、苦味的作用，并能引出食品中所具有的自然风味。

（3）毒性　ADI 为 0~0.12g/kg 体重。谷氨酸钠进入胃后，受胃酸作用生成谷氨酸。

（4）应用　依照 GB 2760—2024《食品安全国家标准　食品添加剂使用标准》，谷氨酸钠可在各类食品（GB 2760—2024 表 A.2 中编号为 1~68 的食品类别除外）中按生产需要适量使用。广泛用于家庭、饮食业、食品加工业，如汤、香肠、鱼糕、辣酱油、罐头等生产中。如在葡萄酒中添加 0.015%~0.03%的谷氨酸钠，能显著提高其自然风味。

### 2. 氨基乙酸

氨基乙酸又名甘氨酸，分子式 $C_2H_5NO_2$。

（1）性状　甘氨酸为白色结晶或晶体粉末，无臭，有特殊甜味，水溶液呈酸性（pH 5.5~7.0）。易溶于水，难溶于乙醇。天然品存在于动物蛋白质内。

（2）性能　甘氨酸味觉阈值为 0.13%。

（3）毒性　无毒，有营养价值。

（4）应用　依照 GB 2760—2024《食品安全国家标准　食品添加剂使用标准》，甘氨酸使用范围和最大用量（g/kg）为：调味品（12.01 盐及代盐制品、12.09 香辛料类除外）、果蔬汁（浆）类饮料（相应的固体饮料按稀释倍数增加使用量）、植物蛋白饮料（相应的固体饮料按稀释倍数增加使用量）1.0；预制肉制品、熟肉制品 3.0。

## 三、核苷酸类增味剂

核苷酸类增味剂，包括肌苷酸、核糖苷酸、鸟苷酸等及它们的钠、钾、钙等盐类。

### 1. 5′-鸟苷酸二钠

5′-鸟苷酸二钠亦称 5′-鸟苷酸钠和鸟苷-5′磷酸钠，简称 GMP，分子式 $C_{10}H_{12}N_5Na_2O_8P \cdot 7H_2O$，相对分子质量 533.26。

(1) 性状　5′-鸟苷酸二钠为无色至白色结晶，或白色晶体粉末，含结晶水，无臭，有特殊的香菇鲜味。易溶于水，微溶于乙醇，吸湿强。5%水溶液 pH 为 7.0~8.5。其水溶液在 pH 为 2~14 范围内稳定，加热 30~60min 几乎无变化。加热至 240℃ 时变为褐色，至 250℃ 时分解。在一般食品加工条件下，对酸、碱、盐和热均稳定。油炸条件下，3min 其保存率为 99.3%。

(2) 性能　5′-鸟苷酸二钠具香菇特有的香味，其味阈值为 0.0035%。与谷氨酸钠复配使用，有明显的增鲜作用。

(3) 毒性　小鼠经口 $LD_{50}$ 为 20g/kg 体重。ADI 不作特殊规定。5′-鸟苷酸二钠是否造成痛风尚无定论。

(4) 应用　依照 GB 2760—2024《食品安全国家标准　食品添加剂使用标准》，5′-鸟苷酸二钠可在各类食品（GB 2760—2024 表 A.2 中编号为 1~68 的食品类别除外）中按生产需要适量使用。广泛用于家庭、饮食业、食品加工业中。

**2. 5′-肌苷酸二钠**

5′-肌苷酸二钠亦称 5′-肌苷酸钠和肌苷-5′-磷酸二钠，简称 IMP，分子式 $C_{10}H_{11}N_4Na_2O_8P \cdot 7H_2O$。

(1) 性状　5′-肌苷酸二钠为无色至白色结晶，或白色晶体粉末，含结晶水，无臭，有特异的鲜鱼味，加热至 180℃ 时变为褐色，至 230℃ 左右发生分解。它易溶于水，微溶于乙醇。微有吸湿性，不潮解。5%水溶液 pH 为 7.0~8.5。对酸、碱、盐和热均稳定，在一般食品加工条件下（pH 为 4~7）于 100℃ 加热 1h 不发生分解。可被动植物组织中的磷酸酯酶分解而失去鲜味。经油炸（170~180℃）加热 3min，其保存率为 99.7%。

(2) 性能　5′-肌苷酸二钠为核苷酸类型鲜味剂，具有特异的肉类、鲜鱼味，味阈值为 0.012%。5′-肌苷酸二钠与谷氨酸钠以 1:7 复配，有增强鲜味的效果。

(3) 毒性　小鼠经口 $LD_{50}$ 为 12.0g/kg 体重。ADI 不作特殊规定，安全。

(4) 应用　依照 GB 2760—2024《食品安全国家标准　食品添加剂使用标准》，5′-肌苷酸二钠可在各类食品（GB 2760—2024 表 A.2 中编号为 1~68 的食品类别除外）中按生产需要适量使用。

添加 5′-鸟苷酸二钠和 5′-肌苷酸二钠的食品集荤素鲜味于一体，使甜、酸、苦、辣、鲜、香、咸诸味更加浓郁而协调，形成一种完美的鲜醇滋味。如在罐头食品中添加呈味核苷酸二钠后，能抑制淀粉味和铁腥味；在风味小食品如牛肉干、鱼片干等中应用能减少涩味，效果更理想。

**3. 5′-呈味核苷酸二钠**

5′-呈味核苷酸二钠又称呈味核苷酸二钠，主要由 5′-鸟苷酸二钠和 5′-肌苷酸二钠组成，别名核糖核苷酸二钠、核糖核苷酸钠。是由酵母所得核酸分解、分离制得，或由发酵法制取。

(1) 性状　因 5′-呈味核苷酸（I+G）是 5′-肌苷酸二钠与 5′-鸟苷二酸钠各 50% 的混合物，其性状也与之相似，为白色至米黄色结晶或粉末，无臭。溶于水，微溶于乙醇。

(2) 性能　味鲜，与谷氨酸钠合用有显著的协同作用，鲜度大增。单用 5′-鸟苷酸二钠和 5′-肌苷酸二钠呈味力较弱。

(3) 毒性　见 5′-肌苷酸二钠（IMP）和 5′-鸟苷酸二钠（GMP）。ADI 不作特殊规定。安全。

（4）应用　依照 GB 2760—2024《食品安全国家标准　食品添加剂使用标准》，5′-呈味核苷酸二钠可在各类食品（GB 2760—2024 表 A.2 中编号为 1~68 的食品类别除外）中按生产需要适量使用。

5′-呈味核苷酸二钠可直接加入到食品中，是较为经济且效果好的鲜味增强剂，是方便面调味包、调味品（如鸡精、鸡粉和增鲜酱油等）等的主要呈味成分之一。如在食品工业中，鲜味剂 5′-呈味核苷酸二钠广泛用于液体调料、粉末调料、肉类加工、鱼类加工等产业。常与谷氨酸钠（味精）混合使用，其用量约为味精的 2%~5%；还可与其他多种增味剂成分合用，起增鲜作用。

此外，5′-呈味核苷酸二钠还对迁移性肝炎、慢性肝炎、进行性肌肉萎缩和各种眼部疾患有一定的辅助治疗作用。

### 四、其他类增味剂

#### 1. 琥珀酸二钠

琥珀酸二钠有含结晶水的和无结晶水的。含结晶水琥珀酸二钠，分子式 $C_4H_4Na_2O_4 \cdot 6H_2O$；无结晶水琥珀酸二钠，分子式 $C_4H_4Na_2O_4$。

（1）性状　含结晶水琥珀酸二钠为白色晶体颗粒，无结晶水琥珀酸二钠为白色晶体粉末，无臭，无酸味，加热至 120℃，失去结晶水成为无水物。它易溶于水，不溶于乙醇，在空气中稳定。

（2）性能　琥珀酸二钠有特异的贝类鲜味，味觉阈值为 0.03%。与谷氨酸钠、呈味核苷酸二钠复配使用效果更好。

（3）毒性　对猫的最小致死量为 2g/kg 体重。

（4）应用　依照 GB 2760—2024《食品安全国家标准　食品添加剂使用标准》，琥珀酸二钠使用范围和最大用量（g/kg）为：调味品 20.0。

#### 2. 复合增味剂

复合增味剂是由两种或多种单纯增味剂组合而成的增味剂复合物。它包括天然型和复配型两类。天然型复合增味剂包括萃取物和水解物两类，前者有各种肉、禽、水产、蔬菜（如蘑菇）等萃取物，后者包括动物、植物和酵母的水解物，多数是由天然的动物、植物、微生物组织细胞或其他细胞内生物大分子物质经过水解而制成，如各种肉类抽提物、酵母抽提物、水解动物蛋白、水解植物蛋白、水解微生物蛋白等。从它们的化学组成来看，主要的增味物是各种氨基酸和核苷酸，但由于比例的不同和少量其他物质的存在，而赋予食品各不相同的鲜味和风味。下面介绍几种复合增味剂。

（1）水解动物蛋白（HAP）　水解动物蛋白是在明胶、干酪素、鱼粉或动物血等各种动物性蛋白原料中加入盐酸水解或者加入蛋白酶进行水解的产物。水解动物蛋白是一种含糖蛋白质，又称酶解胶原蛋白。

①性状：水解动物蛋白为淡黄色液体、糊状体、粉状体或颗粒，含有多种氨基酸，具有特殊的鲜味和香味。糊状水解动物蛋白，其总含氮量为 8%~9%，脂肪<1%，水分为 28%~32%。其氨基酸组成含量丰富，含有大量的氨基酸系列物质。因所用原料不同，制品中的氨基酸组成含量也各异。

②性能:制品的鲜味程度和风味因原料和加工工艺不同而各异。

③毒性:无毒,安全。

④应用:用于各种食品加工和烹饪。与增味剂复配使用,可产生各种独特风味。可应用于虾片、鱼片、虾球等,增强海鲜的鲜美风味,掩盖海鲜的不良风味,提高鱼制品的香、鲜度;膨化食品和饼干的调味等;加工肉类如香肠、肉球、牛肉、热狗、火腿、干肉等,能加强肉类天然味道,改进香味,减少肉腥味,降低生产成本,提高牛肉、鸡肉、猪肉香料的香气丰度。

(2) 水解植物蛋白(HVP) 水解植物蛋白是植物性蛋白质在酸催化作用下,水解后的产物,又称氨基酸液。

①性状:水解植物蛋白为淡黄至黄褐色液体、糊状体、粉状体或颗粒。2%水溶液的pH为5.0~6.5。

②性能:水解植物蛋白中含有较多的谷氨酸和天冬氨酸,故其鲜味强烈。由于多种氨基酸,还原糖的存在,在适应的温度下发生美拉德反应,可产生众多风味如家禽味、猪肉味、牛肉味等,可以增强食品的鲜美味,呈味力强;由于所用原料和加工工艺的不同,制品中氨基酸组成、含量也各异,制品的鲜味性质和程度也各异。

③毒性:无毒,安全。

④应用:由于动物蛋白质水解物的成本较高,HVP目前也被广泛用作肉类香精、调味料等食品的风味增强剂。水解植物蛋白广泛用于食品加工和烹调中,与增味剂复配使用,可产生各种独特风味;可抑制食品中的不良风味。例如用于方便面汤和酱包的调味汁增鲜、增香;用于如海鲜酱油、辣汁、醋等的调香增鲜,提高鲜味,产生肉香效果;用于如沙丁鱼、秋刀鱼、鸡肉、猪肉、腌制蔬菜、海鲜等罐头食品,可除去异味如腥味、铁锈味等,增强肉香效果,改进产品风味。

(3) 酵母抽提物 酵母抽提物是通过将酵母细胞内蛋白质降解成氨基酸和多肽,核酸降解成核苷酸,并把它们和其他有效成分,如B族维生素、谷胱甘肽、微量元素等一起从酵母细胞中抽提出来所制得的人体可直接吸收利用的可溶性营养物质与风味物质的浓缩物。

①性状:酵母抽提物为深褐色糊状或淡黄褐色粉末,呈酵母所特有的鲜味和气味。粉末制品具有很强的吸湿性。5%水溶液pH 5.0~6.0。含谷氨酸、甘氨酸、丙氨酸等多种氨基酸,其氨基酸平衡良好,还含5′-核苷酸,其组成比例则视原料和加工方法而异。

②性能:酵母抽提物具有鲜美浓郁的肉香味。有明显的增鲜、增减、缓和酸味、去除苦味的效果,并且对异味和异臭具屏蔽功能。

③毒性:无毒,安全。

④应用:酵母抽提物常与其他调味品合并使用,广泛用于各种加工食品,如汤类、酱油、香肠、米果等调味之用,也用作增香剂等。

(4) 复配型复合增味剂 不同种类的食品增味剂配合使用具有协同增效作用。

①食品增味剂与食盐的配合使用:食品增味剂往往与食盐一起使用才能更好地显示出鲜美的味道,达到显著的增味效果。其实质可能是增味剂与食盐在水溶液中电离产生的正负离子相互作用。只有当大量的Na与HOOC$(CH_2)_2$CHNH$_2$COO$^-$相遇在一起而相互作用时,对味觉受体的刺激才能大大增强。

②食品增味剂与其他氨基酸配合使用：食品增味剂还可以与丙氨酸、甘氨酸等氨基酸以及水解动物蛋白、水解植物蛋白等含有多种氨基酸的物质配合使用，效果更好。

③核苷酸类增味剂的配合使用：核苷酸类增味剂之间的配合使用，可以明显降低鲜味阈区，提高增味效果。例如，5′-肌苷酸二钠的鲜味阈值为 0.025g/100mL，当 5′-肌苷酸二钠与 5′-鸟苷酸二钠等量混合，其鲜味阈值降低为 0.0063g/100mL。

④食品增味制与其他有机酸配合使用：食品增味剂可以与柠檬酸、苹果酸、富马酸及其盐类配合使用，而成为具有不同特色的复合鲜味剂。

⑤氨基酸类增味剂与核苷酸类增味剂配合使用：氨基酸类增味剂与核苷酸类增味剂的配合使用，具有非常显著的协同增效作用。例如谷氨酸钠与 5′-肌苷酸二钠以 1∶1 的比例配合使用时，鲜味强度增加 8 倍；谷氨酸钠与等量的 5′-鸟苷氨酸配合使用，其鲜味强度提高 30 倍等。5′-肌苷酸二钠、5′-鸟苷酸二钠与谷氨酸钠复配使用，能显著提高鲜味，称为强力味精。

当然，食品增味剂的配合使用必须经过试验，以工匠精神，求实的科学态度、严谨的工作作风，采用最适宜的配方，寻找最好的方法，达到最佳效果。

### 五、增味剂的合理使用

增味剂必须科学、合理地在食品中使用，需要注意以下两点。

#### 1. 溶解性

食品增味剂使用时，必须具有较大的溶解度。例如谷氨酸钠在 0℃ 时溶解度为 64.1%，20℃ 时为 71.74%。若溶解度太低，即使具有鲜味也难于在食品中使用。

#### 2. 稳定性

食品增味剂使用时，特别是要注意其热稳定性、pH 稳定性和化学稳定性。

（1）热稳定性　在食品烹调和加工过程中，经常需要加热，要避免食品增味剂受到破坏而影响效果。例如，谷氨酸和谷氨酸钠在高温条件下加热会脱水环化生成焦谷氨酸和焦谷氨酸钠，所以在应用时，要避免在高温条件下长时间加热。

（2）pH 稳定性　在食品增味剂的使用过程中，要注意食品的 pH 对其影响。如肌苷酸钠和鸟苷酸钠在酸性条件下容易分解，影响其增味效果，故不能在酸性强的食品中使用。又如，谷氨酸钠在 pH 较低的情况下，变成谷氨酸，由于谷氨酸的鲜味没有谷氨酸钠强，要增加用量，才能达到所要求的效果；而在碱性条件下，谷氨酸钠则会变成谷氨酸二钠盐等，使其增味效果降低或消失。所以应在 pH 为中性或微酸性的食品中使用。

（3）化学稳定性　在某些条件下，增味剂会与其他物质发生化学反应，结果可能对增味剂的使用效果产生影响。例如，谷氨酸等在锌离子等存在的条件下，会发生反应生成难溶解的盐类，从而影响使用效果。再如，肌苷酸钠或鸟苷酸钠等增味剂，在磷酸酶的作用下发生水解反应生成没有增味作用的肌苷或鸟苷。所以，核苷酸类增味剂不宜在未经加工的生鲜食品中使用，必须将生鲜食品在 85℃ 以上加热，使其中的磷酸酶失活后才能使用。

## 思考题

1. 酸度调节剂的作用有哪些？
2. 影响酸度调节剂风味的因素是什么？如何影响？
3. 举例说明酸度调节剂的性状、作用和应用。
4. 解释名词：相对甜度。
5. 甜度的影响因素有哪些？如何影响？
6. 比较两种常用合成甜味剂的性状、甜味和应用，有何异同点？
7. 举例说明天然甜味剂的性状、作用和应用。
8. 比较两种增味剂的性状、作用和应用。
9. 举例说明复合增味剂的组成、特点及应用。上网查阅资料，谈谈复合增味剂的发展趋势，以及作为食品人的使命担当。

模块四
在线测试

## 实训内容

### 实训一　酸度调节剂性能比较及酸甜比的确定

#### 一、实训目的

了解并比较几种酸度调节剂的性能，确定适宜的酸甜比。

#### 二、实训材料

柠檬酸；乳酸；醋酸；蔗糖（均为食用级）。
吸量管；台式天平；烧杯；量筒；勺等。

#### 三、实训步骤

（1）在台式天平上称取 0.1g 柠檬酸于烧杯中，量取 100mL 水用勺搅拌至溶解。
（2）用吸量管吸取乳酸 0.2mL 于烧杯中，量取 100mL 水，用勺搅拌混匀。
（3）用吸量管吸取醋酸 0.2mL 于烧杯中，量取 100mL 水，用勺搅拌混匀。
（4）比较（1）~（3）的风味、酸味。
（5）取（1）中溶液 50mL，加蔗糖，确定适宜的酸甜比。

#### 四、思考题

（1）影响酸度调节剂风味的因素是什么？
（2）举例说明酸度调节剂的性状、作用。

## 实训二 比较甜味剂性能及食盐对甜度的影响

### 一、实训目的

了解并比较几种甜味剂的性能，了解食盐对几种甜味剂甜度的影响。

### 二、实训材料

蔗糖；甜蜜素；甜菊糖苷；糖精钠；甘露糖醇；山梨糖醇；食盐（均为食用级）。
电炉；台式天平；烧杯；量筒；勺等。

### 三、实训步骤

（1）在台式天平上称取 3g 蔗糖于烧杯中，量取 100mL 水倒入，用勺搅拌至溶解。
（2）同上法分别称取 0.2g 甜蜜素、甜菊糖苷、糖精钠于烧杯中，分别量取 100mL 水溶解。
（3）同上法分别称取 0.2g 甘露糖醇、山梨糖醇于烧杯中。分别量取 10mL 水溶解。
（4）比较（1）~（3）中各物质甜度，取其 1/2 加热再试，比较加热前后的甜度。
（5）取（1）中溶液 50mL，加 2g 蔗糖、0.25g 食盐，与（1）比较甜度，再加 0.25g 食盐，再与（1）比较甜度。

### 四、思考题

（1）比较常用合成、天然甜味剂的性状、甜味有何异同点。
（2）食盐对甜度有什么影响？甜度的影响因素有哪些？
（3）为何多有甜蜜素超标的食品安全事件被曝？上网查阅资料，了解如何增强科学思维的意识，树立高度社会责任感。

## 实训三 食品的调味

### 一、实训目的

通过味的调配，初步掌握常见的酸度调节剂、甜味剂和增味剂的协同效应。

### 二、实训材料

天然果汁 2~3 种；酸度调节剂、甜味剂各三种；核苷酸；味精；食盐；乌梅汁等（均为食用级）。
天平；量筒等。

### 三、实训内容

（1）辨别三种酸度调节剂和三种甜味剂的不同味质感并初步试验它们的阈值。

（2）对比现象和变味现象试验 已有砂糖、食盐、酸度调节剂等呈味剂，请你设计试验过程和呈味剂用量，进行呈味的对比现象和变味现象试验，并说明第一味对第二味的加强或减弱的影响，先尝味对后味味质感的影响，进行列表比较说明。

（3）相乘效应试验 已有食盐、味精、核苷酸，请你设计试验过程和用量，并试验与品尝，说明相乘效应的结果，列表比较说明。

（4）相抵效应试验 已有食盐、醋酸、糖、奎宁、味精等呈味剂，设计并试验相抵效应，列表说明。

（5）味质感比较 相同浓度的柠檬酸和乳酸溶液的味质感与酸味强度的比较。

（6）自制饮料的调味：如乌梅汁饮料取 60mL 乌梅汁，用砂糖、食盐进行调味设计，比较加呈味剂前后的酸涩味变化情况，并说明其原因。

## 四、思考题

（1）由呈味的对比现象和变味现象试验，说明第一味对第二味的加强或减弱的影响。

（2）由相乘效应试验，比较说明相乘效应的结果。

（3）由相抵效应试验，说明相抵效应。

（4）自制饮料的调味，如乌梅汁饮料，比较调味前后的酸涩味变化情况，并说明其原因。

（5）请从日常生活中举一例说明酸度调节剂、甜味剂、增味剂的相互作用。

# 模块五 着色剂

## 学习目标

### 知识目标

1. 了解着色剂的作用机制、发展状况。
2. 掌握各种着色剂的性能和应用。

### 技能目标

1. 能够应用着色剂对食品进行调色,对比着色剂的稳定性。
2. 能够掌握常见合成着色剂和天然着色剂的使用特性、应用。

### 素质目标

1. 认识着色剂的使用特性,培养"合法合理使用食品添加剂"的职业规范意识。
2. 探索研究天然着色剂取代合成着色剂,培养奋勇争先,追求进步的职业使命感。

## 学习内容

### 项目一

## 着色剂的分类、色调和使用特性

着色剂又称食用色素或色素,依据 GB 2760—2024《食品安全国家标准 食品添加剂使用标准》,着色剂是指使食品赋予色泽和改善食品色泽的物质。着色剂是一类重要的食品添加剂,因为在食品的色、香、味、形等感官特性中,颜色最先刺激人的感觉(尤其是视觉)。

色泽是食品内在审美价值重要的属性之一，也是鉴别食品质量的基础。一般新鲜食品大都具有自然色泽，构成对人的感官刺激，引起人们的食欲。人们甚至可以根据其色泽预见食品的营养价值、变质与否以及商品价值的高低。例如，红、黄色的食物多含维生素A、微量元素铁等成分；绿色食物多含纤维素、叶绿素、维生素等。又如，变质的食品所含有的天然色素受到微生物和理化因素的破坏会变成其他不正常的色泽，或者颜色消失，因此人们可一定程度上将食品颜色的变化情况作为食用价值的标志。

由于受光、热、氧和其他因素的影响，食物固有的色素会受到破坏。随着食品工业的发展，为了保护食品正常的色泽，减少食品批次之间色差，保持外观的一致性、提高商品价值，人们通过添加一定量着色剂达到着色目的。此外，对食品着色有时是为了标示的需要，如一些西方国家将食盐染色，专门用于高盐食品，以便提醒人们注意盐的摄取量。这些因素都刺激了人们对色素的需求，也促进了食品添加剂中着色剂工业的蓬勃发展。

## 一、着色剂的分类

### 1. 按来源分类

着色剂按来源分为天然着色剂和合成着色剂两大类。天然着色剂常用的如 $\beta$-胡萝卜素、甜菜红、花青素、玫瑰茄红、辣椒红素、红曲色素、姜黄、酱色等。合成着色剂种类繁多，但可用于食品着色的安全无毒的并不多，我国允许使用的包括胭脂红、柠檬黄、日落黄、苋菜红、赤藓红、靛蓝和亮蓝等。

### 2. 按溶解性质不同分类

着色剂按着色剂溶解性质的不同，可分为水溶性着色剂和油溶性着色剂两大类。如人工着色剂胭脂红、柠檬黄、日落黄、苋菜红、靛蓝和亮蓝等；天然色素中甜菜红、花青素、玫瑰茄红等为水溶性。$\beta$-胡萝卜素、辣椒红素、姜黄、红曲色素等为油溶性着色剂。但一些色素的水溶性可以通过工艺处理进行改变，如 $\beta$-胡萝卜素不溶于水，但可通过乳化方法生产出既可溶于水，也可溶于油脂的色素。

### 3. 按结构分类

着色剂可按结构进行分类，如人工合成着色剂可分为偶氮类、氧蒽类和二苯甲烷类。天然着色剂又可分为吡咯类、多烯类、酮类、醌类和多酚类。

## 二、颜色与色素分子结构的关系

### 1. 物体对光选择性的吸收

物体形成一定的颜色是由于其吸收了部分光波，同时又反射出没有吸收的光波。人的肉眼看到的颜色，是由物体反射的不同可见光所组成的综合色。例如，如果物体吸收的只是不可见光的光波，那么物体反射的是全部可见光的综合色——白色；如果物体吸收了绝大部分可见光，那么物体反射的可见光非常少，物体就显黑色（或接近黑色）；当物体只选择性地吸收部分可见光，则其显示的颜色是由未被吸收的可见光所组成的综合色（也称为被吸收光波组成色的互补色），如物体选择性地吸收绿色光，那么物体显示的是其互补色紫色。

着色剂一般为有机化合物。构成有机化合物的各原子之间大都以共价键连结。构成有机化合物的各原子的原子轨道相互组合形成分子轨道。分子轨道主要是 $\sigma$ 轨道和 $\pi$ 轨道，它们属于成键轨道，能级较低；与它们相应的是 $\sigma^*$ 轨道和 $\pi^*$ 轨道，属于反键轨道。

当化合物吸收光能时，分子从入射光中吸收适合于使分子能量跃迁的相应波长光子能量。即低能级电子吸收光子时，就会从能量较低的轨道（基态）跃迁到能量较高的轨道（激发态），可产生：$\sigma \rightarrow \sigma^*$、$\pi \rightarrow \pi^*$、$n \rightarrow \pi^*$ 等跃迁。产生跃迁的类型与电子本身处于什么轨道以及它吸收的光子能量大小有关，如表 5-1 所示。

表 5-1　　　　　　　　　　能级跃迁与电子吸收光波的关系

| 能级跃迁 | 吸收光的波长（$\lambda$）/nm | 吸收光的能量（J）/$\times 10^{19}$ |
| --- | --- | --- |
| $\sigma \rightarrow \sigma^*$ | 150 | 1.32 |
| $\pi \rightarrow \pi^*$ | 165 | 1.20 |
| $n \rightarrow \pi^*$ | 280 | 0.70 |

$\pi$ 电子易激发，吸收可见光；$\sigma$ 电子难激发，需要紫外光。

**2. 颜色与色素分子结构的关系**

有机化合物分子在紫外和可见光区域内（200~800nm）有吸收峰的基团称为生色团。常见的生色团含双键（不饱和键），如：

$$\text{C=C} \quad \text{C=O} \quad \text{C=S}$$
$$\text{—N=N—} \quad \text{—N=O}$$

分子中含有一个生色团的物质吸收可见区域波长的光时，该物便呈颜色。可见光波长与肉眼对应的颜色如表 5-2 所示。有些基团，如羧基、氨基、醚基、硝基、巯基、卤素原子等，它们本身并不产生颜色，但当与其共轭体系或生色基团相连时，可使吸收波长向长波方向迁移，这些基团称为助色基团，如：

$$\text{—CHO} \quad \text{—COOH} \quad \text{—NO}_2$$

助色基团含孤对电子。如偶氮苯为橙色，而对硝基苯偶氮邻苯二酚则为红褐色。

表 5-2　　　　　　　　　　单色可见光波长与对应颜色的关系

| 可见光波长/nm | 对应的颜色 | 可见光波长/nm | 对应的颜色 |
| --- | --- | --- | --- |
| 770~620 | 红 | 530~500 | 绿 |
| 620~590 | 橙 | 500~470 | 青 |
| 590~560 | 黄 | 470~430 | 蓝 |
| 560~530 | 黄绿 | 430~380 | 紫 |

**3. 着色剂的成色机制**

物体所显的颜色并非为被吸收的可见光的颜色，而是可见光颜色的互补色。物质所显示的色彩与其分子结构中生色基团和助色基团的多少和构造有关。共轭多烯化合物吸收光波波长与双键数有关。碳碳双键（C=C）越多，并且均邻近相连形成有效的 π-π 共轭体系时，其吸收的可见光波长也越大。而分子中虽有许多碳碳双键，但没有相邻连结形成 π-π 共轭体系，则不会显示颜色。着色剂的有效 π-π 共轭体系一旦受到破坏，就会颜色消失或改变。

### 三、着色的色调与调配

#### 1. 色调的选择

色调是一个表面呈现近似红、黄、绿、蓝颜色的一种或两种色的目视感知属性。色调仅对于彩色而言。食品大多具有丰富的色彩，并且其色调与食品内存品质和外在美学特性具有密切的关系。因此，在食品的生产中，特定的食品采用什么色调是至关重要的。食品色调的选择依据是心理或习惯上对食品颜色的要求，以及色与风味、营养的关系。要注意选择特定食品应有的色调，或根据拼色原理调制出相应的特征颜色。如樱桃罐头、杨梅果酱应选择相应的樱桃红、杨梅红色调，红葡萄酒应选择紫红，白兰地选择黄棕色等。又如糖果的颜色可以其香型特征为依据来选择，如薄荷糖多用绿色、橘子糖多用红色或橙色、巧克力糖多用棕色等。

有些产品，尤其是带壳、带皮的食品，在不对消费者造成错觉的前提下可使用艳丽的色彩，如彩豆、彩蛋等。

#### 2. 色调的调配

根据颜色技术原理，红、黄、蓝为基本三原色，理论上可采用三原色依据其比例和浓度调配出除白色之外的任何色调。而白色可调整彩色的深浅。其简易调色原理如下所示。

各种着色剂溶解于不同溶剂中可产生不同的色调和强度，尤其是在使用两种或数种着色剂拼色时更显著。例如一定比例的红、黄、蓝三色的混合物，在水溶液中色较黄，而在50%酒精中则较红。此外，食品在着色时是潮湿的，当水分蒸发逐渐干燥时，着色剂亦会随之较集中于表层，产生所谓的"浓缩影响"，特别是在食品与着色剂的亲和力低时更为明显。拼色时还要注意各种着色剂的稳定性不同，因此可能导致合成色色调的变化，如靛蓝褪色较快，柠檬黄则不易褪色，由其合成的绿色会逐渐转变为黄绿色。运用以上原理进行拼色往往只适用于合成着色剂。天然着色剂由于其坚牢度低、易变色和对环境的敏感性强等因素，不易用于拼色。

采用着色剂对食品进行色调调配还要考虑着色剂和成品的色价、色价损失等因素；另外，各种着色剂的表现力均有其特定条件、对象及使用要求，如果滥用会适得其反。我国使用的主要合成着色剂的调色性能如表5-3所示。

表 5-3　　　　　　　　　我国使用的主要合成着色剂的调色性能

| 复合色调 | 配色色素及配比/% | | | | | | | |
|---|---|---|---|---|---|---|---|---|
| | 苋菜红 | 赤藓红 | 诱惑红 | 胭脂红 | 亮蓝 | 靛蓝 | 日落黄 | 柠檬黄 |
| 蛋黄色 | — | 6 | — | — | — | — | — | 94 |
| 蛋黄色 | — | — | — | — | — | — | 30 | 70 |
| 橙色 | — | — | 5 | — | — | — | — | 95 |
| 黄金瓜色 | — | — | — | — | 13 | — | — | 87 |
| 咖啡色 | 10 | — | — | 35 | 6 | — | — | 49 |
| 咖啡色 | — | — | — | 32 | 4 | — | — | 64 |
| 巧克力色 | 36 | — | — | — | — | 16 | — | 48 |
| 巧克力色 | — | 25 | — | — | 15 | — | 60 | — |
| 巧克力色 | — | — | 52 | — | 8 | — | — | 40 |
| 巧克力色 | 14 | — | — | 36 | — | 16 | — | 34 |
| 草莓色 | 73 | — | — | — | — | — | 27 | — |
| 草莓色 | — | 5 | 95 | — | — | — | — | — |
| 葡萄色 | 76 | — | — | — | — | 8 | 16 | — |
| 葡萄酒色 | 75 | — | — | — | 4 | — | — | 21 |
| 绿色 | — | — | — | — | 28 | — | — | 72 |
| 茶绿色 | 6 | — | — | — | — | 15 | — | 79 |
| 叶绿色 | — | — | — | — | 40 | — | — | 60 |
| 果绿色 | — | — | — | — | 20 | — | — | 80 |
| 红黑色 | 43 | — | — | — | — | 25 | — | 32 |
| 黑色 | — | — | — | — | — | 57 | 43 | — |

## 四、着色剂的使用特性

在食品加工中要正确运用着色剂的染色作用，必须了解着色剂的各种特性。

### 1. 吸光值与色价

根据朗伯-比尔定律，溶液的吸光值（$E$）与溶液浓度 $c$、光程 $L$ 成正比，即：$E = KcL$，$K$ 为比例常数。当入射光强度、波长、体系温度、溶液浓度、光程一定时，色液的吸光值越高，该着色剂的染色力越强，使用时浓度就可以更低。

对于天然着色剂的染色力可用色价来表示，色价也称为比吸光值，即 100mL 溶液中含有 1g 色素，光程为 1cm 时的吸光值，用 $E_{1cm}^{1\%}$ 表示。天然着色剂的色价越高，其染色力也越强。但一般天然着色剂的色价远低于合成着色剂，因此，使用时浓度会比较高。

### 2. 溶解性

着色剂，最重要的溶剂包括水、乙醇和油脂。由于油溶性的合成色素毒性大，各国一般不允许使用，可选用油溶性的天然着色剂。若要将水溶性合成色素用于酒类和油脂含量高的食品，必须将其进行乳化、分散。

除了考虑着色剂水溶性或油溶性、溶解度大小外，还必须考虑影响其溶解的许多因素。温度对水溶性着色剂的溶解度影响较大，一般溶解度随着温度的上升而增加。水的pH、盐的存在与种类、水的硬度等也有影响。在低pH时往往浓度会降低，有形成色素酸的可能；而盐类可发生盐析作用，降低其溶解度；水的硬度高时则易形成色淀。

### 3. 染着性

着色剂的染着性包含着色剂与食品成分结合力大小（或分散均匀与稳定程度大小）、是否变色等含义。对于液态食品，着色剂能很好地溶解与分散，而且稳定（如不易沉淀）形成色价高、色调良好的状态，其染着力良好。对于半固态和固态食品，着色剂能与蛋白质、淀粉等分子结合，而且稳定、不变色，其染着力较好。一些天然色素的染着力不稳定与其不易分散、易变色有关，例如葡萄皮提取色素溶于酒类或酸性饮料时可形成色调颇佳的紫红色，但对冰淇淋着色时，则与蛋白质结合形成蓝色。染着性与溶解性、坚牢度等有密切关系。

### 4. 坚牢度

坚牢度是衡量着色剂在其所染着的物质上对周围环境适应程度的一种量度。它取决于自身和染着对象的化学结构、性质以及环境生化条件的影响。坚牢度是一个综合性指标，可从以下因素对其影响的大小来评判。

（1）耐热性　着色剂的生色体系受热可能被分解破坏，导致褪色或失色。另外与着色剂共存的糖类、盐、酸、碱等物质对其耐热也会产生影响。合成色素中靛蓝、胭脂红耐热性较弱，柠檬黄、日落黄则较强；天然色素大部分均表现出耐热性弱的特点。

（2）耐酸性　果汁、果酱、糖果、饮料、配制酒、发酵乳制品等食品一般酸度较大。一些着色剂在强酸性条件下可能会形成着色剂沉淀或变色，如靛蓝。一些色素耐酸性较强，如柠檬黄、日落黄及一些多酚类天然着色剂。

（3）耐碱性　如使用在碱性膨松剂、果蔬的碱液预处理等碱性环境中，此时要避免使用耐碱性弱的着色剂如胭脂红、花青素等。

（4）抗氧化-还原性　有机着色剂被氧化、被还原都将可能导致生色体系的破坏。着色剂的抗氧化性与其自身结构及环境因素如有强氧化能力的成分、氧化酶、重金属离子等有关。氧蒽类着色剂耐氧化性比较强，而偶氮类、天然着色剂耐氧化能力一般较弱。着色剂被还原是由一些还原剂（如抗坏血酸、二氧化硫等）、金属离子（如亚铁离子等）等因素引起。氧蒽类着色剂耐还原性相当稳定，而靛蓝、偶氮类、醌类等着色剂耐还原性较弱。

（5）抗光性　日光、紫外线均能导致着色剂的光分解，引起褪色和失色。有重金属离子存在时可加速光分解。大多数天然着色剂、靛蓝的耐紫外线性较弱，而柠檬黄、日落黄的耐光性较强。

## 项目二

## 合成着色剂

### 一、合成着色剂特点和发展

#### 1. 合成着色剂的特点

合成着色剂是指用人工合成方法所制得的有机着色剂。合成着色剂的坚牢度高、着色力强、色泽鲜艳、不易褪色、稳定性好、易溶解、易调色、成本低，但安全性低，部分合成染料有毒性或致病嫌疑。

#### 2. 常用合成着色剂的性质

部分允许使用的合成着色剂的主要性质见表5-4。

表5-4　　　　　　　　部分允许使用的合成着色剂的主要性质

| 名 称 | 不 褪 色 性* | | | | | | 溶解度/（g/100mL） | | | |
|---|---|---|---|---|---|---|---|---|---|---|
| | 光 | 热 | 碱 | 果酸 | 苯甲酸 | $SO_2$ | 水 | 甘油 | 乙醇 | 丙二醇 |
| 柠檬黄 | A | A（至105℃） | B（转红） | A | A | A | 10 | 7 | 微溶 | 2 |
| 喹啉黄 | B | B（至105℃） | D | A | D | A | 14 | 微溶 | 微溶 | 微溶 |
| 日落黄 | A | A（至205℃） | C（转红） | A | A | C | 10 | 4 | 微溶 | 1 |
| 胭脂红 | B | A（至105℃） | B | B | B | B | 12 | 微溶 | 微溶 | 4 |
| 苋菜红 | B | A（至105℃） | C（转蓝） | A | B | C | 7 | 1 | 微溶 | 微溶 |
| 赤藓红 | C | B（至105℃） | C（转蓝） | D | D | B | 6 | 3 | 1 | 16 |
| 靛蓝 | C | C（至105℃） | D | C | D | D | 1 | 微溶 | 微溶 | 微溶 |
| 亮蓝 | B | A（至105℃） | B | A | A | A | 20 | 5 | 微溶 | 20 |

注：*性能由好变差依次为A、B、C、D。

#### 3. 合成着色剂的发展

着色剂的发展经历了一个曲折的过程。19世纪中叶以前，主要应用的是从生物原料中提取的天然着色剂。1856年英国人Perkins采用有机方法首次合成人工染料（苯胺紫），开创了染料合成工业的新纪元。由于合成染料坚牢度高、染着力强、色泽艳丽、易于调色且成本低廉，故很快取代天然着色剂用于食品的着色并达到滥用的程度。到20世纪研究结果发现部分合成染料具有致畸、致癌、致突变或导致其他肝、肾、肠胃等疾病的毒性或毒性嫌疑。因此，近年来，各国对合成色素的控制也越来越严格，各国纷纷相继禁用许多合成着色剂。近年来"苏丹红"等事件为人们再次敲响了警钟。例如将我国《食品安全国家标准　食品添加剂使用标准》GB 2760—2024与GB 2760—2014标准文本比对，删除了着色剂落葵红、密蒙黄的使用。但是由于合成着色剂优良的性能和食品工业发展的需求，不

着色剂滥用
的警示案例
（课程思政）

同国家对合成着色剂采取了不同的使用政策。通过制定食品法规，在限制其用量和应用范围的安全性管理条例下，依法添加、按标准添加，允许部分合成着色剂仍可使用。

合成着色剂的发展方向主要为人工合成天然等同物着色剂和高分子聚合物着色剂，这主要是基于其安全性好的原因。天然等同物着色剂是指通过化学方法合成自然界本身存在的、安全无毒且稳定性较好的天然着色剂。例如，现在世界上食品工业所使用的 $\beta$-胡萝卜素，基本属于采用化学合成工艺生产的，而不是从植物中提取的。

同时还将对合成着色剂使用性能进行改造。特别是对于性能非常优良但具有一定毒性的合成着色剂，将其加工成不被人体吸收（或吸收比例极小）的高分子聚合物着色剂，是很有发展前景的研究内容。

## 二、常用合成着色剂

### 1. 胭脂红

胭脂红又名丽春红 4R，分子式 $C_2OH_{11}N_2Na_3O_{10}S_3$。

（1）性状　胭脂红为红色颗粒或粉末，无臭，溶于水，微溶于乙醇，不溶于油脂。耐光性较好，对柠檬酸、酒石酸稳定。耐热性、耐还原性差、耐细菌性较差，遇碱、强酸变褐色。对氧化-还原作用敏感。

（2）性能　胭脂红 0.1% 水溶液为红色的澄清液。着色力较弱。

（3）毒性　小鼠经口 $LD_{50} \geqslant 19.3g/kg$ 体重。ADI 为 0~4mg/kg 体重。

（4）应用　依照 GB 2760—2024《食品安全国家标准　食品添加剂使用标准》，胭脂红及其铝色淀的部分使用范围和最大使用量（g/kg，以胭脂红计）为：蛋卷 0.01，肉制品的可食用动物肠衣类、植物蛋白饮料（相应的固体饮料按稀释倍数增加使用量）、胶原蛋白肠衣 0.025；水果罐头、装饰性果蔬、糖果和巧克力制品包衣 0.1；调制乳粉和调制奶油粉 0.15；鱼子制品 0.16；调味糖浆、蛋黄酱、沙拉酱 0.2；果酱、水果调味糖浆、半固体复合调味料（12.10.02.01 蛋黄酱、沙拉酱除外）0.5。

### 2. 苋菜红

苋菜红又称鸡冠花红、蓝光酸性红，分子式 $C_{20}H_{11}N_2Na_3O_{10}S_3$。

（1）性状　苋菜红为红棕色粉末或颗粒，无臭，易溶于水，微溶于乙醇；耐光、耐热性强，耐氧化-还原性差；对柠檬酸、酒石酸稳定；遇碱变暗红色；遇铜、铁易褪色；在盐酸中发生黑色沉淀。

（2）性能　苋菜红 0.01% 水溶液为品红色。若制品中着色剂含量较高，则色素粉末有带黑的倾向。染色力较弱。

（3）毒性　小鼠经口 $LD_{50} \geqslant 10g/kg$ 体重。ADI 为 0~0.5mg/kg 体重。

（4）应用　依照 GB 2760—2024《食品安全国家标准　食品添加剂使用标准》，苋菜红及其铝色淀的部分使用范围和最大使用量（g/kg，以苋菜红计）为：冷冻饮品（03.04 食用冰除外）0.025；装饰性果蔬 0.1；固体汤料 0.2；果酱、水果调味糖浆 0.3。

### 3. 赤藓红

赤藓红亦称樱桃红，分子式 $C_{20}H_6I_4Na_2O_5$。

（1）性状　赤藓红为红褐色粉末或颗粒，无臭，不溶于油脂，溶于水、乙醇、丙二醇和甘油。中性水溶液呈红色，酸性时有黄棕色沉淀，碱性时产生红色沉淀。耐光、耐酸性差。耐热、耐还原性好。吸湿性强。

（2）性能　赤藓红具有良好的染着性，尤其对蛋白质的染色性好。在需高温焙烤的食品和碱性及中性的食品中着色力较其他合成红色素强。

（3）毒性　小鼠经口 $LD_{50}$ 为 6.8g/kg 体重。ADI 为 0~0.1mg/kg 体重。

（4）应用　依照 GB 2760—2024《食品安全国家标准　食品添加剂使用标准》，赤藓红及其铝色淀的部分使用范围和最大使用量（g/kg，以赤藓红计）为：肉灌肠类、肉罐头类 0.015；熟制坚果与籽类（仅限油炸坚果与籽类）、膨化食品 0.025；装饰性果蔬 0.1。

### 4. 柠檬黄

柠檬黄又称酒石黄，分子式 $C_{16}H_9N_4O_9S_2Na_3$。

（1）性状　柠檬黄为橙黄色粉末或颗粒，无臭。耐光、耐热性强，在柠檬酸、酒石酸中稳定，遇碱稍变红，还原时褪色。易溶于水，中性和酸性水溶液呈金黄色。微溶于乙醇、油脂。

（2）性能　柠檬黄是着色剂中最稳定的一种；可与其他合成色素复合使用，调色性能优良；易着色，坚牢度高。

（3）毒性　小鼠经口 $LD_{50}$ 为 12.75g/kg 体重。ADI 为 0~7.5mg/kg 体重。安全。

（4）应用　柠檬黄是使用量最大的合成食用色素。依照 GB 2760—2024《食品安全国家标准　食品添加剂使用标准》，柠檬黄及其铝色淀的部分使用范围和最大使用量（g/kg，以柠檬黄计）：蛋卷 0.04；谷类和淀粉类甜品（如米布丁、木薯布丁，如用于布丁粉，按冲调倍数增加使用量）0.06；即食谷物包括碾轧燕麦（片）0.08；鱼子制品、液体复合调味料 0.15；粉圆、固体复合调味料 0.2；除胶基糖果以外的其他糖果、面糊（如用于鱼和禽肉的拖面糊）、裹粉、煎炸粉、焙烤食品馅料及表面用挂浆（仅限布丁、糕点用馅料及表面用挂浆）、其他调味糖浆 0.3；果酱、水果调味糖浆、半固体复合调味料 0.5。

### 5. 日落黄

日落黄又称晚霞黄，分子式 $C_{16}H_{10}N_2O_7S_2Na_2$。

（1）性状　日落黄为橙红色粉末或颗粒，无臭，吸湿性强。耐光、耐热性强，在柠檬酸、酒石酸中稳定，遇碱变褐红色。易溶于水，中性和酸性水溶液呈橙黄色，碱性时红棕色，用水稀释后呈黄色。微溶于乙醇。

（2）性能　与柠檬黄相似。

（3）毒性　小鼠经口 $LD_{50}$ 为 2.0g/kg 体重。ADI 为 0~2.5mg/kg 体重。

（4）应用　依照 GB 2760—2024《食品安全国家标准　食品添加剂使用标准》，日落黄及其铝色淀的部分使用范围和最大使用量（g/kg，以日落黄计）：谷类和淀粉类甜品（如米布丁、木薯布丁，如用于布丁粉，按冲调倍数增加使用量）0.02；果冻（如用于果冻粉，按冲调倍数增加使用量）0.025；调制乳、风味发酵乳、调制炼乳（包括加糖炼乳及使用了非乳原料的调制炼乳等）、含乳饮料 0.05；果酱、水果调味糖浆、半固体复合调味料 0.5；固体饮料 0.6。

### 6. 靛蓝

靛蓝亦称为食品蓝、酸性靛蓝，分子式 $C_{16}H_{10}N_2O_2$。

（1）性状　靛蓝为蓝棕至红棕色粉末或颗粒。易溶于水，中性水溶液呈蓝色，酸性时呈蓝紫色，碱性时呈绿至黄绿色。微溶于乙醇。不溶于油脂。耐热、耐光、耐碱性差，易还原。吸湿性强。中性或碱性水溶液能被亚硫酸钠还原成无色体，在空气中氧化后又复色。

（2）性能　靛蓝易着色，有独特的色调。

（3）毒性　小鼠经口 $LD_{50} \geqslant 2.5g/kg$ 体重。ADI 为 $0\sim5mg/kg$ 体重。

（4）应用　靛蓝使用广泛。依照 GB 2760—2024《食品安全国家标准　食品添加剂使用标准》，靛蓝及其铝色淀使用范围和最大使用量（g/kg，以靛蓝计）为：腌渍的蔬菜 0.01；熟制坚果与籽类（仅限油炸坚果与籽类）、膨化食品（仅限使用靛蓝）0.05；蜜饯类、凉果类、可可制品、巧克力和巧克力制品（包括代可可脂巧克力及制品）以及糖果（05.01.01 可可制品除外）、糕点上彩装、焙烤食品馅料及表面用挂浆（仅限饼干夹心）、果蔬汁（浆）饮料（相应的固体饮料按稀释倍数增加使用量）、碳酸饮料（相应的固体饮料按稀释倍数增加使用量）、风味饮料（仅限果味饮料，相应的固体饮料按稀释倍数增加使用量）、配制酒 0.1；装饰性果蔬 0.2；除胶基糖果以外的其他糖果 0.3。

## 项目三

# 天然着色剂

## 一、天然着色剂的特点和发展

### 1. 天然着色剂的特点

天然着色剂大部分取自植物（如各种花青素、类胡萝卜素），部分取自动物（如胭脂虫红）和矿物（如二氧化钛）。国际上已开发的天然着色剂已达 100 种以上。

天然着色剂安全，尤其植物着色剂安全性较高，有的还有一定的营养价值或药理作用，而天然着色剂作为食品着色剂在我国已有非常悠久的应用历史。我国古代的《食经》和《齐民要术》等书中，也有关于利用天然着色剂为食品着色的记载，如用艾青做青饺；用红米和茜草科植物使食品着色等。对于天然着色剂的安全性人们也给予过考虑。除个别着色剂如藤黄有毒外，天然着色剂本身基本上是无毒的。其安全性主要是受霉变、溶剂残存和其他污染影响。日本对天然着色剂不加限制，可自由使用。并且天然着色剂色调自然。因此，天然着色剂需求量大大增加。各国对天然着色剂的管理也不像对食品合成着色剂那样严格，并提倡大量应用天然着色剂。

但是多数天然着色剂稳定性差、染着力不强、生产成本高、不易调色、应用面小，因此在使用中的效果比不上合成着色剂。

### 2. 常用天然着色剂的性质

常用天然着色剂的性质见表 5-5。

### 3. 天然着色剂的发展

我国幅员辽阔，动植物及微生物资源丰富，许多资源可开发成天然着色剂。我国的天然着色剂产业经过 20 多年的迅速发展，已经取得了令人瞩目的成绩，正朝着"天然、营养、多功能"的方向发展。在这一方针指引下我国天然着色剂产业走上了国际食品着色剂发展的轨道。

但是目前已被正式使用的品种为数不多，对我国许多天然着色剂资源的含量、种类、

表 5-5　　常用天然着色剂的性质

| 类别 | 色素名称 | 主要成分 | 稳定性 | | | | | | 溶解度/(g/100mL) | | | 食品中有效浓度/(mg/kg) | 备注 |
|---|---|---|---|---|---|---|---|---|---|---|---|---|---|
| | | | 光 | 热 | 氧 | 微生物 | 酸 | 碱 | 水 | 植物油 | 乙醇 | | |
| 花色苷 | 葡萄皮红 | 花葵素 | 差 | 差 | 差 | 中 | 好 | 差 | 易溶 | 不溶 | 易溶 | 0.5~5 | （1）一般酸性时呈红色，中性时呈紫色，碱性时呈蓝色（2）金属离子（尤其是锡、铁和锰）呈色转蓝 |
| | 杨梅红 | 花青素 | 好 | 好 | 好 | 中 | 好 | 差 | 易溶 | 不溶 | 易溶 | | |
| | 玫瑰茄红 | 花翠素 | 可 | 中 | 好 | 中 | 好 | 差 | 易溶 | 不溶 | 易溶 | | |
| | 黑加仑红 | | 好 | 好 | 好 | 中 | 好 | 差 | 易溶 | 不溶 | 易溶 | | |
| | 玉米黄 | 锦葵素 | 好 | 极好 | 好 | 中 | 好 | 差 | 易溶 | 不溶 | 易溶 | | |
| | 萝卜红 | 天然气葵苷 | 好 | 好 | 好 | 中 | 好（橘红色） | 中（黄色） | 易溶 | 不溶 | 易溶 | | |
| 类胡萝卜素 | 番茄红素 | 番茄红素 | 好 | 好 | 好 | 中 | 好 | 好 | 不溶 | 溶(0.1) | — | 0.5~10 | 低酸性时可发生沉淀，遇金属离子变混 |
| | 胭脂树红 | 红木素 | 中 | 好 | 极好 | 好 | 差 | 好 | 不溶 | 溶 | 溶 | | 对二氧化硫和抗坏血酸稳定 |
| | 胭脂树橙 | 降红木素 | 中 | 好 | 极好 | 好 | 差 | 好 | 溶 | 不溶 | 溶 | | |
| | $\beta$-胡萝卜素 | $\beta$-胡萝卜素 | 中 | 好 | 差 | 中 | 好 | 好 | 不溶 | 微溶(0.05~0.1) | 不溶 | 2.5~50 | 对二氧化硫很稳定 |
| | 辣椒红 | 辣椒红 | 中 | 好 | 差 | 中 | 好 | 好 | 不溶 | 溶 | — | | |
| | 藏花黄 | 藏花苷 | 差 | 好 | 中 | 好 | 好 | 中 | 溶 | 不溶 | 溶 | 0.2~10 | |
| | 叶黄素 | 叶黄素 | 差 | 好 | 中 | 中 | 好 | 好 | 不溶 | 溶 | 溶 | | |
| 黄酮类 | 可可色素 | 聚酮糖苷 | 极好 | 极好 | 好 | 好 | 好 | 好 | 易溶 | 不溶 | 易溶 | | |
| | 菊黄素 | 查尔酮苷等 | 极好 | 极好 | 中 | 中 | 好（黄色） | 可（橙黄色） | 易溶 | 不溶 | 易溶 | | 遇铝、铁离子成黑色 |
| | 红花黄 | 红花黄 | 好 | 中 | 中 | 中 | 好 | 可 | 易溶 | 不溶 | 不溶 | | |

续表

| 类别 | 色素名称 | 主要成分 | 稳定性 | | | | | | 溶解度/（g/100mL） | | | 食品中有效参浓度/（mg/kg） | 备注 |
|---|---|---|---|---|---|---|---|---|---|---|---|---|---|
| | | | 光 | 热 | 氧 | 微生物 | 酸 | 碱 | 水 | 植物油 | 乙醇 | | |
| 甜菜碱色素 | 甜菜红 | 甜菜红苷 | 差 | 差 | 中（溶液）好（粉状） | 好（粉状） | 好 | 差 | 溶 | 不溶 | 溶 | | 对$SO_2$稳定，pH3.5~5.0时较稳定 |
| 奎宁类 | 胭脂虫红 | 胭脂虫红酸 | 好 | 好 | 好 | 好 | 好（呈橙色） | 沉淀（紫色） | 溶 | 不溶 | 溶 | 25~1000 | |
| | 紫胶红 | 紫胶酸 | 好 | 极好 | 极好 | 好 | 好 | 中 | 微溶 | 不溶 | 溶 | | 中性时染色性差 |
| 卟啉类 | 叶绿素铜钠 | 叶绿素铜钠 | 好 | 好 | 好 | 好 | 可沉淀 | 好 | 溶 | 不溶 | 溶 | | |
| 类黑精 | 酱色 | — | 好 | 好 | 好 | 好 | 视品种而异 | 视品种而异 | 易溶 | 不溶 | 易溶 | 1000~5000 | |
| 其他有机色素 | 姜黄 | 姜黄素 | 差 | 好 | 中 | 可 | 好 | 可（橙） | 微溶 | 溶 | 溶 | 油树脂 2~640 | |
| | 核黄素 | 视黄素 | 差 | 好 | 中 | 可 | 好 | 差 | 微溶 | 微溶 | 不溶 | | |
| | 植物炭黑 | 碳 | 极好 | 极好 | 极好 | 极好 | 极好 | 极好 | 不溶 | 不溶 | 不溶 | | |
| | 蓝靛果红 | 蓝靛 | 差 | 好 | 好 | — | 可 | 差 | 溶 | 不溶 | 微溶 | | |
| | 红曲色素等 | 番茄红等 | 可 | 极好 | 好 | 极好 | 可 | 好 | 不溶 | 溶 | 溶 | | |
| 无机色素 | 二氧化钛 | 二氧化钛 | 极好 | 极好 | 极好 | 极好 | 极好 | 不溶 | 不溶 | 不溶 | 不溶 | 50~5000 | |

精制工艺、结构鉴定及毒理学试验等方面的研究还很薄弱。许多天然着色剂的使用范围受到局限，原因主要是天然着色剂大多稳定性较差，在加工、流通等过程中易受外界因素的影响而发生不同程度的劣变，另外天然色素本身还存在染色性差、难配色以及异味、异臭等问题。对着色剂的应用环境，如使用的 pH 范围、浓度、温度等，这些都应该是着色剂研究今后要着力解决的问题。在天然着色剂的应用方面，单一品种的应用占了绝大多数，多品种复配的应用较少，着色剂的复配使用是今后着色剂应用的一个发展趋势。

在日益激烈的国际竞争中，要立于不败之地，应该充分利用我国的资源优势，高度重视科研开发，积极引导企业采用高新技术，不断提高装备水平，提高产品质量、生产技术与产品的竞争力，当前，开发应用天然着色剂正在成为国际化趋势。

开发性能佳、稳定的天然着色剂品种和对我国资源丰富的天然着色剂进行稳定改性，以提高其性能，从而达到既符合安全性要求，又满足人们对美好生活的向往的目标，也是食品工业发展的需要。

## 二、常用天然着色剂

### 1. 甜菜红

甜菜红又称甜菜根红，分子式 $C_{24}H_{26}N_2O_{13}$。它是用食用红甜菜根制取的一种天然着色剂。

（1）性状　甜菜红为红色至深紫色液体、块或粉末，或糊状物，有异臭。易溶于水、牛乳，难溶于醋酸，不溶于乙醇、油脂。中性至酸性范围内呈红紫色，碱性条件下呈黄色。于 60℃加热 30min，褪色较严重。不因氧化而褪色、变色，可因光照而略褪色。铁、铜离子含量多时会发生褐变。紫外线促进光劣化。添加抗氧化剂如 L-抗坏血酸可防止光劣化。

（2）性能　甜菜红对食品染着性好，较稳定。且由于绝大多数食品的 pH 都为酸性，而其颜色在此 pH 范围内不发生变化。在生产低水分活性的食品时，使用甜菜红可收到满意的染着和色泽持久的效果。

（3）毒性　ADI 不作限制规定。

（4）应用　依照 GB 2760—2024《食品安全国家标准　食品添加剂使用标准》，甜菜红可在各类食品（GB 2760—2024 表 A.2 中编号为 1~68 的食品类别除外）中按生产需要适量使用。

### 2. 辣椒红

辣椒红又称辣椒色素，分子式 $C_{40}H_{56}O_3$。可用溶剂萃取辣椒植物的果实，再分离，经减压浓缩得辣椒色素。

（1）性状　一般辣椒红为具有特殊气味的深红色黏性油状液体。几乎不溶于水，溶于大多数非挥发性油，部分溶于乙醇。耐热性较好。铁、铜、钴等离子促使其褪色，遇铅离子形成沉淀。

（2）性能　辣椒红油溶性好，乳化分散性、耐热性及耐酸性较好，应用于经高温处理的肉类食品有良好的着色效果。

（3）毒性　大鼠经口 $LD_{50} \geqslant 75g/kg$ 体重。ADI 未作规定。

（4）应用　依照 GB 2760—2024《食品安全国家标准　食品添加剂使用标准》，辣椒色素的部分使用范围和最大使用量（g/kg）为：调理肉制品（生肉添加调理料）0.1；糕点 0.9；焙烤食品馅料及表面用挂浆 1.0；冷冻米面制品 2.0；冷冻饮品（03.04 食用冰除外）、腌渍的蔬菜、腌渍的食用菌和藻类、豆干类、豆干再制品、新型豆制品（大豆蛋白及其膨化食品、大豆素肉等）、熟制坚果与籽类（仅限油炸坚果与籽类）、可可制品等按生产需要适量使用。

辣椒色素广泛代油溶性焦油着色剂使用。

### 3. 葡萄皮色素

葡萄皮色素又称葡萄皮红。由制造葡萄酒或葡萄汁的皮渣，除去种子，用酸性乙醇或酸性水溶液萃取果皮，萃取液经精制、真空浓缩而得。

(1) 性状　葡萄皮色素为红至暗紫色液状、块状、粉末状或糊状物质，稍臭。溶于水、乙醇，不溶于油脂。铁离子存在下呈暗紫色。耐热性不强，抗坏血酸可提高其耐光性。

(2) 性能　葡萄皮色素色调随 pH 变化，在 pH 低于 3.5 的水溶液中呈稳定的玫瑰红色，pH4~5 呈淡紫红色，pH 高于 6 时色调转蓝，并随着 pH 升高而加深。在酸性乙醇液中呈清亮玫瑰红色。染色性不强，聚磷酸盐能使色调稳定，遇蛋白质色调变蓝。因此，该色素适宜用于染着酸性饮料或果酒。

(3) 毒性　ADI 为 0~25mg/kg 体重。

(4) 应用　依照 GB 2760—2024《食品安全国家标准　食品添加剂使用标准》，葡萄皮红的使用范围和最大使用量（g/kg）为：冷冻饮品（03.04 食用冰除外）、配制酒 1.0；果酱 1.5；糖果、焙烤食品 2.0；饮料类［14.01 包装饮用水、14.02.01 果蔬汁（浆）、14.02.02 浓缩果蔬汁（浆）除外］（以即饮状态计，相应的固体饮料按照稀释倍数增加使用）2.5。

### 4. $\beta$-胡萝卜素

$\beta$-胡萝卜素是胡萝卜素中一种最普通的异构体。胡萝卜素以胡萝卜、辣椒、南瓜等蔬菜含量较多，水果、谷类、蛋黄中也存在。它有三种异构体：$\alpha$-胡萝卜素、$\beta$-胡萝卜素、$\gamma$-胡萝卜素，其中以 $\beta$-胡萝卜素最重要，分子式 $C_{40}H_{56}$。

(1) 性状　$\beta$-胡萝卜素为紫红色或暗红色晶体粉末。不溶于水，微溶于乙醇、食用油。在弱碱性时比较稳定，酸性时则不稳定。受光、热、空气影响后色泽变淡。遇重金属离子，特别是铁离子时褪色。

(2) 性能　$\beta$-胡萝卜素呈黄色至橙色色调，低浓度时呈橙黄色至黄色，高浓度时呈橙红色。它为油溶性色素，对油脂性食品着色性能良好。

(3) 毒性　油溶液狗经口 $LD_{50}$ 为 8g/kg 体重。ADI 无特殊规定，一般公认安全。

(4) 应用　依照 GB 2760—2024《食品安全国家标准　食品添加剂使用标准》，$\beta$-胡萝卜素的部分使用范围和最大使用量（g/kg）为：稀奶油（淡奶油）及其类似品（01.05.01 稀奶油除外）、调理肉制品（生肉添加调理料）、熟肉制品 0.02；调味糖浆 0.05；其他油脂或油脂制品（仅限植脂末）0.065；装饰性果蔬、可可制品、巧克力和巧克力制品，包括代可可脂巧克力及制品、焙烤食品馅料及表面用挂浆、膨化食品 0.1；腌渍的蔬菜、腌渍的食用菌和藻类 0.132；其他蛋制品 0.15；发酵的水果制品、干制蔬菜、蔬菜罐头、食用菌和藻类罐头 0.2；即食谷物包括碾轧燕麦（片）0.4；糖果、水产品罐头 0.5。

### 5. 栀子黄

栀子黄也称藏花素、黄栀子，分子式 $C_{44}H_{64}O_{24}$。由栀子果实、香椿属植物的花、毛蕊花属植物的花、藏红花的花等制取的一种食用天然黄色素。将栀子果实等粉碎成粉末，用水或乙醇浸出成黄色液体，然后浓缩、干燥而成。

（1）性状　栀子黄为红棕色针状晶体，微臭。易溶于热水成橙色溶液，微溶于无水乙醇，不溶于油脂。水溶液呈黄色。耐光、耐热性在中性或碱性时佳，酸性时差。遇铁变黑。

（2）性能　栀子黄在碱性环境下黄色色调鲜明，对蛋白质的染色性比对淀粉佳，pH4~10 对亲水性食品具有良好的染着力。

（3）毒性　大鼠经口 $LD_{50}$ 为 27g/kg 体重，是我国传统中药材。

（4）应用　依照 GB 2760—2024《食品安全国家标准　食品添加剂使用标准》，栀子黄的使用范围和最大使用量（g/kg）为：糕点 0.9；生湿面制品（如面条、饺子皮、馄饨皮、烧麦皮）、焙烤食品馅料及表面用挂浆 1.0；人造黄油（人造奶油）及其类似制品（如黄油和人造黄油混合品）、腌渍的蔬菜、熟制坚果与籽类（仅限油炸坚果与籽类）、方便米面制品、粮食制品馅料、饼干、熟肉制品（仅限禽肉熟制品）、调味品（12.01 盐及代盐制品、12.09 香辛料类除外）、固体饮料 1.5。

### 6. 可可（壳）色素

可可（壳）色素又称可可豆色素，分子式 $(C_{16}H_{13}O_6R)_n$，$n=5$~6 或以上，R 为半乳糖醛酸，是由可可豆经发酵、焙炒的黄酮类物。

（1）性状　可可（壳）色素为巧克力色粉末，无臭，无异味。易溶于水。在 pH7 左右稳定，pH 大于 5.5 时红色色调较强，pH 小于 5.5 时黄橙色色调较强，但巧克力本色不变。耐热性、耐光性、耐氧化性均好。但耐还原性差，遇还原剂易褪色。

（2）性能　可可（壳）色素对淀粉、蛋白质着色性能良好，有良好的抗氧化性。

（3）毒性　大鼠经口 $LD_{50} \geqslant 10$g/kg 体重。安全。

（4）应用　依照 GB 2760—2024《食品安全国家标准　食品添加剂使用标准》，可可（壳）色素的使用范围和最大使用量（g/kg）为：冷冻饮品（03.04 食用冰除外）、饼干 0.04；植物蛋白饮料（相应的固体饮料按稀释倍数增加使用量）0.25；面包 0.5；糕点 0.9；焙烤食品馅料及表面用挂浆、配制酒 1.0；碳酸饮料（相应的固体饮料按稀释倍数增加使用量）2.0；可可制品、巧克力和巧克力制品（包括代可可脂巧克力及制品）以及糖果、糕点上彩装 3.0。

### 7. 焦糖色

焦糖色又名酱色，是我国产量最大的天然着色剂。

焦糖色可由不同方法进行生产，可用蔗糖、转化糖、乳糖、麦芽糖浆、糖蜜、淀粉的水解物和各水解组分为原料，常用的是蔗糖和以葡萄糖为主的淀粉水解产物。将糖在 160~200℃加热约 3h，使其焦糖化，用碱中和而得。由于所用催化剂的不同，将焦糖色分为四种不同产品。

Ⅰ类：普通法焦糖色，是在碱或酸存在和受控制加热条件下制成，即由碳水化合物用或不用碱加热制成者，但不用铵盐或亚硫酸盐。

Ⅱ类：苛性亚硫酸盐焦糖色，是由碳水化合物在有亚硫酸盐而无铵盐存在下，用碱加热制成。

Ⅲ类：氨法焦糖色，由碳水化合物在有铵盐而无亚硫酸盐存在下，用或不用酸或碱加热制成者。

Ⅳ类：亚硫酸铵法焦糖色，由碳水化合物在铵盐和亚硫酸盐均存在下，用或不用酸或碱加热制成者。

（1）性状　焦糖色为深褐至黑色的液体、块状、粉末状或糊状物质，带焦糖香味，有愉快苦味，溶于水和烯醇溶液。在玻璃板上均匀涂抹成一薄层，为透明的红褐色。0.1%水溶液呈透明棕色，在日光照射下至少能保持6h稳定。酱色的色调受pH及在大气中暴露时间的影响。

以砂糖为原料制得的焦糖色，对酸、盐稳定性好；以淀粉或葡萄糖为原料、以碱做催化剂制得的焦糖色耐碱性强，对酸和盐不稳定；而用酸做催化剂制得的焦糖色，对酸和盐稳定。

（2）性能　焦糖色色调受pH、大气影响。

以砂糖为原料制得的焦糖色，红色色度高，着色力低。以淀粉或葡萄糖为原料制得的焦糖色，红色色度高，但用酸做催化剂制得的焦糖色，着色力差。

（3）毒性　大鼠经口 $LD_{50} \geqslant 1.9g/kg$ 体重。ADI值：Ⅰ类不作限制性规定；Ⅱ类未作规定；Ⅲ类和Ⅳ类 $0\sim200mg/kg$ 体重。

（4）应用　依照GB 2760—2024《食品安全国家标准　食品添加剂使用标准》，焦糖色的使用范围和最大使用量：

①焦糖色（加氨生产）（g/kg）：醋1.0；果酱1.5；调制炼乳（包括加糖炼乳及使用了非乳原料的调制炼乳等）、冷冻饮品（食用冰除外）、含乳饮料（以即饮状态计，相应的固体饮料按稀释倍数增加使用量）2.0；风味饮料（仅限果味饮料，以即饮状态计，相应的固体饮料按稀释倍数增加使用量）5.0；面糊（如用于鱼和禽肉的拖面糊）、裹粉、煎炸粉12.0；果冻（如用于果冻粉，按冲调倍数增加使用量）50.0。

其他蒸馏酒（仅限龙舌兰酒）1.0g/L；威士忌、朗姆酒6.0g/L；黄酒30.0 g/L；白兰地、配制酒、调香葡萄酒、啤酒和麦芽饮料50.0g/L。

可可制品、巧克力和巧克力制品（包括代可可脂巧克力及制品）以及糖果、粉圆、即食谷物，包括碾轧燕麦（片）、饼干、调味糖浆、酱油、酿造酱、复合调味料、果蔬汁（浆）类饮料（相应的固体饮料也可使用）均按生产需要适量使用。

②焦糖色（苛性硫酸盐）（g/L）：威士忌、朗姆酒、配制酒6.0。

③焦糖色（普通法）：果酱1.5g/kg；膨化食品2.5g/kg；其他蒸馏酒（仅限龙舌兰酒）1.0g/L；威士忌、朗姆酒6.0g/L。

白兰地、调制炼乳（包括加糖炼乳及使用了非乳原料的调制炼乳等）、冷冻饮品（食用冰除外）、豆干再制品、可可制品、巧克力和巧克力制品（包括代可可脂巧克力及制品）以及糖果、即食谷物，包括碾轧燕麦（片）、面糊（如用于鱼和禽肉的拖面糊）、裹粉、煎炸粉、饼干、焙烤食品馅料及表面用挂浆（仅限风味派馅料）、调理肉制品（生肉添加调理料）、调味糖浆、食醋、酱油、酿造酱、复合调味料、果蔬汁（浆）类饮料（相应的固体饮料也可使用）、含乳饮料（相应的固体饮料也可使用）、其他蛋白饮料（相应的固体饮料也可使用）、风味饮料（仅限果味饮料、相应的固体饮料也可使用）、白兰地、配制酒、调香葡萄酒、黄酒、啤酒和麦芽饮料、果冻（也可用于果冻粉），均按生产需要适量使用。

④焦糖色（亚硫酸铵法）（g/kg）：咖啡（类）饮料、植物饮料 0.1；调制炼乳（包括加糖炼乳及使用了非乳原料的调制炼乳）1.0；冷冻饮品（食用冰除外）、含乳饮料 2.0；面糊（如用于鱼和禽肉的拖面糊）、裹粉、煎炸粉、即食谷物，包括碾轧燕麦（片）2.5；焙烤食品馅料及表面用挂浆（仅限风味派馅料）7.5；酿造酱、料酒及制品、茶（类）饮料 10.0；黄酒 30.0；饼干、复合调味料 50.0。

威士忌、朗姆酒 6.0g/L；白兰地、配制酒、调香葡萄酒、啤酒和麦芽饮料 50.0g/L；可可制品、巧克力和巧克力制品（包括代可可脂巧克力及制品）以及糖果、酱油、果蔬汁（浆）类饮料、碳酸饮料、风味饮料（仅限果味饮料）、固体饮料类按生产需要适量使用。

> **思考题**
>
> 1. 结合着色剂的发展历史，简述着色剂对食品工业的促进作用。
> 2. 简述着色剂的发展趋势。
> 3. 着色剂的成色机制是什么？与着色剂的保护有什么关系？
> 4. 简述合成着色剂与天然着色剂的优缺点。
> 5. 请结合常用着色剂的性质和颜色调色原理，分别写出用着色剂调配绿色、橙色、紫色、灰色、褐色的组合。
> 6. 举例简述我国天然着色剂的应用情况。
> 7. 曾经曝出的"苏丹红鸭蛋"等食品安全事件，是否是着色剂惹的祸？请你谈谈对着色剂与食品安全关系的看法。

模块五
在线测试

## 实训内容

### 实训一　着色剂的调色

#### 一、实训目的

掌握颜色调色原理，并进一步了解着色剂的性质与应用时的注意事项。

#### 二、实训材料

胭脂红；柠檬黄；靛蓝（均为食用级）。
天平等。

#### 三、实训步骤

（1）橙色的调色　配制 0.1% 胭脂红水溶液和 0.5% 的柠檬黄水溶液，按红：黄 = 1：2

($V/V$) 的比例将两种溶液混合，观察调配后溶液的色泽。可改变胭脂红和柠檬黄溶液的调配比例，观察调配后溶液的色泽变化。

(2) **紫色的调色** 配制 0.1% 胭脂红水溶液和 0.1% 的靛蓝水溶液，按红∶蓝＝2∶1 ($V/V$) 的比例将两种溶液混合，观察调配后溶液的色泽。可改变胭脂红和靛蓝溶液的调配比例，观察调配后溶液的色泽变化。

(3) **绿色的调色** 配制 0.5% 柠檬黄水溶液和 0.1% 的靛蓝水溶液，按黄∶蓝＝1∶1 ($V/V$) 的比例将两种溶液混合，观察调配后溶液的色泽。可改变柠檬黄和靛蓝溶液的调配比例，观察调配后溶液的色泽变化。

(4) **咖啡色的调色** 用 0.1% 胭脂红水溶液、0.5% 柠檬黄水溶液和 0.1% 的靛蓝水溶液，按红∶黄∶蓝＝1∶2∶2 ($V/V$) 的比例将三种溶液混合，观察调配后溶液的色泽。可改变胭脂红、柠檬黄和靛蓝溶液的调配比例，观察调配后溶液的色泽变化。

### 四、思考题

(1) 颜色调色原理是什么？
(2) 将上述试验观察的结果进行分析，完成实训报告。
(3) 上网查阅资料，举例说明其他种颜色的一种调色方法。

## 实训二　着色剂稳定性的对比

### 一、实训目的

通过试验增强对着色剂氧化-还原、光、热等稳定性的感性认识。

### 二、实训材料

(1) **色素溶液（1%）** 胭脂红；苋菜红；柠檬黄；靛蓝；葡萄皮色素；姜黄；焦糖色等（均为食用级）。

(2) **试剂** 1%高锰酸钾溶液；1%抗坏血酸溶液；1%三氯化铁溶液；1%硫酸铜溶液；1%硫酸锡溶液。

(3) **用品** 紫外灯；比色管；烧杯；天平等。

### 三、实训步骤

(1) **光稳定性** 取上述色素溶液 10mL 分别加入两支比色管，一支存放于暗处作为对比样，另一支排列于开着的紫外灯之前照射 2~4h。观察两种样品的色调差别。

(2) **热稳定性** 取上述色素溶液 10mL 分别加入两支比色管，一支存放于室温暗处作为对比样，另一支于 95℃ 水浴加热 0.5~1h。观察两种样品的色调差别。

(3) **氧化-还原稳定性** 取上述色素溶液 10mL 分别加入三支比色管，一支存放于室温暗处作为对比样，另两支分别滴入数滴高锰酸钾溶液和抗坏血酸溶液，振荡均匀，静置 10~30min。观察两种样品的色调差别。

（4）金属离子稳定性　取上述色素溶液10mL分别加入四支比色管，一支存放于室温暗处作为对比样，另三支分别滴入数滴三氯化铁、硫酸铜、硫酸锡溶液，振荡均匀，静置10~30min。观察两种样品的色调差别。

### 四、思考题

（1）氧化-还原、光、热、金属离子对着色剂稳定性的影响如何？
（2）将上述观察结果进行分析、小结。

## 实训三　调味糖浆的制作

### 一、实训目的

通过试验了解调味糖浆的制作方法，增强对着色剂的感性认识。

### 二、实训材料

果葡糖浆；白砂糖；CMC；柠檬酸；食品用香精；食用色素；苯甲酸钠；可可粉；牛乳；可可（壳）色素。（均为食用级）

瓷盆；天平；电磁炉等。

### 三、实训步骤

#### 1. 冷冻饮品的调味糖浆的制作

（1）组分　果葡糖浆30%~50%；白砂糖1%~10%；CMC 0.1%~1.0%；柠檬酸0.1%~1.0%；食品用香精0.1%~2.0%；食用色素少许；苯甲酸钠0.01%~0.1%。

（2）步骤　将上述组分按其重量百分比加入至一干净瓷盆，加饮用水至组分之和为100%，搅拌至黏稠状，倒入准备好的容器中即可。

#### 2. 自制可可糖浆（西点调味酱）

（1）组分　可可粉10g；牛乳300g；白砂糖少许；可可（壳）色素少许。

（2）步骤　选择电磁炉的炖奶模式，温度调至最低加热牛乳。然后将可可粉倒入热牛乳中，不停搅拌至融化。加入白砂糖少许，可可（壳）色素少许。搅拌至黏稠时关火。冷却后倒入准备好的容器中贮存。

### 四、思考题

（1）在冷冻饮品的调味糖浆的制作中选择合适的着色剂及其适宜的量，简述理由。
（2）在自制可可糖浆制作中，选择可可色素的适宜量。
（3）上网查阅资料，阐述一种其他类型的调味糖浆的制作方法。

# 模块六

# 护色剂和漂白剂

## 学习目标

### 知识目标

1. 了解护色剂、漂白剂的作用机制。
2. 掌握几种主要护色剂、漂白剂的性能。

### 技能目标

1. 分析护色剂与漂白剂的安全性。
2. 按照产品感官要求及工艺特点，正确选用护色剂和漂白剂。
3. 能够依据国家标准，计算护色剂和漂白剂的添加量，并进行作用效果评价。

### 素质目标

1. 正确认识亚硝酸盐作为护色剂的利弊辩证关系，强调合法合规添加，强化服务人民的责任意识和使命意识。
2. 区分食品添加剂与非法添加物，树立正确的职业道德，增强食品安全意识和诚信意识。

## 学习内容

### 项目一

## 护色剂

在食品加工过程中，为了改善或保护食品的色泽，除了使用色素直接对食品进行着色外，有时还需要添加适量护色剂。依据 GB 2760—2024《食品安全国家标准　食品添加剂使用标准》，护色剂即能与肉及肉制品中的呈色物质作用，使之在食品加工、保藏等过程中不致分解、破坏，呈现良好色泽的物质。

## 一、护色剂的护色机制

原料肉的红色，是由肉组织中肌红蛋白（Mb）及血红蛋白（Hb）所呈现的一种感官颜色。因两者均含有正铁血红素，故统称为正铁血红素。一般肌红蛋白占 70%~90%，是表现肉颜色的主要成分。新鲜肉中的肌红蛋白易被氧化，红色变褐。

为了使肉制品呈鲜艳的红色，在加工过程中多添加硝酸盐、亚硝酸盐。硝酸盐在细菌（亚硝酸菌）的作用下还原成亚硝酸盐。亚硝酸盐在一定的酸性条件下会生成亚硝酸。一般宰后成熟的肉因含乳酸，其反应为：

$$NaNO_2 + CH_3CHOHCOOH \longrightarrow HNO_2 + CH_3CHOHCOONa \quad (6-1)$$

亚硝酸很不稳定，即使在常温下也可分解产生亚硝基（—NO）：

$$3HNO_2 \longrightarrow H^+ + NO_3^- + 2NO + H_2O \quad (6-2)$$

此时生成的亚硝基会很快地与肌红蛋白反应生成鲜艳的、亮红色的亚硝基肌红蛋白（MbNO），其反应为：

$$Mb + NO \longrightarrow MbNO \quad (6-3)$$

亚硝基肌红蛋白遇热后，放出巯基（—SH），变成了具有鲜红色的亚硝基血色原。

由式（6-2）可知亚硝酸分解生成 NO，也生成少量的硝酸，而且 NO 在空气中也可以被氧化成亚硝酸根 $NO_2$，进而与水反应生成硝酸。其反应如下：

$$2NO + O_2 \Longleftrightarrow 2NO_2 \quad (6-4)$$

$$2NO_2 + H_2O \longrightarrow HNO_2 + HNO_3 \quad (6-5)$$

如式（6-4）、式（6-5）所示生成硝酸，不仅亚硝酸基被氧化，而且抑制了亚硝基肌红蛋白的生成。由于硝酸的氧化作用很强，即使肉中含有烟酰胺的还原型辅酶或含巯基（—SH）的还原性物质，也不能防止部分肌红蛋白被氧化成高铁肌红蛋白。因此在使用硝酸与硝酸盐的同时常使用 L-抗坏血酸、L-抗坏血酸钠等还原性物质来防止肌红蛋白的氧化。另外，烟酰胺也有促进护色的作用。在肉类制品的腌制过程中添加适量的烟酰胺，可以防止肌红蛋白在从亚硝酸到生成亚硝基期间的氧化变色。因而又将 L-抗坏血酸与烟酰胺称为护色助剂。

## 二、肉类护色剂

### 1. 亚硝酸钠、亚硝酸钾

亚硝酸钠，分子式 $NaNO_2$。亚硝酸钾，分子式 $KNO_2$。

（1）性状 亚硝酸钠为无色或微带黄色结晶，味微咸，易潮解。易溶于水，水溶液呈碱性，在乙醇中微溶。外观、口味均与食盐相似。

亚硝酸钾性状与亚硝酸钠相似。

（2）性能 亚硝酸钠、亚硝酸钾（统称为亚硝酸盐）用于肉类腌制，护色效果良好。

亚硝酸盐对提高腌肉的风味也有一定的作用。在肉制品中，亚硝酸盐对抑制微生物的增殖也有一定的作用，亚硝酸盐对肉毒梭状

亚硝酸钠超限量
使用的警示案例
（课程思政）

芽孢杆菌有特殊抑制作用，这也是使用亚硝酸盐的重要理由。

（3）毒性　亚硝酸盐小鼠经口 $LD_{50}$ 为 220mg/kg 体重。ADI 为 0~0.2mg/kg 体重（亚硝酸盐总量，以亚硝酸钠计）。是食品添加剂中急性毒性较强的物质之一，极量一次为 0.3g。亚硝酸盐与仲胺能在人胃中合成亚硝胺而可能致癌。摄取多量亚硝酸盐进入血液后，可能导致组织缺氧，症状为头晕、恶心、呕吐、全身无力、心悸，严重时全身皮肤发紫，严重呼吸困难、血压下降、昏迷、抽搐，会因呼吸衰竭而死亡。

（4）应用　依照 GB 2760—2024《食品安全国家标准　食品添加剂使用标准》，亚硝酸钠、亚硝酸钾的使用范围和最大使用量（以亚硝酸钠计，g/kg）为：腌腊肉制品类（如咸肉、腊肉、板鸭、中式火腿、腊肠等）、酱卤肉制品类、熏、烧、烤肉类（熏肉、叉烧肉、烤鸭、肉脯等）、油炸肉类、肉灌肠类、发酵肉制品类 0.15，残留量≤30mg/kg；西式火腿（熏烤、烟熏、蒸煮火腿）类 0.15，残留量≤70mg/kg；肉罐头类 0.15，残留量≤50mg/kg。

### 2. 硝酸钠、硝酸钾

硝酸钠分子式 $NaNO_3$；硝酸钾分子式 $KNO_3$。

（1）性状　硝酸钠为白色结晶，允许带浅灰色、浅黄色粉末，味咸并稍苦，有潮解性。易溶于水，微溶于乙醇与甘油，10%的水溶液呈中性。

硝酸钾性状与硝酸钠相似。

（2）性能　参照亚硝酸钠、亚硝酸钾。

（3）毒性　ADI 为 0~5mg/kg 体重（硝酸盐总量，以硝酸钠计）。硝酸盐的毒性主要由它在食物中、水中或胃肠道内被还原成亚硝酸盐所致。

（4）应用　依照 GB 2760—2024《食品安全国家标准　食品添加剂使用标准》，护色剂硝酸钠、硝酸钾的使用范围和最大使用量（以亚硝酸钠计，g/kg）为：腌腊肉制品类（如咸肉、腊肉、板鸭、中式火腿、腊肠等）、酱卤肉制品类、熏、烧、烤肉类（熏肉、叉烧肉、烤鸭、肉脯等）、油炸肉类、西式火腿（熏烤、烟熏、蒸煮火腿）类、肉灌肠类、发酵肉制品类 0.5，残留量≤30mg/kg。

硝酸钠、硝酸钾也可作防腐剂。

在肉类腌制时，除单独使用硝酸盐或亚硝酸盐外，也可同时使用硝酸盐及亚硝酸盐。

硝酸钠、硝酸钾系危险品，与有机物等接触即着火燃烧或爆炸。应注意防火。贮存时要密封保存。

### 3. 异抗坏血酸及其钠盐

异抗坏血酸及其钠盐的功能除作为抗氧化剂外，还有护色剂的作用。异抗坏血酸及其钠盐可以把氧化型的褐色高铁肌红蛋白还原为红色的还原型肌红蛋白。

异抗坏血酸与亚硝酸盐有高度的亲和力，在机体内能防止亚硝基化作用，从而能抑制亚硝基化合物的生成。所以在肉类腌制时添加适量的异抗坏血酸，有可能防止生成致癌物质。

异抗坏血酸及其钠盐的性质和使用在模块三抗氧化剂项目三水溶性抗氧化剂中已介绍。

## 三、亚硝胺的致癌性

亚硝胺对许多实验动物有致癌性，亚硝胺的致癌性问题已引起多方面的高度重视。亚硝酸盐与仲胺能在人胃中合成亚硝胺。仲胺是蛋白质代谢的中间产物。虽然尚无直接的论据证实由于食品中存在硝酸盐、亚硝酸盐及仲胺而引起人类的致癌，但是从食品安全的角度出发，应予以高度重视。

虽然硝酸盐与亚硝酸盐的使用受到了很大限制，但至今国内外仍在继续使用，其原因就是亚硝酸盐对保持腌肉制品的色、香、味有特殊的作用，迄今尚未发现理想的替代物质。更重要的原因是亚硝酸盐对肉毒梭状芽孢杆菌的抑制作用。据国外报道在不使用亚硝酸盐的情况下，肉毒中毒事件时有发生。所以在修改使用标准时，就要在产生亚硝胺致癌的可能性和防止肉制品中毒的危险性之间进行权衡。在限制其使用的同时，必须在工艺上采取杀菌等相应的措施，以保证充分有效地防止食用肉制品中毒。在肉制品加工中应严格控制亚硝酸盐及硝酸盐的使用量，使之降到最低水平，以保障人民的健康。

### 四、亚硝酸盐的替代品研究

目前，已有许多研究在寻找可部分或完全替代亚硝酸盐的添加剂或者能够阻断亚硝胺产生的物质。例如研究表明，抗坏血酸与亚硝酸盐有高度的亲和力，在机体内能防止亚硝基化作用，从而几乎能完全抑制亚硝基化合物的生成。所以在肉类腌制时添加适量的抗坏血酸，有可能防止生成致癌物质。据报道向肉制品中直接加入一氧化氮溶液，能使产品生成稳定的色泽。在其中加入抗坏血酸可以显著地改善色泽，并能强烈地降低成品中亚硝酸根的含量。试验中加入饱和的一氧化氮 0.1% 及 0.05% 抗坏血酸溶液处理的产品，亚硝酸根残存量最少，色泽最好。

另有报告称在亚硝酸和二甲胺的混合物水溶液中添加氨基酸，发现氨基酸呈中性和酸性时则完全可以阻止二甲基亚硝胺的生成。又有报告称添加 0.5%～1.0% 赖氨酸盐和精氨酸等量混合物，同时并用 10mg/kg 的亚硝酸钠，灌肠制品的色调可以发挥得相当好。可见氨基酸类物质有可能加大幅度降低亚硝酸钠的用量，并有助于护色。

亚硝酸盐的替代品研究，目前研究主要有亚硝胺生成阻断剂。如 $\alpha$-生育酚，烟酰胺（维生素 $B_5$），抗坏血酸、异抗坏血酸及其钠盐等。有研究磷酸盐类能螯合金属离子，以防止护色助剂维生素 C 被破坏，有防氧化护色的能力。还有采用柠檬酸，是良好的金属离子螯合剂，可以使护色助剂维生素护色作用增强。

还有如红曲红、乳酸链球菌素、茶多酚、姜蒜汁、$\alpha$-生育酚等的应用研究。未来应加强替代品的应用及安全性的创新研究，以淡泊名利、潜心研究的奉献精神，努力为建设社会主义现代化强国的伟大事业作出应有的贡献。

### 项目二

# 漂白剂

食品的色、香、味一直为消费者所重视，尤其是将色泽列于第一，可知颜色对食品的重要性。在加工蜜饯、干果类食品时，常发生褐变作用而影响外观。因此，漂白在食品工业中，对食品色泽有重要的作用。能够破坏、抑制食品的发色因素，使色素褪色或使食品免于褐变的添加剂称为漂白剂。

从作用上看,漂白剂可分为还原漂白剂及氧化漂白剂两大类。氧化漂白剂将在模块十六其他食品添加剂项目三杀菌剂中介绍。我国实际使用的主要是还原漂白剂:亚硫酸及其盐类。

## 一、常用漂白剂

### 1. 硫黄

硫黄,分子式 S。

(1) 性状　硫黄易燃,燃烧产生二氧化硫。

(2) 性能　熏硫就是燃烧硫黄产生二氧化硫。熏硫可使果片表面细胞破坏,促进干燥,同时由于二氧化硫的还原作用,可破坏酶的氧化系统,阻止氧化作用,使果实中单宁物质不被氧化成棕褐色。一般果蔬干制品可防止褐变。对果脯、蜜饯来说可以使成品保持浅黄色或金黄色。熏硫还可以保存果实中维生素 C;此外,还有抑制微生物的作用,达到防腐的目的。

(3) 毒性　二氧化硫是一种有害气体,在空气中浓度较高时,对于眼和呼吸道黏膜有强刺激性。如 1L 空气中含数毫克二氧化硫,可因声门痉挛窒息而死。我国规定二氧化硫在车间空气中的最高容许浓度为 $20mg/m^3$。

(4) 应用　依照 GB 2760—2024《食品安全国家标准　食品添加剂使用标准》,硫黄的使用范围和最大使用量(只限用于熏蒸,最大使用量以二氧化硫残留量计,g/kg)为:白砂糖及白砂糖制品、绵白糖、红糖、冰片糖 0.03;水果干类、赤砂糖、原糖、其他糖和糖浆 0.1;香辛料及粉(仅限八角)0.15;干制蔬菜 0.2;蜜饯 0.35;经表面处理的鲜食用菌和藻类 0.4;其他(仅限魔芋粉)0.9。

进行熏硫处理,熏蒸果片等时必须注意熏硫室中硫黄品质要优良,含杂质宜少。其中砷含量应低于 0.0003%。熏硫室要严密,车间通风要良好。贮存时注意防火。

### 2. 二氧化硫

二氧化硫,别名亚硫酸酐,分子式 $SO_2$。

(1) 性状　二氧化硫在常温下是一种无色的气体,有强烈的刺激臭,有窒息性。气体相对密度为空气的 2.263 倍。易溶于水与乙醇,溶于水时一部分与水化合成亚硫酸。亚硫酸不稳定,即使在常温下,如不密封亦容易分解。当加热时更迅速地分解而放出二氧化硫。-10℃时二氧化硫冷凝成无色的液体。

(2) 性能　同硫黄。

(3) 毒性　同硫黄。

(4) 应用　依照 GB 2760—2024《食品安全国家标准　食品添加剂使用标准》,二氧化硫的部分使用范围和最大使用量(以二氧化硫残留量计,g/kg)为:啤酒和麦芽饮料 0.01;食用淀粉、白砂糖及白砂糖制品、绵白糖、红糖、冰片糖 0.03;淀粉糖(食用葡萄糖、低聚异麦芽糖、果葡糖浆、麦芽糖、麦芽糊精、葡萄糖浆等)0.04;干制蔬菜、蔬菜罐头(仅限银条菜)、腐竹类(包括腐竹、油皮等)0.2;蜜饯 0.35;干制蔬菜(仅限脱水马铃薯)0.4。

配制酒、葡萄酒、果酒 0.25g/L;甜型葡萄酒、甜型果酒 0.4g/L。

液态二氧化硫需贮存于耐压钢瓶中。二氧化硫不但是漂白剂,还是防腐剂、抗氧化剂。

### 3. 亚硫酸钠

亚硫酸钠有无水亚硫酸钠、结晶亚硫酸钠。无水亚硫酸钠分子式 $Na_2SO_3$。结晶亚硫酸钠分子式 $Na_2SO_3 \cdot 7H_2O$。

(1) 性状  亚硫酸钠为白色粉末或结晶。易溶于水，微溶于乙醇；水溶性呈碱性，在空气中徐徐氧化成为硫酸盐，其与酸反应产生二氧化硫。无水亚硫酸钠比含结晶水的稳定。

(2) 性能  植物性食品的褐变，多与氧化酶的活性有关，亚硫酸钠在被氧化时将着色物质还原，对氧化酶的活性有很强的阻碍作用而呈现强烈的漂白作用。所以制作果干、果脯时使用亚硫酸钠可以防止酶性褐变。另外，亚硫酸钠与葡萄糖等能进行加成反应，阻断含碳基的化合物与氨基酸的缩合反应，防止由糖氨反应造成的非酶性褐变。

亚硫酸钠是强还原剂，有显著的抗氧化作用。它能消耗果蔬组织中的氧，对于防止果蔬中维生素 C 的氧化破坏有效。

(3) 毒性  小白鼠 $LD_{50}$ 为 175g/kg 体重（以 $SO_2$ 计）。ADI 为 $0 \sim 0.7$ mg/kg 体重（二氧化硫和亚硫酸盐的总评价，以 $SO_2$ 计）。

(4) 应用  依照 GB 2760—2024《食品安全国家标准  食品添加剂使用标准》，亚硫酸钠的使用范围和最大使用量同二氧化硫。

### 4. 低亚硫酸钠

低亚硫酸钠又称连二亚硫酸钠，称为食品工业用保险粉，分子式 $Na_2S_2O_4$。

(1) 性状  低亚硫酸钠为白色结晶粉末。有二氧化硫的臭气。易溶于水，几乎不溶于乙醇。在空气中易氧化分解，潮解后析出硫黄。

(2) 性能  参照亚硫酸钠。本品比一般亚硫酸盐的还原性更强烈，是亚硫酸类漂白剂中还原力和漂白力最强的。

(3) 毒性  参照亚硫酸钠。

(4) 应用  依照 GB 2760—2024《食品安全国家标准  食品添加剂使用标准》，低亚硫酸钠的使用范围和最大使用量同二氧化硫。

### 5. 焦亚硫酸钠

焦亚硫酸钠别名偏重亚硫酸钠。分子式 $Na_2S_2O_5$，相对分子质量 190.13。

(1) 性状  焦亚硫酸钠为白色结晶或粉末，有二氧化硫的臭气。易溶于水与甘油，微溶于乙醇。1%水溶液 pH 为 $4.0 \sim 5.5$，在空气中放出二氧化硫而分解。具有强还原性。

焦亚硫酸盐类不稳定，但臭味较小。

(2) 性能  参照亚硫酸钠。

(3) 毒性  参照亚硫酸钠。

(4) 应用  焦亚硫酸盐类价格较低。依照 GB 2760—2024《食品安全国家标准  食品添加剂使用标准》，焦亚硫酸钠的使用范围和最大使用量同二氧化硫。

## 二、使用漂白剂的注意事项

### 1. 各种亚硫酸类物质中有效二氧化硫含量

亚硫酸盐都能产生强还原性的亚硫酸。各种亚硫酸类物质中有效二氧化硫含量如表

6-1 所示。

表 6-1　　　　　　　　　　各种亚硫酸类物质中有效二氧化硫含量

| 名称 | 分子式 | 有效二氧化硫含量/% |
|---|---|---|
| 液态二氧化硫 | $SO_2$ | 100 |
| 亚硫酸（6%溶液） | $H_2SO_3$ | 6.0 |
| 亚硫酸钠 | $Na_2SO_3 \cdot H_2O$ | 25.42 |
| 无水亚硫酸钠 | $Na_2SO_3$ | 50.84 |
| 亚硫酸氢钠 | $NaHSO_3$ | 61.59 |
| 焦亚硫酸钠 | $Na_2S_2O_5$ | 57.65 |
| 低亚硫酸钠 | $Na_2S_2O_4$ | 73.56 |

### 2. 使用漂白剂注意事项

（1）食品中如存在金属离子时，则可将残留的亚硫酸氧化。此外，由于其显著地促进已被还原色素的氧化变色，所以注意在生产时，不要混入铁、铜、锡及其他重金属离子，可以同时使用金属离子螯合剂。

（2）亚硫酸盐类的溶液易分解失效，最好是现用现配。

（3）用亚硫酸漂白的物质，由于二氧化硫消失后容易复色，所以通常多在食品中残留一定量二氧化硫。由于食品的种类不同，使用量和残留量也不一样。残留量高的制品会造成食品有二氧化硫的臭味，对后添加的香料、色素和其他添加剂也有影响，对人体健康也会有影响。

（4）亚硫酸盐类不能抑制果胶酶的活性，所以有损于果胶的凝聚力。

（5）亚硫酸盐类渗入水果组织后，加工时若不把水果破碎，只用简单的加热方法是较难除尽二氧化硫的，所以用亚硫酸盐类保藏的水果只适于制作果酱、果干、果酒、果脯、蜜饯等，不能作为罐头的原料。另外，如用二氧化硫残留量高的原料制罐头时罐体腐蚀严重（铁罐），并由此而产生大量硫化氢。这一点更应注意。

（6）柠檬酸（0.0025%）等可作为薯类淀粉漂白剂的增效剂。

### 3. 严禁使用吊白块、双氧水作为食品漂白剂

某些化学试剂虽然漂白效果很好，但对人体有严重危害，如吊白粉，俗称吊白块，化学名为甲醛合次硫酸氢钠。"吊白块"呈白色块状或结晶性粉粒，溶于水，主要用于印染工业上作拔染剂，严禁用于食品。其水溶液在60℃以上开始分解出有害物质，会使食品中残留有害的甲醛，可使人头痛、乏力、食欲减退等，可引起过敏、肠道刺激、食物中毒，肾脏、肝脏受损等疾病，严重的可导致癌症和畸形病变。

双氧水学名过氧化氢。双氧水为无色无味的液体，曾作为漂白剂、杀菌剂、防腐剂广泛应用在食品中。加入食品中可分解放出氧，起漂白、防腐、除臭等作用，因此，部分商家在一些食品（如水发牛百叶等）的生产过程中违禁浸泡双氧水，以提升产品的外观。但在20世纪80年代，双氧水被发现有致癌性，同时与多种活性氧所致疾病密切相关。它也是世界卫生组织公布的致癌物，在食品中禁止使用。

我们必须拥有强烈的健康意识，以"国家富强、人民健康幸福"为使命，把好食品关。

> 思考题
>
> 1. 简述护色剂的护色机制。
> 2. 简述亚硝酸钠的性能、应用。
> 3. 写出焦亚硫酸钠、低亚硫酸钠的别名、分子式。
> 4. 举例简述漂白剂的性能、应用。
> 5. 写出吊白粉的化学名称。上网查找使用"吊白块"对食品进行漂白的案例，讲述违法漂白物所造成的负面影响，了解食品相关法律、法规。
> 6. 简述亚硫酸盐的漂白作用。

模块六
在线测试

## 实训内容

### 实训一　香肠加工中护色剂的使用

#### 一、实训目的

了解护色剂的护色机制，熟悉护色剂在香肠加工中的应用。

#### 二、实训材料

猪肉；盐；味精；白糖；白酒；亚硝酸钠；异抗坏血酸；柠檬酸；干肠衣（均为食用级）。

电炉；烘箱；冰箱等。

#### 三、实训步骤

1. 实训参考配方

精瘦猪肉 8kg，肥猪肉 2kg，盐 0.3kg，味精 30g，白糖 1kg，白酒 1kg，亚硝酸钠 4g，异抗坏血酸 10g，柠檬酸 1.5g，干肠衣 6m。

2. 操作步骤

（1）整理和腌制　精瘦猪肉选用猪后臀肉，肥猪肉选用猪板肥膘，先去骨皮，修去硬筋，切成约 1cm 的肉丁，用温水漂洗去浮油，沥干水备用。将食盐等辅料加少量水溶解拌入肉中翻拌均匀，腌制 30~40min。

（2）灌肠　将干肠衣先用温水泡软，一头套在漏斗上系紧，另一端用细棉绳扎紧，随后便可灌肠。然后用针刺有气泡处释放气泡，最后用细棉绳扎紧上端。

（3）干燥　结扎好的鲜生肠可吊于横杆上于日光下晒 7~15 天至肠衣干缩并紧贴肉

馅。亦可直接用烘箱进行鼓风干燥，温度 45~50℃，时间 36~48h。

加工好的香肠于室温暗处放置一段时间成熟，形成香肠特有的风味。

**3. 国家香肠卫生标准部分主要指标**

（1）感官指标　瘦肉呈红色、枣红色，脂肪呈乳白色，色泽分明，外表有光泽；腊香味纯正浓郁，具有中式香肠固有的风味；滋味鲜美，咸甜适中；外形完整，长短、粗细均匀，表面干爽呈现收缩后的自然皱纹。

（2）理化指标　亚硝酸钠（以 $NaNO_2$ 计）<20mg/kg。

### 四、思考题

（1）阐述香肠制品的护色机制。
（2）香肠生产中添加亚硝酸钠、异抗坏血酸，并添加柠檬酸，为什么？
（3）对实训结果进行小结。

## 实训二　蘑菇罐头加工中护色剂的使用

### 一、实训目的

了解护色剂护色机制，熟悉护色剂在蘑菇罐头加工中的应用。

### 二、实训材料

鲜蘑菇；焦亚硫酸钠；柠檬酸；盐（均为食用级）。
马口铁罐或玻璃瓶罐；预煮机；排气机；密封机；灭菌罐等。

### 三、实训步骤

（1）蘑菇原料的选择　片状菇罐头的原料，菌盖直径≤4.5cm，碎片菇罐头的原料，菌盖直径≤6.0cm。

（2）漂洗　将鲜蘑菇倒入0.03%焦亚硫酸钠溶液中，轻轻地上下翻动，洗去泥沙、杂质以及菇表层的蜡状物、脂质等。漂洗2min后，捞出放入流水中洗净。

（3）预煮　先把配制好的0.1%柠檬酸溶液在预煮机中煮沸，然后放入漂洗好的蘑菇，水∶菇≈3∶2。继续煮沸至煮透，8~10min 后快速冷却。

（4）装罐　马口铁罐或玻璃瓶罐洗净，倒置于洁净的架子上沥干。将蘑菇装入罐中。

（5）加汤汁　汤汁配方：盐2.3%~2.5%，柠檬酸0.05%。汤汁装入蘑菇罐中。加汤汁时汤汁温度≥80℃。

（6）预封、排气和密封　预封后及时排气。加热排气时，装罐排气温度为 85~90℃，7min。

（7）灭菌和冷却　排气密封后的罐头应立即进行灭菌。灭菌完毕冷却。

### 四、思考题

（1）阐述蘑菇的护色机制。
（2）蘑菇生产中为什么添加柠檬酸？
（3）通过本实训，你学习巩固了哪些知识？

## 实训三  芒果干加工中漂白剂的使用

### 一、实训目的

了解漂白剂漂白机制,熟悉漂白剂在芒果干加工中的应用。

### 二、实训原理

新鲜芒果加工成干制品,其果肉含多酚类物质,加工过程易于变成褐色。为了得到色泽浅黄、无褐变的成品,需进行漂白。具体见项目二漂白剂。

### 三、实训材料

芒果;0.1%亚硫酸氢钠。
电炉;烘箱;离心机。

### 四、实训工艺流程

芒果预处理→护色→脱水→烘制→静置→包装→成品

### 五、实训步骤

(1) 芒果预处理  选用熟透且品质良好的芒果,将其去皮、去核,切成适当大小(厚度约为8~10mm) 的块状。将芒果用流水洗净,晾干。

(2) 护色  脱皮后芒果块用0.1%亚硫酸氢钠浸果0.5h。

(3) 脱水  将已经浸泡过的芒果块放在离心机中,将其离心,降低其含水量,通常脱水时间为10~20min。

(4) 烘制  芒果块于烘箱中进行鼓风干燥,温度70~75℃,时间6~8h,后期控制在60~65℃(烘制到含水量15%~17%)。干燥过程注意换筛、翻转等操作。

(5) 静置  将芒果干置于密闭容器中,室温1天让其回软,使各部分含水量均衡,质地柔软。

(6) 包装  采用塑料袋密封包装。

(7) 成品  即得成品。

### 六、注意

(1) 芒果外皮必须削干净。否则果皮在加工时会变褐色,影响外观和口感。

(2) 可参见模块十四加工助剂实训一无花果干加工中食品添加剂的使用。

### 七、思考题

(1) 阐述漂白剂漂白机制。

(2) 实训中使用了哪种漂白剂?其最大使用量为多少?

# 模块七

# 食品用香料、香精

## 学习目标

**知识目标**

1. 了解食品用香料、香精的呈香原因。
2. 掌握主要食品用香料、香精的性能、作用。

**能力目标**

1. 能正确分析食品用香料、香精的安全性。
2. 能依据国家标准按加工需求计算冰淇淋中香精的添加量并规范应用。
3. 能对香精的使用进行作用效果评价。

**素质目标**

1. 认识食品用香料、香精在食品工业中的作用，传递工匠精神，培养求真务实和精益求精的工作态度。
2. 通过分组设计冰淇淋中香精的选用方案，培养独立思考的能力，增强创新创业意识。

## 学习内容

### 项目一

### 食品用香料、香精的分类、呈香和使用

食品的香气是食品中挥发性物质的微粒悬浮于空气中，经过鼻孔刺激嗅觉神经，然后

传至大脑而引起的感觉。食品的香是嗅觉、口感的综合，对人有强烈的吸引力，控制着人的食欲。能用嗅觉辨别出该种物质存在的最低浓度称为香气阈值。香味物质在食品香气中所起的作用是不同的，若以数值定量化，则称为香气值或发香值，香气值是香味物质的浓度与它的阈值之比，即：

$$香气值=\frac{香味物质的浓度}{阈值}$$

一般香气值<1时，这种香味物质不会引起人们的感觉。咀嚼食物时所感知的香味与香气密切相关。食物进入口腔所引起的味觉称香味。香气和香味在感知上是相辅相成的。

在食品的加工中为了改善和增强食品的芳香味或满足人们的感官需要，常在食品中添加香料和香精。依据 GB 2760—2024《食品安全国家标准 食品添加剂使用标准》，食品用香料是添加到食品产品中以产生香味、修饰香味或提高香味的物质。香料一般具挥发性。在食品加香中，目前除橘子油、香兰素等少数产品外，一般均不单独使用香料。通常是数种至几十种香料调和起来，才能适应应用上的需要，这些经配制而成的香料称为香精。在食品中使用食品用香料、香精的目的是使食品产生、改变或增强风味。

## 一、香料、香精的分类

香料的香味是由多种挥发性物质所组成。香料是具有挥发性的有香物质，按来源不同，可分为天然香料和人造香料。天然香料又分为植物性香料及动物性香料；人造香料包括单离香料（从天然香料中分离出来的单体香料）及合成香料（以石油化工产品、煤焦油产品等为原料经合成反应而得到的单体香料）。香料、香精的分类和用途见图7-1。

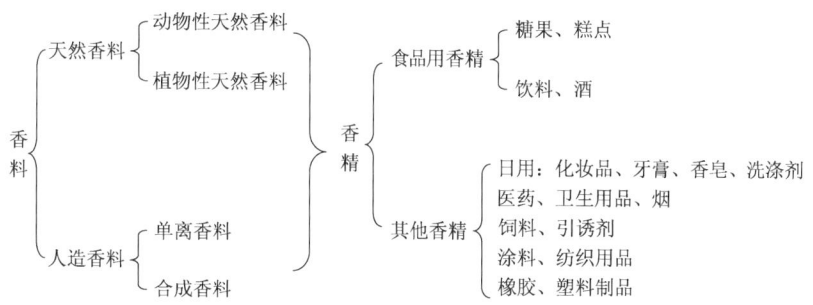

图7-1 香精、香料的分类和用途

## 二、香料、香精的呈香原因

### 1. 发香物质的化学结构

发香物质一般属于有机化合物。发香物质发香的原因、香味的差异和强度的不同，主要在于其发香基团的不同、碳链结构的不同、取代基相对位置的不同及分子中原子空间排布的不同。

（1）发香物质中必须有一定种类的发香基团 发香基团决定了气味的种类。其中包括的基团如下。含氧基团：羟基、醛基、酮基、羧基、醚基、苯氧基、酯基、内酯基等；含氮基团：氨基、亚氨基、硝基、肼基等；含芳香基团：芳香醇、芳香醛、芳香脂、酚类及酚醚等；含硫、磷、砷等原子的化合物及杂环化合物。单纯的碳氢化合物极少具有怡人的香味。

（2）碳链结构　分子中碳原子数目、双链数目、支链、碳链结构等均对香味产生影响。不饱和化合物常比饱和化合物的香气强。双键能增加气味强度，三键的增强能力更强，甚至产生刺激性。如：丙醇 $CH_3CH_2CH_2OH$ 香味平淡，而丙烯醇（$CH_2=CHCH_2OH$）香味就强烈，苯丙醛（$C_6H_5CH_2CH_2CHO$）则具有刺激性香味。一般说来，分子中碳原子数在 10~15 香味最强。醇类分子中的碳原子在 1~3 时具有轻快的醇香，4~6 的有麻醉性气味，7 以上的有芳香性，10 以内的醇相对分子质量增加时气味增加，10 以上的气味渐减以至无味。

（3）取代基相对位置不同对香气的影响　取代基相对位置不同对香气的影响很大，尤其是对于芳香族化合物影响更大。如：香兰素是香兰气味，而异香兰素是大茴香味。

（4）分子中原子的空间排布不同对香味所产生的影响　一种化合物不同的同分异构体，往往气味不同。例如：R 顺式结构的叶香醇比反式结构的橙花醇要香得多。两种左、右旋异构体香气强弱也不同。

（5）杂环化合物中的杂原子对香味的影响　有机的硫化物多有臭味，含氮的化合物也多有臭味。吲哚也称粪臭素，但它极度稀释后呈茉莉香味。这些杂环化合物对香味都有一定特别的影响。如：甲硫醚与挥发性脂肪酸、酮类形成乳香。某些含氧与硫或含硫与氮的杂环化合物有肉类味香。

2. 发香物质的物理特性

影响香味的其他因素还很多，某些化合物能发香，并不单纯取决于发香基团和结构等因素。有些结构相似的化合物不一定有相似的香味，有些结构不同的化合物也可能有相似的香味。

香味的产生与发香物质的物理特性有关，其在一定程度上取决于该物质的电性、蒸汽压、溶解特性、扩散性、吸附性及表面张力等。

例如：美国学者 Amoore 从有机物中挑出 20 多种与樟脑气味相同的化合物，它们的结构无共同之处，但化合物的形状和大小一样。他认为，当物质分子几何形状与特定形态的生理感觉器官位置相吻合时，就有类似的气味。又如：香味剂的气味与其分子的电性存在一定关系，如在苯环上存在吸电子基如—CHO、—$NO_2$、—CN 等，一般产生类似的气味。

### 三、食品用香料、香精的使用

#### 1. 食品用香料、香精的使用原则

依据 GB 2760—2024《食品安全国家标准　食品添加剂使用标准》，食品用香料、香精的使用原则如下。

（1）在食品中使用食品用香料、香精的目的是使食品产生、改变或提高风味。食品用香料一般配制成食品用香精（又称食用香精）后用于食品加香，部分也可直接用于食品加香。食品用香料、香精不包括只产生甜味、酸味或咸味的物质，也不包括增味剂。

（2）食品用香料、香精在各类食品中按生产需要适量使用，GB

香精滥用的
警示案例
（课程思政）

2760—2024 表 B.1 中所列食品没有加香的必要，不得添加食品用香料、香精，法律、法规或国家食品安全标准另有明确规定者除外。除 GB 2760—2024 表 B.1 所列食品外，其他食品是否可以加香应按相关食品产品标准规定执行。

（3）用于配制食品用香精的食品用香料品种应符合本标准的规定。用物理方法、酶法或微生物法（所用酶制剂应符合本标准的有关规定）从食品（可以是未加工过的，也可以是经过了适合人类消费的传统的食品制备工艺的加工过程）制得的具有香味特性的天然香味复合物可用于配制食品用香精。

注：天然香味复合物是一类含有食用香味物质的制剂。

（4）具有其他食品添加剂功能或其他食品用途的食品用香料，应配制成食品用香精用于食品加香。在食品中发挥其他食品添加剂功能时，应符合本标准相应规定，发挥其他用途时应符合相应标准的规定。如苯甲酸、肉桂醛、瓜拉纳提取物、双乙酸钠（又名二醋酸钠）、琥珀酸二钠、磷酸三钙、氨基酸类等。

（5）食品用香精可以含有对其生产、贮存和应用等所必需的食品用香精辅料（包括食品添加剂和食品）。食品用香精辅料应符合以下要求。

①食品用香精中允许使用的辅料应符合 GB 30616—2020《食品安全国家标准　食品用香精》的规定。在达到预期目的的前提下尽可能减少使用品种。

②作为辅料添加到食品用香精中的食品添加剂不应在最终食品中发挥功能作用，在达到预期目的的前提下尽可能降低在食品中的使用量。

（6）食品用香料、香精的标签应符合 GB 29924—2013《食品安全国家标准　食品添加剂标识通则》的规定。

（7）凡添加了食品用香料、香精的预包装食品应依照 GB 7718—2011《食品安全国家标准　预包装食品标签通则》进行标示。

（8）食品用香料质量规格应符合 GB 29938—2020《食品安全国家标准　食品用香料通则》及相关香料产品标准的规定。

**2. 食品用香料、香精的使用注意点**

（1）选择合适的添加时机　食品用香精、香料都有一定的挥发性，因此必须按照工艺要求，选择合适的时机进行添加，如尽可能在加工后期或加热后冷却时添加，添加时应搅拌均匀，使香味成分均匀地渗透到食品中去，加入香味剂时，最好一点一点慢慢加入并减少其在空气中的暴露。

（2）添加顺序应正确　多种食品用香料、香精混合使用时，应先加香味较淡的，然后加香味较浓的。例如柑橘→柠檬→香槟→香蕉→香橼→葡萄等。

食品用香料、香精在碱性环境中不稳定，使用膨松剂的焙烤食品使用香料、香精时要注意分别添加，以防碱性物质与香料香精发生反应，否则，将影响食品的色、香、味，如香兰素与碳酸氢钠接触后失去香味，变成红棕色。

（3）使用中注意香味剂与食品环境的协调　食品用香精、香料在使用前必须做预试验，因为香味剂加入食品后，其效果是不同的，有时香味会改变。原因是香味受其他原料、其他添加剂、食品加工过程、人的感觉影响。所以要在预试验中找到最佳使用效果才在食品加工中应用。

含气的饮料、食品和真空包装的食品，体系内部的压力、包装过程，都会引起香味的改变，对这类食品都要增减其中香味剂的某些成分。

要防止食品用香料、香精的氧化、聚合及水解作用。

(4) 掌握合适的添加量　食品生产中，香料、香精的用量要适当，添加量过少，固然影响效果，添加量过多，也会带来不良的效果。这要求称量要准确，使用时应尽可能使香精、香料在食品中均匀分布。

(5) 掌握温度、时间及其稳定性　使用食品用香精、香料时要注意使用温度、时间及其稳定性，必须要按照食品用香精、香料特性来使用。例如不饱和烃的单萜烯类不稳定，遇光照、空气及碱性介质易起反应。

(6) 添加需告知消费者　凡是加香的产品都应明确告诉消费者，使消费者对食品性质和质量不产生误解。例如，纯乳不得加乳香香精，若加了乳香香精，那么该乳就不是纯乳，应称为加香乳。

(7) 不得添加食品用香料、香精的食品名单　依照 GB 2760—2024《食品安全国家标准 食品添加剂使用标准》规定，不得添加食品用香料、香精的食品名单列于表 B.1；有：巴氏杀菌乳、灭菌乳和高温杀菌乳、发酵乳、稀奶油、植物油脂、动物油脂（包括猪油、牛油、鱼油和其他动物脂肪等）、无水黄油、无水乳脂、新鲜水果、新鲜蔬菜、冷冻蔬菜、新鲜食用菌和藻类、冷冻食用菌和藻类、原粮、大米、小麦粉、杂粮粉、食用淀粉、生鲜肉、鲜水产、鲜蛋、食糖、蜂蜜、盐及代盐制品、婴幼儿配方食品、婴幼儿辅助食品、饮用天然矿泉水、饮用纯净水、其他类饮用水、茶叶、咖啡。

较大婴儿和幼儿配方食品中可以使用香兰素、乙基香兰素和香荚兰豆浸膏（提取物），最大使用量分别为 5mg/100mL、5mg/100mL 和按照生产需要适量使用，其中 100mL 以即食食品计；生产企业应按照冲调比例折算成配方食品中的使用量；婴幼儿谷类辅助食品中可以使用香兰素，最大使用量为 7mg/100g，其中 100g 以即食食品计，生产企业应按照冲调比例折算成谷类食品中的使用量；凡使用范围涵盖 0~6 个月婴幼儿配方食品不得添加任何食品用香料。

(8) 采用无毒植物、食品级溶剂提取天然香料，安全性比合成香料高。配香精时使用稀释剂、着色剂、抗氧化剂时要符合食品安全标准。

## 项目二

# 食品用天然香料

### 一、食品用天然香料的基本特征

食品用香料分子内含有一个或数个发香团，这些发香团在分子内以不同的方式结合，使食用香料具有不同类型的香气和香味。

我国是最早使用香料的文明古国之一，宋朝洪刍写有论著《香谱》，记载几十种香料的产地和应用，是非常珍贵的香料文献。香料的使用在我国有着悠久的历史，有着丰富的天然资源。如薄荷、桂花、玫瑰、桂皮、肉豆蔻、八角、花椒等。我国生产的茉莉花浸膏、柠檬油、香叶油、薰衣草油和薄荷脑都是驰名中外的优质产品。鸢尾、素馨、香茅、依兰、白兰、山苍子和留兰香等也享有盛名。

这些香料中的香味成分，大都以游离态或苷的形态存在于植物的各个部位，如在天然香精油中，从种子中提取出的有苦杏仁油、茴香籽油、芥菜籽油和芥子油，从果实中提出的有杜松子油、胡椒油、辣椒油，从花中提取的有丁香油、啤酒花油，从根、皮中提取的有桂皮油、姜油、柠檬油等。

天然香料的产品大都是液态，含有挥发性的萜烯、芳香族、脂族和脂环族等成分。提取方法主要是水蒸气蒸馏、挥发性溶剂浸提、压榨法等。一般将其加工为精油或浸膏的形式。精油是水蒸气蒸馏、压榨法提取的，由多种有机物组成；浸膏是挥发性溶剂浸提物；酊是含水乙醇抽出物。

### 二、常用天然香料

1. 咖啡酊

咖啡酊含有挥发性酯类、乙酸、醛等60余种芳香物质和咖啡因、单宁、焦糖等。由茜草科木本咖啡树的成熟种子，经焙烤、冷却后磨成细粒状，后用有机溶剂提取而得。

（1）性状　咖啡酊为棕褐色液体，具有咖啡香气味和口味。
（2）性能　咖啡酊具有赋予食品咖啡香味的性能。
（3）毒性　一般公认为安全物质。
（4）应用　依照 GB 2760—2024《食品安全国家标准　食品添加剂使用标准》，咖啡酊在各类食品中按生产需要适量使用，主要用于酒类、软饮料和糕点等。

2. 甘草酊

甘草酊主要含有甘草素、甘草次酸、甘草苷等。甘草洗净、干燥，然后用乙醇提取，提取液经过滤、浓缩即得。

（1）性状　甘草酊为黄色至橙黄色液体，有微香，味微甜。
（2）性能　甘草酊具增香、解毒等功效。
（3）毒性　性平，无毒性。
（4）应用　依照 GB 2760—2024《食品安全国家标准　食品添加剂使用标准》，在各类食品中按生产需要适量使用，如浓缩橘子汁、柑橘酱等。

3. 留兰香油

留兰香油又称薄荷草油、矛形薄荷油或绿薄荷油。主要成分有L-香芹酮、L-柠檬烯、L-水芹烯、桉叶素、薄荷酮和松油醇等。以留兰香的茎、叶为原料，采取水蒸气蒸馏法提油。

（1）性状　留兰香油为无色或微带黄色，或黄绿色液体，有留兰香叶的特征香气。
（2）性能　留兰香油能使食品有留兰香的香气，产生特殊风味。
（3）毒性　无毒。
（4）应用　依照 GB 2760—2024《食品安全国家标准　食品添加剂使用标准》，留兰香油可在各类食品中按生产需要适量使用，可以直接用于糖果、胶姆糖，还可用于调配香精。

4. 甜橙油

甜橙油有冷磨油、冷榨油和蒸馏油3种，主要成分为烯（90%以上）、类醛、辛醛、己醛、柠檬醛、甜橙醛、芳樟醇等。可采用冷磨法、冷榨法、蒸馏法提油。

（1）性状　冷榨品和冷磨品为深橘黄色或红棕色液体，有天然的橙子香气，味芳香。遇冷变混油。与乙醇混溶，溶于冰醋酸。蒸馏品为无色至浅黄色液体，具有鲜橙皮香气。溶于大部分非挥发性油、乙醇。不溶于甘油。

（2）性能　甜橙油是多种食品用香精的主要成分，也可直接用于饮料等食品，赋予其天然橙香气味。

（3）毒性　白鼠 $LD_{50}$ >5.0g/kg 体重。一般公认安全。

（4）应用　依照 GB 2760—2024《食品安全国家标准　食品添加剂使用标准》，甜橙油可在各类食品中按生产需要适量使用，主要用于调配橘子、甜橙等果型香精，也可直接用于食品，如清凉饮料、啤酒、糖果、糕点等。

5. 柠檬油

柠檬油有冷磨品和蒸馏品两种，其主要成分有苧烯（90%）、柠檬醛、辛醛、壬醛、癸醛、蒎烯、芳樟醇、乙酸香叶酯和香叶醇等。将柠檬鲜果进行冷磨法或蒸馏法提油。

（1）性状　柠檬油冷磨品为浅黄色至深黄色，或绿黄色液体，具有清甜的柠檬果香气，味辛辣微苦。可与无水乙醇、冰醋酸混溶，几乎不溶于水。蒸馏品为无色至浅黄色液体，气味和滋味与冷榨品同。可溶于大多数挥发性油、乙醇，可能出现混浊。不溶于甘油。

（2）性能　柠檬油赋予糖果、饮料、面包等制品以浓郁的柠檬鲜果皮的特征气味。

（3）毒性　大鼠经口 $LD_{50}$ >5.0g/kg 体重。一般公认安全。

（4）应用　依照 GB 2760—2024《食品安全国家标准　食品添加剂使用标准》，柠檬油可在各类食品中按生产需要适量使用，多用于糖果、面包制品、软饮料等；也是柠檬香精的主要原料。

6. 亚洲薄荷油

亚洲薄荷油主要成分为薄荷脑（即薄荷醇）、薄荷酮、乙酸薄荷酯、丙酸乙酯、α-蒎烯、3-戊醇、莰烯、苧烯、胡薄荷酮、异戊醛、糠醛及己酸等。以薄荷全草为原料，用水蒸气蒸馏法提取。

（1）性状　亚洲薄荷油为淡黄色或淡草绿色液体，温度稍降低即会凝固，有强烈的薄荷香气和清凉的微苦味。

（2）性能　亚洲薄荷油赋予食品薄荷清香，使口腔产生清凉感，具有清凉和兴奋等功效，构成食品特殊风味。

（3）毒性　ADI 未作规定。

（4）应用　依照 GB 2760—2024《食品安全国家标准　食品添加剂使用标准》，亚洲薄荷油可在各类食品中按生产需要适量使用，主要用于糕点、胶姆糖、罐头、果冻、果酱等，也是薄荷香精的主要原料。

7. 大茴香油

大茴香油又称八角茴香油，主要成分有大茴香脑（80%~95%）、大茴香醛、大茴香酮、苧烯和芳樟醇等。将八角茴香的新鲜枝叶或成熟的果实粉碎后采用水蒸气蒸馏法提取，得油。

（1）性状　大茴香油为无色透明或浅黄色液体，具有大茴香的特征香气，味甜。易溶于乙醇。微溶于水。

（2）性能　大茴香是常用的烹调用香辛料，大茴香油用于食品使之具有八角茴香的香气，特别适用于酒、饮料中，使它们具有特征香气。有兴奋、镇咳等功效。

（3）毒性　八角茴香是人们数千年来使用的调味料，一般公认安全。

（4）应用　依照 GB 2760—2024《食品安全国家标准　食品添加剂使用标准》，大茴香油可在各类食品中按生产需要适量使用，主要用于酒类、碳酸饮料、糖果及焙烤食品等。

### 8. 月桂叶油

月桂叶油主要成分有桉叶素（约50%）、丁香酚、柠檬酸、蒎烯、乙酰基丁香酚、α-水芹烯、L-芳樟醇、香叶醇等。以月桂树的鲜叶、茎和木质化的小枝为原料，用水蒸气蒸馏法制取。

（1）性状　月桂叶油为无色或浅黄色液体，具有芳香辛辣的气味，味甜，易挥发；溶于乙醇和大多数非挥发性油中。不溶于甘油。对弱碱和有机酸稳定。

（2）性能　月桂叶油对副食品增香效果良好，并有一定的防霉性能。

（3）毒性　一般公认安全。

（4）应用　依照 GB 2760—2024《食品安全国家标准　食品添加剂使用标准》，月桂叶油可在各类食品中按生产需要适量使用，多用于香肠、罐头、泡菜、沙司、汤和调味料等。

### 9. 桉叶油

桉叶油的主要成分有桉叶素（65%～85%）、蒎烯、莰烯、水芹烯、乙酸香叶醇、异戊醛、香茅醛等。是以天然桉叶树、香樟树等的枝叶为原料，用水蒸气蒸馏法提取而得。

（1）性状　桉叶油为无色或微黄色液体，具有桉叶素刺激性清凉香气味。溶于乙醇，几乎不溶于水。

（2）性能　桉叶油除用于配制食品香精，可提高香精增香性能外，还有杀菌防腐作用。

（3）毒性　兔子 $LD_{50}>5.0g/kg$ 体重。

（4）应用　依照 GB 2760—2024《食品安全国家标准　食品添加剂使用标准》，桉叶油可在各类食品中按生产需要适量使用。主要用于口香糖、配制止咳糖型香精等。

## 项目三

# 食品用合成香料

## 一、食品用合成香料来源、使用和发展

### 1. 食品用合成香料生产主要来源

食品用合成香料生产主要来源有农林加工产品、煤炭化工产品、石油化工品三类。

使用农林加工产品生产的有香茅醇等。使用煤炭化工产品生产的，例如以苯酚为原料可合成大茴醛等。使用石油化工品生产的，例如以乙炔和丙酮为基本原料，经一系列反应可得到芳樟醇等。

### 2. 食品用合成香料使用

食品用合成香料单独用于食品加香的品种比较少，多用于配成食品用香精后使用。

依照 GB 2760—2024《食品安全国家标准 食品添加剂使用标准》，凡列入合成香料目录的香料，其对应的天然物（即结构完全相同的对应物）应视作已被批准使用的香料；凡列入合成香料目录的香料，若存在相应的铵盐、钠盐、钾盐、钙盐和盐酸盐、碳酸盐、硫酸盐，且具有香料特性的化合物，应视作已被批准使用的香料；如果列入合成香料目录的香料为消旋体，那么其左旋和右旋结构应视作已被批准使用的香料。如果列入合成香料目录的香料为左旋结构，则其右旋结构不应视作已被批准使用的香料；反之亦然。

### 3. 食品用合成香料的发展

有机化学工业的发展促进了合成香料的迅速发展。一些来自精油的香料如香叶醇、橙花醇、香茅醇等，已先后用半合成法或全合成法投入生产。这类香料对香精的调配有重要作用。又如，利用生物技术合成香料的研究现状与发展趋势香精香料在食品生产中起着重要的作用。希望从业者激发勇攀高峰的创新精神，发展食品用合成香料。

## 二、直接使用的主要食品用合成香料

### 1. 柠檬醛

柠檬醛分子式 $C_{10}H_{16}O$。

（1）性状　柠檬醛为无色或淡黄色液体，有强烈的类似无萜柠檬油的香气，为 $\alpha$-柠檬醛（香叶醛）和 $\beta$-柠檬醛（橙花醛）的混合物。能与醇、甘油、丙二醇、精油等混溶。不溶于水，在碱中不稳定，能与强酸聚合。

（2）毒性　大鼠经口 $LD_{50}$ 为 4.96g/kg 体重。ADI 为 0~0.5mg/kg 体重，一般公认安全。

（3）应用　依照 GB 2760—2024《食品安全国家标准 食品添加剂使用标准》，柠檬醛可在各类食品中按生产需要适量使用。主要用于饮料、糖果、焙烤食品、配制果香型香精等。

### 2. 香兰素

香兰素化学名称为 4-羟基-3-甲氧基苯甲醛，分子式 $C_8H_8O_3$。

（1）性状　香兰素为白色至微黄色针状结晶或晶体粉末，具有类似香荚兰豆香气，味微甜。易溶于乙醇、冰醋酸和热挥发性油等。溶于水、甘油。对光不稳定，在空气中逐渐氧化。遇碱或碱性物质易变色。

（2）毒性　大鼠经口 $LD_{50}$ 为 1.58g/kg 体重，ADI 为 0~10mg/kg 体重。一般公认安全。

（3）应用　依照 GB 2760—2024《食品安全国家标准 食品添加剂使用标准》，香兰素可在各类食品中按生产需要适量使用。主要用于饼干、糕点、冷饮、糖果，配制香草、巧克力、奶油型香精等。

### 3. 糠醛

糠醛，分子式 $C_5H_4O_2$。

（1）性状　糠醛为无色液体，暴露在光和空气中变成棕红色而树脂化，具有类似谷类、苯甲醛的气味，有焦糖味。极易溶于乙醇，易溶于热水。

（2）毒性　大鼠经口 $LD_{50}$ 为 0.127g/kg 体重。对皮肤和黏膜有刺激作用。

（3）应用　依照 GB 2760—2024《食品安全国家标准 食品添加剂使用标准》，糠醛可在各类食品中按生产需要适量使用。主要用于配制面包、奶油硬糖、咖啡等热加工型香精。

### 4. 苯甲醛

苯甲醛亦称安息香醛、人造苦杏仁油,分子式 $C_7H_6O$。

(1) 性状　苯甲醛为无色或淡黄色液体,有苦杏仁香气,焦味。与乙醇、油混溶,微溶于水。不稳定,遇空气和光氧化成苯甲酸。能随水蒸气挥发。

(2) 毒性　大鼠经口 $LD_{50}$ 为 1.3g/kg 体重。ADI 为 0~5mg/kg 体重。苯甲醛对神经有麻醉作用,对皮肤有刺激作用。

(3) 应用　依照 GB 2760—2024《食品安全国家标准　食品添加剂使用标准》,苯甲醛可在各类食品中按生产需要适量使用。主要用于罐头,配制杏仁、樱桃、桃、果仁型香精等。

### 5. 丁香酚

丁香酚亦称丁子香酚、丁香油酚和 4-烯丙基-2-甲氧基苯酚,分子式 $C_{10}H_{12}O_2$。

(1) 性状　丁香酚为无色或淡黄色液体,具有浓郁的竹麝香气味。溶于乙醇、挥发性油中,溶于冰醋酸和苛性碱,不溶于水。具有很强的杀菌力。在空气中色泽会逐渐变深,液体变稠。

(2) 毒性　大鼠经口 $LD_{50}$ 为 2.68g/kg 体重,ADI 为 0~2.5mg/kg 体重。无毒。

(3) 应用　依照 GB 2760—2024《食品安全国家标准　食品添加剂使用标准》,丁香酚可在各类食品中按生产需要适量使用。主要用于配制烟熏火腿、坚果和香辛料型香精等。

### 6. 麦芽酚

麦芽酚亦称 3-羟基-2-甲基-4-吡喃酮,分子式 $C_6H_6O_3$。

(1) 性状　麦芽酚是一种有芬芳香气的白色晶粉,并有焦糖样香甜味。其溶液较稳定,溶于水、乙醇;遇碱变性,易与铁生成络盐。适合于水果味、焦糖味为基础的食品,如果酒、巧克力等。麦芽酚水溶液有弱酸性,因此在酸性条件下增香效果好。麦芽酚对咸味无作用,对酸/甜味、香/甜味有增强作用,对苦味、涩味有消杀作用。

(2) 毒性　小鼠经口 $LD_{50}$ 为 1.4g/kg 体重。ADI 为 0~1mg/kg 体重。

(3) 应用　依照 GB 2760—2024《食品安全国家标准　食品添加剂使用标准》,麦芽酚可在各类食品中按生产需要适量使用。主要用于配制各种水果型香精,也直接用于巧克力、糖果、罐头、果酒、果汁、面包、糕点、咖啡、汽水等。

麦芽酚对一些香味起增效作用,在肉、蛋、奶食品中效果显著。如添加在肉制品中,能和肉中氨基酸起作用,明显增加肉香。对水果制品可根据水果的不同风味增香,添加在各种天然果汁配制的食品中,可明显提高果味。加入饮料后,可抑制苦、酸味。加入以糖精钠代替糖的低热或疗效食品和饮料中,也可使糖精钠所产生的、一种滞后的较强的苦味大大减少且获得最适宜的甜度,口感也由粗糙变得圆润。麦芽酚可使 2 个或 2 个以上的风味更加协调,使整体香味更统一,产生令人满意的特征风味。

### 7. 乙基麦芽酚

乙基麦芽酚亦称 3-羟基-2-乙基-4-吡喃酮,分子式 $C_7H_8O_3$。

(1) 性状　乙基麦芽酚为白色或淡黄色结晶或晶体粉末,具有非常甜蜜持久的焦糖甜香气,味甜,稀释后呈凤梨、草莓等温和的果香味。溶于乙醇、水及丙二醇。乙基麦芽酚的性能和效力较麦芽酚强 4~6 倍。

（2）毒性　小鼠经口 $LD_{50}$ 为 1.2g/kg 体重，ADI 为 0~2mg/kg 体重。

（3）应用　依照 GB 2760—2024《食品安全国家标准　食品添加剂使用标准》，乙基麦芽酚可在各类食品中按生产需要适量使用。主要用于配制草莓、葡萄、菠萝、香草型香精等。

### 8. 丁酸异戊酯

丁酸异戊酯亦称酪酸异戊酯，分子式 $C_9H_{18}O_2$。

（1）性状　丁酸异戊酯为无色透明液体，具类似生梨香气。易溶于乙醇，几乎不溶于水、丙二醇和甘油。

（2）毒性　大鼠经口 $LD_{50}$ 为 12.21g/kg 体重。ADI 为 0~3mg/kg 体重（以异戊醇表示）。

（3）应用　依照 GB 2760—2024《食品安全国家标准　食品添加剂使用标准》，丁酸异戊酯可在各类食品中按生产需要适量使用。主要用于饮料、糖果、焙烤食品，配制香蕉、菠萝、杏、樱桃和什锦水果型香精等。

### 9. 山楂核烟熏香味料 1 号、2 号

山楂核烟熏香味料主要成分为愈创木酚、4-甲基愈创木酚、2,6-二甲氧基酚、糠醛、5-甲基糖醛、乙酰基呋喃等。

（1）性状　山楂核烟熏香味料 1 号为淡黄色到橘红色易流动液体，存放期间有少量焦油状物析出，有浓郁天然烟熏香气兼有鲜咸味感。山楂核烟熏香味料 2 号为棕红色或暗棕色易流动液体，有浓郁烟熏香气、烟熏肉样香气。溶于乙醇和水。

（2）毒性　无毒。

（3）应用　依照 GB 2760—2024《食品安全国家标准　食品添加剂使用标准》，山楂核烟熏香味料 1 号、2 号可在各类食品中按生产需要适量使用。多用于鱼、肉、禽制品、豆制品。

山楂核烟熏香味料除用于熏制食品除赋香外，还有一定的防腐功能。

## 项目四

## 食品用香精

香料工业生产出来的天然香料和人造香料，由于香气类型不能满足人们的要求，除少数品种外，一般不单独使用，需由数种或几十种香料，按照适当比例调配成具有一定香型的混合制品以后，才能添加于产品之中。这种以大自然的含香食物为模仿对象，用各种安全性高的香料及辅助剂，经调配而成的香料混合物称为调和香料，在商业上习惯称之为香精。

### 一、食品用香精分类和调香

#### 1. 食品用香精分类

根据香精的形态，我国使用的食品用香精主要分为水溶性香精、油溶性香精、乳化香

精及粉末香精四种。

水溶性香精是将各种天然香料、合成香料调配成的主香体溶解于蒸馏水、乙醇或甘油等稀释剂中，必要时再加入町剂、萃取物或果汁而制成的，为食品中使用最广泛的香精之一。

油溶性香精是普通的食品用香精，通常是用精炼植物油脂、甘油或丙二醇等油溶性溶剂将香基加以稀释而成。

乳化香精是由食用香料、食用油、密度调节剂、抗氧化剂、防腐剂等组成的油相和由乳化剂、防腐剂、酸味剂、着色剂、蒸馏水（或去离子水）等组成的水相，经高压均质、乳化制成的乳状液。

粉末香精也称固体香精，还可分为担体吸收粉末香精，粉碎型粉末香精和微胶囊型粉末香精。

粉末香精有两种制备方法，一种是将香基混合后附着在乳糖之类的载体上制成；另一种是先将香基制成乳化香精后，再经过喷雾干燥使其粉末化。两种产品均便于使用，稳定性强，但易吸湿结块。经过喷雾干燥制成的产品，由于香精被赋形剂包裹覆盖，故其香精的稳定性、分散性较好。

2. 香精香型

香精香型分为果香香型（主要），酒用香型，糕点、糖果用香型，方便食品用香型等。

果香香型多是模仿各种果香调和的果香型香精，大多用于饮料食品中。

酒用香型主要有朗姆酒香、杜松酒香、白兰地酒香及威士忌酒香等。

在糕点、糖果中主要为杏仁香、香草香、咖啡香、奶油香、焦糖香等香型香精。在方便食品中各种肉味香精比较常见。

3. 调香

调配香精的过程为调香。调香是一种技术和艺术的结合，要经过拟方、调配、修饰、加香等多次反复实践才能确定。在配制中首先以一种或几种天然香料或人工香料调配成所需香味的主体，这种香味主体称主香剂。主香剂是构成香精的主体香气-香型的基本原料。在香精中有的只用一种作主香剂，如调和橙花香精只用橙叶油作主香剂，多数情况下是用多种至数十种作主香剂，如调和玫瑰香精，常用香叶酸、香辛酸、苯乙酸、香叶油等数种香料作主香剂。然后在主食体中加入合香剂、修饰剂来补充香味和掩蔽某些香味。合香剂也称协调剂，用作合香剂的香料香型要与主香剂相类似。合香剂的作用是调和各种成分的香气，使主香剂更加突出。修饰剂也称变调剂，用作修饰剂香料的香型与主香剂不属于同一类型，是一种使用少量即可奏效的暗香成分，其作用是使香精格调变化。

合适的合香剂使香味在幅度和深度上得到扩充，修饰剂将香味调整，为了得到一定的保留性和挥发性，还要加入定香剂和辅助剂等。定香剂也称保香剂，其作用是使香精中各种香料成分挥发物挥发均匀，防止快速蒸发，使香精香气更加持久，如麝香、龙涎香等动物性天然香料；安息香脂、檀香油等植物性天然香料以及香兰素、香豆素等合成香料等。经过一定时间的圆熟，就制成食品用香精的基态类型，称为香基，再进一步熟化后，将香基稀释，加工成各种香型的产品（图7-2）。

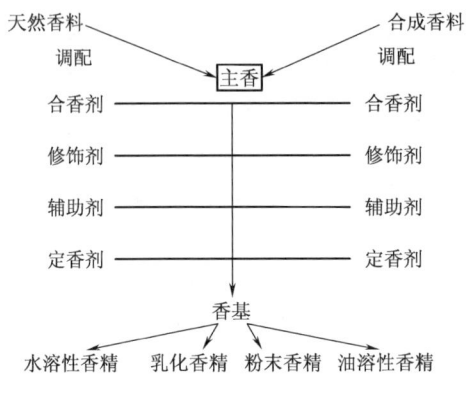

图 7-2　食品用香精的基态类型和调配

## 二、主要使用的香精类型

### 1. 水溶性香精

（1）性状　水溶性香精一般为透明的液体，其色泽、香气、香味和澄清度符合各型号的指标。在水中透明溶解或均匀分散，具有轻快香气。

（2）性能　水溶性香精，耐热性较差，易挥发。水溶性香精不适合用于在高温加工的食品。由于香精含有各种香料和稀释剂，除了容易挥发，有些香料还易变质。一般主要是氧化、聚合、水解等作用的结果，引起并加速这些作用的则往往是温度、空气、水分、阳光、碱类、重金属等，要注意香精的贮存。

（3）配制　将各种香料和稀释剂按一定比例与适当顺序互相混溶，经充分搅拌，再过滤而成。香精若经一定成熟期贮存，其香气往往更为圆熟。水溶性香精一般分柑橘型香精和酯型水溶性香精，它们的制法不完全相同。

柑橘型香精的制法：将柑橘类植物精油和 40%～60% 乙醇于抽出锅中，搅拌，进行浸提。浸提物密闭保存 2~3 天后进行分离，于 -5℃ 左右冷却数日，趁冷将析出的不溶物过滤除去，必要时进行调配，经圆熟后即得成品。用作柑橘类精油原料的有橘子、柠檬、白柠檬、柚子、柑橘等。

酯型水溶性香精（水果香精）的制法：将主香体（香基）、醇和蒸馏物混合溶解，然后冷却过滤，着色即得制品。下面介绍几种酯型水溶性香精的配方（%）。

苹果香精：苹果香基 10、乙醇 55、苹果回收食用香味料 30、丙二醇 5。

葡萄香精：葡萄香基 5、乙醇 55、葡萄回收食用香味料 30、丙二醇 10。

香蕉香精：香蕉香基 20、水 25、乙醇 55。

菠萝香精：菠萝香基 7、乙醇 48、柑橘香精 10、水 25、柠檬香精 10。

草莓香精：麦芽酚 1、乙醇 55、草莓香基 20、水 24。

西洋酒香精：乙酸乙酯 5、酒浸剂 10、丁酸乙酯 1.5、乙醇 55、甲酸乙酯 2.5、水 25、异戊醇 1。

咖啡香精：咖啡町 90、10% 呋喃硫醇 0.05、甲酸乙酯 0.5、丁二酮 0.02、西克洛汀 0.5、丙二醇 8.93。

香草香精：香荚兰町剂 90、麦芽酚 0.2、香兰素 3、丙二醇 6.3、乙基香兰素 0.5。

（4）应用　食用水溶性香精可用于汽水、冰淇淋、冷饮、酒、酱、糖、糕饼等食品的赋香。汽水、冰棒中用量为 0.02%~0.1%，酒中用量为 0.1%~0.2%，用于软糖、糕饼夹馅、果子露等的用量为 0.35%~0.75%。针对香味的挥发性，对工艺中需加热的食品应尽可能在加热冷却后或在加工后期加入。对要进行脱臭、脱水处理的食品，应在处理后加入。

2. 油溶性香精

（1）性状　食用油溶性香精为透明的油状液体，色泽、香气、香味和澄清度符合各型号的指标，不发生表面分层或混浊现象。

（2）性能　以精炼植物油作稀释剂的食用油溶性香精，在低温时会发生冻凝现象。香味的浓度高，在水中难以分散，耐热性高，留香性能较好，适合于高温操作的食品。

（3）配制　油溶性香精通常是取香基 10%~20% 和植物油、丙二醇等 80%~90%（作为溶剂），加以调和即得制品。下面介绍几种油溶性香精的配方（%）。

苹果香精：苹果香基 15、植物油 85。

香蕉香精：香蕉香基 30、柠檬油 3、植物油 67。

葡萄香精：葡萄香基 10、麦芽酚 0.5、乙酸乙酯 10、植物油 79.5。

菠萝香精：菠萝香基 15、植物油 83、柠檬油 2。

草莓香精：草莓香基 20、麦芽酚 0.5、乙酸乙酯 5、植物油 74.5。

咖啡香精：咖啡油树脂 50、10% 呋喃硫醇 0.2、甲基环戊烯酮醇 2、丁二酮 0.1、麦芽酚 1、丙二醇 46.7。

香荚兰香精：香荚兰油树脂 30、麦芽酚 1、香兰素 5、丙二醇 42、乙基香兰素 2、甘油 20。

（4）应用　食用油溶性香精主要用于焙烤食品、糖果等赋香。用量为：糕点、饼干中 0.05%~0.15%，面包中 0.04%~0.1%，糖果中 0.05%~0.1%。

3. 乳化香精

（1）性状　乳化香精为粒度小于 2μm，并均匀分布、稳定的乳状液体系。香气、香味符合同一型号的标准样。稀释 1 万倍，静置 72h，无浮油，无沉淀。

（2）性能　乳化香精不耐热、冷，温度降至冰点时，乳化体系破坏，解冻后油水分离；温度升高，分子运动加速，体系的稳定性变低，原料易受氧化。乳化香精的贮存期为 6~12 个月，若使用贮存期过久的乳化香精，能引起饮料分层、沉淀。

（3）配制　将油相成分如食用油，水相成分如酸味剂，以及乳化剂、防腐剂、着色剂、稳定剂、增稠剂、抗氧化剂等混合。乳化剂常用单甘酯、阿拉伯树胶、吐温、山梨醇酐脂肪酸酯、大豆磷脂等；防腐剂常用苯甲酸钠、山梨酸、柠檬酸等；稳定剂如果胶、明胶、海藻酸钠等；增稠剂如松香酸甘油酯；抗氧化剂如 BHA、BHT、VE 等。用高压均质器均质、乳化，即成食用乳化香精。

（4）应用　乳化香精适用于汽水、冷饮的赋香。可用于雪糕、冰淇淋、汽水，用量为 0.1%，也可用于固体饮料，用量为 0.2%~1.0%。

4. 粉末香精

（1）性状　使用赋形剂，通过乳化、喷雾干燥等工序可制成一种粉末状香精。

由于赋形剂（胶质物如明胶、阿拉伯胶、变性淀粉等）形成薄膜，包裹香精，可防止受空气氧化或挥发损失，且贮运方便，特别适用于憎水性的粉状食品的加香。

（2）配制　粉末香精可分为三种配制法。

①载体与香料混合的粉末香精。将香料与乳糖等载体混合，使香料附着在载体上，即得该种香精。如取香兰素10%，乳糖80%，乙基香兰素10%，将它们粉碎混合，过筛即得粉末香兰香精。主要用于糖果、冰淇淋、饼干等食品。

②喷雾干燥制成的粉末香精。将香料预先与乳化剂、赋形剂如聚乙烯醇，一起分散于水中，形成胶体分散液，然后进行喷雾干燥，成为粉末香粉。这种粉末香精，其香料为赋形剂所包裹，可防止氧化和挥发，香精的稳定性和分散性也都较好。如取橘子油10份、20%阿拉伯树胶液450份，采用与乳化香精同样的方法制成乳状液，然后进行喷雾干燥，即得到柑橘油被阿拉伯胶包裹的球状粉末橘子香精。

③微胶囊香精。这种香精将香料包藏于微胶囊内，与空气、水分隔离，香料成分能稳定保存，不会发生变质和大量挥发等情况，具有使用方便、放香缓慢持久的特点。

主要采取两种胶囊化技术，第一种是真胶囊化技术，即以液体香精为核心，周围被如明胶一样的外壳包围，此方法技术成本较高，应用范围有限；第二种是将众多超细香精珠滴包埋在由不同载体组成的基质中。目前在香精行业实现胶囊化主要有喷雾干燥法、压缩和附聚法、流化床法、挤压法及凝聚法和沉浸式喷嘴法几种。

如将明胶、阿拉伯树胶或海藻酸钠溶于热水中，加入食用香料，然后缓缓冷却，香料即被明胶包裹起来，根据需要其表面可再用适合生物体的表面活性剂包盖，经分离后干燥即得。

（3）主要工艺流程　粉末香精主要工艺流程为：

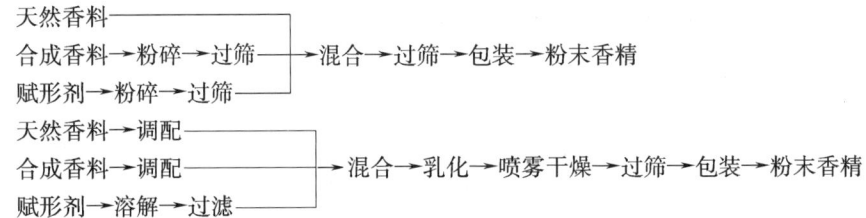

（4）应用　粉末香精主要用于粉末果汁粉、固体饮料、粉末状食品、调味品及方便食品汤料等。如粉末香兰香精主要用于糖果、饼干等食品。食用粉末香精其中重要的一类是肉味香精。下面重点介绍之。

### 5. 肉味香精

肉味香精就是具有肉类风味的肉香型粉末香精。肉味香精可以模仿牛肉、猪肉、羊肉等多种味道。

（1）分类　肉味香精按工艺可分为：合成肉香精、反应调理型香精和拌和型香精。合成肉香精是采用天然或化工原料，通过化学合成的方法制取香料化合物，按主香、辅香、头香、定香的设计比例而定的香精。反应调理型香精是利用羰胺原理将氨基酸、多肽等与糖类进行系列反应生成及促进二次生成物生成的香精。拌和型香精是同时具有上述两种香精特点，但更多以合成香精调配为主的香精。

肉味香精按风味可分为猪肉香精、鸡肉香精、牛肉香精、羊肉香精和海鲜香精。

肉味香精按常用香型风格可分为炖肉风格香精、优雅烧烤风格香精、肉汤风格香精及纯天然肉香风味香精。

(2) 生产肉味香精的原料　肉味香精大多以天然原料为主，主要成分是乙基麦芽酚等，再辅以部分人造香料。目前用于肉味香精的原料主要是：①一种或几种纯氨基酸和还原糖系统；②HVP（动物水解蛋白）与含硫氨基酸及还原糖等经加热制成，这种香精香味还不十分逼真于肉香味；③以肉蛋白质为基料生产肉味香精，如用木瓜蛋白酶、胰蛋白酶或胃蛋白酶对火鸡肉进行水解，水解物再与含硫化合物及还原糖共热，即产生强烈肉香。

(3) 应用　肉味香精主要用于蛋白的加香，食品中加入香精的作用有辅助、稳定、补充、赋香、矫味、替代等。使香气更加浓郁、圆润、醇厚。

主要应用于：各种方便食品的调味包，熟肉制品，复合调味品（如鸡精等），速冻调理食品，膨化休闲小食品，菜肴，煲汤，火锅，汤面以及酱卤制品等。例如人造肉及各种汤料、方便食品等采用肉味香精进行赋香可增加肉香味，并减少肉提取物的添加量，降低成本。如配制排骨味复合调味料配方（%）：食盐35、猪肉膏2、牛肉香精0.6、小麦淀粉14.4、白糖4、花椒粉0.3、味精35、辣椒粉等。

### 思考题

1. 什么是香精、香料？使用时应注意什么问题？
2. 举例说明一种天然香料的性状和应用。
3. 如何更有效地从天然香料中提取香料和配制香精？
4. 简述粉末香精的制作方法。
5. 谈谈香精微胶囊化的优点及其工艺特点。
6. 上网查阅食品用香料、香精资料，是否有新发现？

模块七
在线测试

### 实训内容

## 实训一　食品用香精的调香

### 一、实训目的

了解常见果香型、花香型等食品用香料、香精的基本组成，香韵的描述方法，初步掌握加香方法。

### 二、实训材料

果香型、花香型香精各3~5种；香料3种；天然果汁2~3种（均为食用级）。
分析天平；恒温水浴锅等。

### 三、实训步骤

(1) 记忆数种香料、香精的特点,并写出其香型、香韵。
(2) 对未标名称的香精样品,进行观察、嗅辨,然后写出其名称和香型。
(3) 模拟天然果汁饮料的调香、加香试验,试配制橙汁或柠檬汁饮料,记录香精、香料、天然果汁的用量和呈香效果。

### 四、思考题

(1) 如何进行食品调香?
(2) 食品用香精、香料的添加量多少对果汁饮料风味有什么影响?

## 实训二  冰淇淋的调香

### 一、实训目的

了解常见食品用香料、香精在食品中的应用。

### 二、实训材料

鲜奶油;白糖;蛋;香草精;香兰素。
冰箱;电炉等。

### 三、实训步骤

**1. 实训配方**

鲜奶油 200mL,白糖适量,蛋 2 只,香草精、香兰素适量。

**2. 操作步骤**

(1) 取一只大碗,放入鲜奶油,加入白糖 1 匙,充分搅匀。
(2) 另取一只大碗,放入蛋清,充分搅拌至起泡,放入白糖适量,继续搅拌。
(3) 在搅匀的蛋清中加入蛋黄,充分混合后,用微火稍煮一下,加入香草精、香兰素再搅拌。搅拌后放入鲜奶油碗中,继续搅拌;放入冰箱冷冻间冷冻 2~3h。冷冻期间取出搅拌 2~3 次,冰淇淋即成。

### 四、思考题

(1) 什么时间加入香草精、香兰素为好?加入香草精、香兰素的量多少为好?
(2) 上网查阅资料,冰淇淋中还可以使用什么香精?

## 实训三　从天然香料中提取香料并配制香精

### 一、实训目的

了解从天然香料中提取香料和配制香精的方法。

### 二、实训背景

在 20 世纪 80 年代，由于我国尚未掌握某些香料的核心制作技术，国外香料价格昂贵，我国市场上的食品香味不足，只能依赖价格不菲的国外香料产品，在这方面一直处于落后的困境。孙宝国院士通过多年坚持不懈的努力，最终掌握了这些香料制作的核心技术，摆脱了关键香料依赖进口的局面。

### 三、实训方法

上网查阅从天然香料中提取香料和配制香精的方法。

### 四、实训要求

阐述一种从天然香料中提取香料和配制香精的方法。

### 五、思考题

（1）我们要学习孙宝国院士的什么精神？
（2）通过这一实训，你有什么感想？

# 模块八 乳化剂

### 学习目标

**知识目标**

1. 了解乳化剂的分子结构特征,以及乳化剂的作用机制。
2. 掌握常用的天然食品乳化剂、合成食品乳化剂的性能。

**技能目标**

1. 能根据产品特点,设计出安全的乳化剂选用方案。
2. 能依据国家标准按加工需求计算乳饮料中乳化剂的添加量并安全规范应用。

**素质目标**

1. 了解乳化剂的使用特性,提高发现和解决问题的兴趣和热情。
2. 了解乳化剂的发展方向,以资源为基础,以科技为依托,提升专业自信心。

### 学习内容

## 项目一

## 乳化剂的作用机制、特点和发展

### 一、乳化作用

1. 乳状液

两不混溶的液相,一相以微粒状(液滴或液晶)分散在另一相中形成的两相体系称为乳状液。

乳状液中以液滴形式存在的一相称为分散相（也称内相、不连续相）；另一相是连成一片的，称为分散介质（也称外相、连续相）。根据分散相粒子或质点的大小，把乳状液分为粗乳状液（粒度≥0.1μm）和微乳状液（粒度大致为 0.01~0.1μm）。食品中常见的乳状液，一相是水或水溶液，统称为亲水相；另一相是与水相混溶的有机相，如油脂或同亲油物质与亲油又亲水溶剂组成的溶液，统称为亲油相。两种不相混溶的液体，如水和油相混合时能形成两种类型的乳状液，即水包油型（O/W）和油包水型（W/O）乳状液。在水包油型乳状液中油以微小滴分散在水中，油滴为分散相，水为分散介质，如牛奶即为一种 O/W 型乳状液；在油包水型乳状液中则相反，水以微小液滴分散在油中，水为分散相，油为分散介质，如人造奶油即为一种 W/O 型乳状液。

2. 乳状液的稳定性

乳状液稳定性是指乳状液抵抗分层、沉降、絮凝、聚集、聚结、变形和破乳等现象的能力。

影响乳状液稳定的因素有：微粒大小（0.5~5μm），乳化剂结构。

制备乳状液时，使一种液体以微小的液滴分散在另一种液体中，这时被分散的液体表面积明显增大。试验结果表明，体积为 1cm³ 的一个油滴（球表面积 4.83cm³，直径 1.24cm）分散成直径为 $2\times10^{-4}$cm（2μm）的 $2.39\times10^{11}$ 个微小油滴，表面积增大到 30000cm³，即增大了 6210 倍。这些微小的油滴较连成一片的油相具有高得多的能量。这种能量（也称为表面能或表面张力）同表面平行，并阻碍油滴的分布。因此，反抗表面张力必须要做功，所消耗的功 $W$ 与表面积增大 $\Delta A$ 和表面张力 $\gamma$ 成正比：

$$W = \Delta A \cdot \gamma$$

从上式可看出，降低表面张力，可以使机械功明显减小。反之，机械能或物理化学能也可以替代乳化剂所做的功。因此，在实践中总是把这两者结合起来运用。当有固相存在时，应加入热能作为第三种能，使其融解，因为在乳化作用之前，被乳化相必须以液体形式存在。

单纯以机械能制备乳状液，得到的乳状液体系很不稳定，容易被破坏。为使乳状液较长时间地保持稳定，需要加入加工助剂以抑制两相分离，使它在热力学上稳定。如使用稳定剂可提高乳状液的黏度和界面膜的强度，可使以机械法制得的乳状液保持稳定。

界面膜的弹性和体系的黏度是乳状液稳定的重要因素。亲水胶体都具有与被乳化的粒子相互作用的能力，它们以络合的方式聚集加成到被保护的粒子上。

亲水胶体确实可以通过增强被保护粒子的电荷或其溶剂化物膜，或者同时增强两者，来提高其稳定性。这种作用机制主要依赖于亲水胶体的特性，即它们能够与水分子发生强烈的作用，形成一层水化层，这层水化层可以有效地阻止粒子之间的相互聚集，从而保持溶液的稳定性。

具体来说，亲水胶体的保护作用体现在以下几个方面：

（1）电荷增强　亲水胶体通常带有电荷，这些电荷可以与被保护粒子表面的电荷相互作用，增加粒子表面的净电荷。这种电荷的增加可以产生更强的静电排斥力，防止粒子之间的聚集。

（2）溶剂化物膜增强　亲水胶体能够与水分子形成水化层，这层水化层围绕在粒子周围，形成一种物理屏障，阻止粒子之间的直接接触。这种屏障的存在可以显著提高粒子的分散性和稳定性。

（3）同时增强　在某些情况下，亲水胶体可以同时增强被保护粒子的电荷和溶剂化物膜，从而提供双重保护，进一步提高溶液的稳定性。

### 3. 对乳化剂的要求

由于乳状液两液体的界面张力较大，在热力学上是不稳定的。为使乳状液体系稳定，需加入降低界面能的乳化剂。乳化剂可以降低两相之间的界面张力，使形成的乳状液保持稳定。乳化剂的典型功能是起乳化作用。乳化作用中，对乳化剂的最重要的要求有两点。

（1）乳化剂必须吸附或富集在两相之间的界面上。因此，乳化剂要有界面活性或表面活性，即它能降低互不混溶两相的界面张力。

（2）乳化剂必须给予乳状液粒电荷，使它们相互排斥，或必须在乳状液粒子周围形成一种稳定的、黏性特别高的甚至是固态的保护膜。因此，作为乳化剂的物质必须具一定的化学结构，才能起到乳化作用。

## 二、乳化剂

依据 GB 2760—2024《食品安全国家标准　食品添加剂使用标准》，乳化剂是能改善乳化体中各种构成相之间的表面张力，形成均匀分散体或乳化体的物质。

### 1. 乳化剂的分子结构特点

乳化剂具有亲水基和疏水基表面活性剂的分子结构特点。表面活性剂分子一般是由非极性的、亲油（疏水）的碳氢链部分和极性的、亲水（疏油）的基团共同构成，并且这两部分分别处于分子的两端，形成不对称的结构。因此，表面活性剂分子是一种两亲分子，具有既亲油又亲水的两亲性质。

通常表面活性剂分子具有至少一个对强极性物质有亲和性的基团（极性基团）和至少一个对非极性物质有亲和性的基团（非极性基团）。极性基团是这样一种官能基团，其电子分布使分子呈现出明显的偶极矩。这种基团决定了表面活性剂分子对极性液体，特别是对水的亲和性，即表面活性剂的亲水特性。因此，极性基团也称为亲水基团。非极性基团是表面活性剂分子的有机碳氢链部分，其电子分布对偶极矩没有贡献。这种非极性基团决定了表面活性剂分子对非极性液体，特别是对极性小的有机溶剂的亲和性，即表面活性剂的亲油（疏水）特性。因此，非极性基团也称为亲油基团。表面活性剂分子中既存在亲水基团，又存在亲油基团，故能与水相和油相同时发生作用，于是表面活性剂分子在两相界面上发生定向排列。这是乳化剂具有界面活性或表面活性的先决条件。其亲水基一般是溶于水或能被水润湿的基团，如羟基；其亲油基一般是与油脂结构中烷烃相似的碳氢化合物长键，故可与油脂互溶。

把很少量的乳化剂溶解在或分散在一种液体中，乳化剂分子优先吸附在界面或表面上，并定向排列，形成一定的组织结构（表面吸附膜或界面吸附膜）；在溶液内部则缔合形成胶束。溶液中加入乳化剂后，由于发生这样一系列的物理化学变化，能显著降低水的表面张力或液/液界面张力，改变体系的界面状态，从而产生润湿或反润湿、乳化或破乳、起泡或消泡、加溶等一系列作用，使乳化剂在食品加工中得到广泛应用。

## 2. 乳化剂的 HLB 值

乳化剂的乳化能力与其亲水、亲油的能力有关，亦即与其分子中亲水、亲油基的多少有关。如亲水的能力强于亲油的能力，则呈水包油型的乳化体，即油分散于连续相水中。乳化剂亲水亲油平衡的乳化能力的差别一般用亲水亲油平衡值（简称 HLB 值）表示。

规定亲油性为 100% 的乳化剂，其 HLB 值为 0（以石蜡为代表），亲水性为 100% 者 HLB 值为 20（以油酸钾为代表），其间分成 20 等分，以此表示其亲水、亲油性的强弱和应用特性（HLB 值 0~20 者是指非离子表面活性剂，绝大部分食品用乳化剂均属于此类；离子型表面活性剂的 HLB 值则为 0 至 40）。因此，凡 HLB 值小于 10 的乳化剂主要是亲油性的，而等于或大于 10 的乳化剂则具有亲水特征。非离子型乳化剂的 HLB 值与其相关性质见表 8-1。从表中可以看出，随着乳化剂亲水、亲油性的不同，尚未具有发泡、防黏、软化、保湿、增溶、脱模、消泡等作用。

表 8-1　　　　非离子型乳化剂的 HLB 值与其相关性质

| HLB 值 | 所占百分数/% | | 在水中性质 | 应用范围 |
| --- | --- | --- | --- | --- |
| | 亲水基 | 亲油基 | | |
| 0 | 0 | 100 | HLB 值 1~4，不分散 | |
| 2 | 10 | 90 | | HLB 值 1.5~3，消泡作用 |
| 4 | 20 | 80 | HLB 值 3~6，略有分散 | HLB 值 3.5~6，W/O 型乳化作用（最佳 3.5） |
| 6 | 30 | 70 | HLB 值 6~8，经剧烈搅打后呈乳浊状分散 | HLB 值 7~9，湿润作用 |
| 8 | 40 | 60 | | HLB 值 8~18，O/W 型乳化作用（最佳 12） |
| 10 | 50 | 50 | HLB 值 8~10，稳定的乳状分散 | |
| 12 | 60 | 40 | HLB 值 10~13，趋向透明的分散 | HLB 值 13~15，清洗作用 |
| 14 | 70 | 30 | | |
| 16 | 80 | 20 | HLB 值 13~20，呈溶解状透明胶体状液 | HLB 值 15~18，助清作用 |
| 18 | 90 | 10 | | |
| 20 | 100 | 0 | | |

每一种乳化剂的 HLB 值，可用试验方法来测定，但很烦琐、费时。对非离子型的大多数多元醇脂肪酸酯类乳化剂，可按下式求得：

$$HLB = 20 \times \left(1 + \frac{S}{A}\right)$$

式中　　$S$——脂肪酸酯的皂化值；
　　　　$A$——脂肪酸的酸值。

此式适用于多元醇脂肪酸酯及其环氧乙烷加成物，如司盘、吐温之类。此外，还有多种针对不同适用对象的计算 HLB 值的方法。如对仅有环氧乙烷基团为亲水基的乳化剂，可按下式计算：

$$HLB = 20 \times \left(1 - \frac{M_0}{M}\right) \quad \text{或} \quad HLB = 20 \times \frac{M_W}{M}$$

式中　$M_W$——亲水基部分的相对分子质量；
　　　$M_0$——亲油基部分的相对分子质量；
　　　$M$——总相对分子质量。

一般认为，HLB 值具有加和性。因而，可以预测一种混合乳化剂的 HLB 值。对于非离子乳化剂，两种或两乳化剂混合使用时，混合乳化剂的 HLB 值可按其组成的各个乳化剂的质量百分比加以核算：

$$HLB_{ab} = HLB_a \cdot A\% + HLB_b \cdot B\%$$

式中　$HLB_{ab}$——混合乳化剂 a、b 的加和 HLB 值；
　　　$HLB_a$——乳化剂 a 的 HLB 值；
　　　$A\%$——$HLB_a$ 在混合物中所占质量分数，%；
　　　$HLB_b$——乳化剂 b 的 HLB 值；
　　　$B\%$——$HLB_b$ 在混合物中所占质量分数，%。

**3. 乳化剂的作用**

乳化剂只需添加少量，即可显著降低油水两相界面张力，使之形成均匀、稳定的分散体或乳化体。

（1）表面活性作用　乳化剂最主要的是典型的表面活性作用：乳化、破乳、助溶、增溶、悬浮、分散、湿润、起泡作用。

（2）乳化剂的其他功能　除典型的表面活性作用外，乳化剂在食品中还具有许多其他功能，如消泡、抑泡、增稠、润滑、保护、与类脂相互作用、与蛋白质相互作用、与碳水化合物相互作用等。这些表面活性作用和在食品中的特殊作用相互结合，是乳化剂作为食品添加剂广泛应用的基础。

如乳化剂与碳水化合物的络合作用。大多数乳化剂的分子中有线型的脂肪酸长链，可与直链淀粉连接而成为螺旋复合物，可降低淀粉分子的结晶程度，并进入淀粉颗粒内部而阻止支链淀粉的结晶程度，防止淀粉制品的老化、回生、凝沉作用，对保持面包、糕点等潮湿性淀粉类食品的柔软性和保鲜性具有良好效果。高度纯化的单硬脂酸甘油酯体现这种作用最为明显。

又如乳化剂与蛋白质的络合作用。蛋白质由 20 种氨基酸组成，这些氨基酸可因其极性等不同而表现出亲水性和疏水性，可分别通过氢键与乳化剂的亲水基团或疏水基团结合；与乳化剂结合的蛋白质包括乳蛋白、肉类蛋白、卵蛋白和谷类蛋白等多种食品中的蛋白质。

通过乳化剂与蛋白质的络合作用，在焙烤制品中可强化面筋的网状结构，防止因油水分离所造成的硬化，同时增强韧性和抗拉力（如面条），以保持其柔软性，抑制水分蒸发，增大体积，改善口感。

在有水存在时，乳化剂还可使脂类化合物成为稳定的乳化液。当没有水存在时，可使油脂出现不同类型的结晶。一般情况下，油脂的晶型是处在不稳定的 $\alpha$-晶型，这时的熔点较低，但可以缓慢地从低熔点的 $\alpha$-晶型过渡到高熔点的、相对稳定的 $\beta$-晶型。油脂的不同晶型会赋予食品不同的感官性能和食用性能。因此，在食品加工中往往需要加入具有变晶性的物质，以延缓或阻滞晶型的变化。一些趋向于 $\alpha$-晶型的亲油性乳化剂具有变晶的性质，故常用来调节油脂的晶型。在食品加工中，用作油脂晶型调节剂的有蔗糖脂肪酸酯、司盘 60、司盘 65、乳酸单双甘油酯、乙酸单双甘油酯以及某些聚甘油脂肪酸酯。例如，在糖果和巧克力制品中，可通过乳化剂以控制固体脂肪结晶的形成和析出，防止糖果返砂、巧克力起霜，以及防止人造奶油、起酥油、巧克力浆料乃至冰淇淋中粗大结晶的形成等。

乳化剂中的饱和脂肪酸键能稳定液态泡沫，可用作发泡助剂。相反，不饱和脂肪酸键能抑制泡沫，故可用作乳品、蛋白加工中的消泡剂，冰淇淋中的"干化"剂。

使用食品乳化剂，不仅能提高食品质量，延长食品的贮存期，改善食品的感官性状，而且还可以防止食品变质，便于食品加工和保鲜，有助于新型食品的开发，因此乳化剂已成为现代食品工业中必不可少的食品添加剂。

### 4. 乳化剂的分类

乳化剂的分类方法很多。按来源可分为天然食品乳化剂和人工合成食品乳化剂。天然食品乳化剂常见的有改性大豆磷脂、酪蛋白、卵磷脂等。人工合成乳化剂有甘油脂肪酸酯类、蔗糖脂肪酸酯类、山梨糖醇酐脂肪酸酯类、聚氧乙烯山梨糖醇酐脂肪酸酯类、有机酸单甘酯类、聚甘油脂肪酸酯类、脂肪酸丙二醇酯类、硬脂酰乳酸酯及其盐类、松香甘油酯类等。

按亲水基团在水中是否离解成电荷可分为离子型和非离子型乳化剂。绝大部分食品乳化剂属于非离子型乳化剂，如蔗糖脂肪酸酯、甘油脂肪酸酯、司盘 60 等在水中无基团电离带电离子型乳化剂又可按其在水中电离形成离子所带的电性分为：阴离子型、阳离子型和两性离子型乳化剂。阴离子型乳化剂指带一个或多个在水中能电离形成带负电荷官能团的乳化剂，如烷、烃链（及芳香基团）上带羧酸盐、磺酸盐、磷酸盐等乳化剂；阳离子型乳化剂指带一个或多个在水中能电离形成带正电荷的官能团的乳化剂，如烷、烃链（及芳香基团）上带季铵盐等基团的乳化剂；两性离子型乳化剂指在水中能同时电离出带正电荷和负电荷的官能团的乳化剂，如烷基二甲基甜菜碱。

按 HLB 值、亲水亲油性可分为亲水型、亲油型和中间型乳化剂。以 HLB 值 10 为亲水亲油性的转折点：HLB 值小于 10 的乳化剂为亲油型；HLB 值大于 10 的乳化剂为亲水型；在 HLB 值 10 附近的为中间型乳化剂。

### 5. 乳化剂的发展方向

随着食品工业的迅速发展和加工食品的多样化，世界各国都极为重视食品乳化剂的开发研究、生产和应用。食品乳化剂正向系列化、多功能、高效率、便于使用等方面发展，特别是各国致力于复配型和专用型乳化剂的研究。食品乳化剂的种类是相对稳定的，但新型食品乳化剂和新的食品加工工艺层出不穷，而且有限的乳化剂经过科学地复配，可以得到满足多方面需要的众多系列化复合产品。如从便于使用的角度出发，食品乳化剂正从块状产品向粉末状和浆状产品过渡。例如，分子蒸馏单甘酯，有效物含量超过 99%，直接与粉状食品原料混合，即可获得良好的使用效果。又如，将 30%～60% 单甘酯与 39%～69.5% 的植物油一起熔融混合，再加入 0.5%～1% 淀粉酶和蛋白酶，即可制成在常温下乳化分散的浆状商品，用于面包、糕点、饼干等食品，具有较好的防老化效果。通过对食品特殊成分与乳化剂作用性能的研究，通过科学的复配，乳化剂的专业化程度越来越高。专用型乳化剂在改善食品品质、提高食品档次方面也发挥着越来越重要的作用。如，已开发出专用于干酪、奶粉、人造奶油等食品的专用卵磷脂乳化剂。其他类型食品大都也有专用型的特定复配乳化剂，如专用于肉类制品的低热能乳化剂、鱼和肉类制品专用的胶体制剂、用作油炸食品发泡剂的卵磷脂、糕点混合配料用的混合乳化剂、面包和松软糕点用的胶质固体等。

## 项目二

## 常用乳化剂

### 一、甘油脂肪酸酯

#### 1. 甘油脂肪酸酯类型

脂肪酸甘油酯主要包括单、双甘油脂肪酸酯；由甘油的单酯和双酯组成，部分为三酯。其脂肪酸系食用脂肪或构成油脂的脂肪酸；其分子中的脂肪酸基团多为硬脂酸、棕榈酸等高级脂肪酸，也可以是醋酸、乳酸等低级脂肪酸。

常用食品乳化剂有：单甘油脂肪酸酯、乳酸脂肪酸甘油酯。

作为食品乳化剂，效果好的是单甘油脂肪酸酯（双酯的乳化能力仅为单酯的1%），是目前产量最大的食品乳化剂。依据 GB 7718—2011《食品安全国家标准　预包装食品标签通则》二十九、关于食品添加剂通用名称标示注意事项（三）"单、双甘油脂肪酸酯（油酸、亚油酸、亚麻酸、棕榈酸、山嵛酸、硬脂酸、月桂酸）"可以根据使用情况标示为"单、双甘油脂肪酸酯"或"单、双硬脂酸甘油酯"或"单硬脂酸甘油酯"等。

#### 2. 单甘油脂肪酸酯

单甘油脂肪酸酯简称单甘酯，分子式 $C_{21}H_{42}O_{47}$，相对分子质量 358.57。

（1）性状　单甘油脂肪酸酯为微黄色蜡状固体。凝固点不低于 54℃。不溶于水，与热水强烈振荡混合时可分散于热水中。溶于热乙醇、油等。可燃。

（2）性能　单甘油脂肪酸酯 HLB 值 2.8~3.5；具有良好的亲油性，系 W/O 型乳化剂；因本身的乳化性很强，也可作为 O/W 型乳化剂。

（3）毒性　ADI 不作限制性规定。安全。单甘油脂肪酸酯经人体摄取后，在肠内完全水解，形成正常代谢的物质，对人体无害。但过多摄取，可能患肾结石。

（4）应用　依照 GB 2760—2024《食品安全国家标准　食品添加剂使用标准》，单、双甘油脂肪酸酯（油酸、亚油酸、柠檬酸、亚麻酸、棕榈酸、山嵛酸、硬脂酸）使用范围和最大使用量（g/kg）为：香辛料类 5.0；赤砂糖、原糖、其他糖和糖浆 6.0；黄油和浓缩黄油 20.0；生干面制品 30.0。各类食品（表 A.2 中编号为 1~4、6~11、13~14、16~30、32~53、59~68 的食品类别除外）按生产需要适量使用。

#### 3. 乳酸脂肪酸甘油酯

乳酸脂肪酸甘油酯是由乳酸和脂肪酸部分酯化的混合物。

（1）性状　乳酸脂肪酸甘油酯稠度从柔软至坚硬的蜡状固体。不溶于冷水，能分散于热水。溶于热异丙醇、棉籽油。遇较强的氧化剂、碱类发生氧化、水解等反应。乳酸脂肪酸甘油酯对热的稳定性略差，使用时应避免长时间受热。

（2）性能　乳酸脂肪酸甘油酯属 W/O 型乳化剂，HLB 值 3~4。具有保持脂肪 $\alpha$-晶型的作用，增强和稳定泡沫。

（3）毒性　一般公认安全。

（4）应用　依照 GB 2760—2024《食品安全国家标准　食品添加剂使用标准》，乳酸脂肪酸甘油酯用在稀奶油中的最大使用量（g/kg）为：5.0。此外，可在各类食品（GB 2760—2024 表 A.2 中编号为 1~68 的食品类别除外）中按生产需要适量使用。

## 二、蔗糖脂肪酸酯

蔗糖脂肪酸酯亦称为脂肪蔗糖酯，简称蔗糖酯（SE），为蔗糖与正羧酸反应生成的一大类有机化合物的总称。与蔗糖成酯的脂肪酸一般有硬脂酸、软脂酸、棕榈酸、月桂酸等。一般蔗糖酯只在三个伯羟基上酯化，当羟基酯化超过 6 个，称为蔗糖多酯。但用作食品乳化剂的商品蔗糖酯常为单、双、三酯的混合物。

（1）性状　蔗糖酯由于酯化时所用的脂肪酸的种类和酯化度不同，它可为白色至微黄色粉末、蜡状或块状物，也有的呈无色至浅黄的稠状液体或凝胶。无臭或有微臭（未反应的脂肪酸臭味），无味，但月桂酸（$C_{12}$）以下的短链脂肪酸或不饱和脂肪酸酯化的常含有苦味或辛辣味，不宜食用。蔗糖酯在 120℃ 以下稳定，加热至 145℃ 以上则分解。单酯易溶于温水，双酯以上难溶于水。溶于乙醇。在油脂中仅能溶解 1% 以下。蔗糖酯耐热性较差，受热可发生焦糖化作用，使色泽加深。此外，酸、碱、酶可导致蔗糖酯水解。一般其 HLB 值在 3~15。

（2）性能　蔗糖酯有良好的表面活性，能降低界面张力。水溶液有黏性，对油和水起乳化作用。商品蔗糖酯单酯含量越多，HLB 值越高，亲水性越强（单酯 HLB 值为 10~16，双酯为 7~10）。表 8-2 所示为几种蔗糖酯的单酯含量与 HLB 值的关系。

表 8-2　蔗糖脂肪酸酯中单酯含量与 HLB 值的关系

| 商品名称 | 化学名称 | 单酯含量/% | 双、三酯含量/% | HLB 值 |
| --- | --- | --- | --- | --- |
| S-1570 | 蔗糖硬脂酸酯 | 70 | 30 | 15 |
| S-1170 | 蔗糖硬脂酸酯 | 55 | 45 | 11 |
| S-970 | 蔗糖硬脂酸酯 | 50 | 50 | 9 |
| S-770 | 蔗糖硬脂酸酯 | 40 | 60 | 7 |
| S-370 | 蔗糖硬脂酸酯 | 20 | 80 | 3 |
| P-1570 | 蔗糖软脂酸酯 | 70 | 30 | 15 |
| O-1570 | 蔗糖油酸酯 | 70 | 30 | 15 |

注：商品名中后两位数为结合的脂肪酸含量百分数，前一或两位数值表示该商品的 HLB 值。

从表 8-2 中可以看出，蔗糖酯的 HLB 值范围很大，既可用于油脂和含油脂丰富的食品，也可用于非油脂和油脂含量少的食品，具有乳化、分散、润湿、发泡等一系列优异性能。蔗糖酯对淀粉有特殊的作用，可使淀粉有特殊的碘反应消失，明显提高淀粉的糊化温度，并有显著的防老化作用。

蔗糖酯单酯含量多，进入人体后能以胶束的形式将血液中的胆固醇携出体外，可治疗高胆固醇血症。此外，蔗糖多酯具有普通固态油脂的口感和性状，又不会被人体消化分解，故是理想的代脂减肥剂，美国已使用于油炸土豆片的油中，以减少制品含油量。

(3) 毒性　大鼠经口（蔗糖脂肪酸酯）$LD_{50} \geqslant 30g/kg$ 体重，ADI 为 $0 \sim 10mg/kg$ 体重（系指蔗糖酯总 ADI）。

(4) 应用　依照 GB 2760—2024《食品安全国家标准　食品添加剂使用标准》，蔗糖脂肪酸酯的部分使用范围和最大使用量（g/kg）为：稀奶油 2.5；调制乳、焙烤食品 3.0；生湿面制品（如面条、饺子皮、馄饨皮、烧麦皮）、生干面制品、方便米面制品、果冻 4.0；调制稀奶油、稀奶油类似品、基本不含水的脂肪和油、水油状脂肪乳化制品（02.02.01.01 黄油和浓缩黄油除外）、02.02 类以外的脂肪乳化制品，包括混合的和（或）调味的脂肪乳化制品、可可制品、巧克力和巧克力制品（包括代可可脂巧克力及制品）以及糖果 10.0。

### 三、改性大豆磷脂

大豆磷脂是从原料丰富的大豆中提取的产物。由于天然磷脂分子中含有较多的不饱和双键，在空气中易氧化，影响了它的使用效果。为了克服天然磷脂的这一缺陷，通过精制和（或）脂肪酸基团羟基化对磷脂进行改性，提高大豆磷脂的性能。成为改性大豆磷脂，又称羟化卵磷脂。

(1) 性状　大豆磷脂主要含磷酸胆碱、磷酸胆胺和磷酸肌醇。其液体精制品为浅黄色至褐色透明或半透明的黏稠状物质。无臭或微带坚果类特异气味和滋味。属于热敏性物质，在温度达到 80℃ 时色泽变深、气味和滋味变劣，120℃ 开始分解。纯品不稳定，在空气中、日光照射下，迅速变黄，逐渐变得不透明。不溶于水，但易形成水合物而成胶体乳状液。微溶于乙醇。有吸湿性。HLB 值为 3。

改性固体大豆磷脂为黄色至棕褐色颗粒状物或粉状物，无臭。新鲜制品为白色，在空气中迅速转变为黄色或棕褐色。吸湿性强。能分散于水，部分溶于乙醇。

(2) 性能　改性大豆磷脂有较好的亲水性和水包油乳化功能。其乳化性能可以改良油脂的性状；可以增大面团体积及其均一性，具有良好的起酥性、贮藏稳定性。与鸡蛋蛋白、乳清蛋白、酪蛋白、大豆蛋白、小麦蛋白或明胶结合形成的磷脂蛋白复合物，具有足够的乳化能力。改性大豆磷脂可增强溶质的溶解性及分散性。

改性大豆磷脂具有良好的抗氧化功能，有广谱的抗菌性能。

(3) 毒性　一般公认安全。ADI 不作限制性规定。

(4) 应用　依照 GB 2760—2024《食品安全国家标准　食品添加剂使用标准》，改性大豆磷脂可在各类食品（GB 2760—2024 表 A.2 中编号为 1~68 的食品类别除外）中按生产需要适量使用。

如改性大豆磷脂用于焙烤食品，起酥性好，并能延长食品的保存期。改性大豆磷脂加入油脂后，形成一种适合于制作海绵蛋糕的乳状液，能改善蛋糕表面的油滑现象。还可作为饮料、奶油等中的乳化剂。

### 四、山梨醇酐脂肪酸酯

山梨醇酐脂肪酸酯又名失水山梨醇脂肪酸酯（SFE），是由山梨醇及其单酐和二酐、脂肪酸反应生成，商品名称为司盘（Span）。该类乳化剂有不同产品，其区别只是被酯化在亲水组分上的食用脂肪酸的种类和数量不同，有山梨醇酐单月桂酸酯（Span 20）、山梨醇酐单棕榈酸酯（Span 40）、山梨醇酐单硬脂酸酯（Span 60）、山梨醇酐三硬脂酸酯（Span 65）、山梨醇酐单油酸酯（Span 80）等。

1. 基本参数

山梨醇酐脂肪酸酯的基本参数如表 8-3 所示。

表 8-3　　山梨醇酐脂肪酸酯的基本参数

| 商品名 | 化学名 | 总脂肪酸/% | 熔点/℃ | 酸值/(mgKOH/g) | 皂化值/(mgKOH/g) | 碘值/(gI/100g) | 羟基/(mgKOH/g) | HLB 值 | 类型 |
| --- | --- | --- | --- | --- | --- | --- | --- | --- | --- |
| Span 20 | 山梨醇酐单月桂酸酯 | 58~61 | 14~16 | 4~8 | 158~170 | 4~8 | 330~358 | 8.6 | O/W |
| Span 40 | 山梨醇酐单棕榈酸酯 | 63~66 | 45~47 | 4~7.5 | 140~150 | ≤2 | 270~305 | 6.7 | O/W |
| Span 60 | 山梨醇酐单硬脂酸酯 | 70~73 | 52~54 | 5~10 | 147~157 | ≤2 | 235~260 | 4.7 | W/O |
| Span 65 | 山梨醇酐三硬脂酸酯 | 84~87 | 55~57 | 12~15 | 176~188 | ≤2 | 66~80 | 2.1 | W/O |
| Span 80 | 山梨醇酐单油酸酯 | 71~74 | 10~12 | 5~8 | 145~160 | 65~75 | 193~210 | 4.3 | W/O |

2. 性状、性能、毒性

（1）性状　溶于油类及多种有机溶剂，不溶于冷水，能分散于热水中。

（2）性能　具有较强的乳化、分散、润湿性能，是良好的增稠剂、润滑剂、稳定剂和消泡剂。

如山梨醇酐单硬脂酸酯，商品名 Span 60，化学式 $C_{17}H_{35}COOC_6H_8O(OH)_3$。性状为浅乳白色至棕黄色蜡状固体物，有臭气，味柔和。不溶于水，但可分散于热水。溶于乙醇。溶于 50℃ 以上的矿物油。在不同 pH 溶液中稳定。性能为亲油性乳化剂，可用于制备 W/O 型乳状液。其乳化力优于其他乳化剂。但风味差，故常与其他乳化剂复配使用。

（3）毒性　大鼠经口 $LD_{50}$≥10g/kg 体重，ADI 为 0~25mg/kg 体重。无毒性。一般公认安全。

3. 应用

依照 GB 2760—2024《食品安全国家标准　食品添加剂使用标准》，Span 20、Span 40、Span 60、Span 65、Span 80 的部分使用范围和最大使用量（g/kg）为：风味饮料（仅限果味饮料）0.5；其他（仅限饮料混浊剂）0.05；月饼 1.5；豆类制品（以每千克豆类的使用量计）1.6；调制乳、冰淇淋、雪糕类、经表面处理的鲜水果、经表面处理的新鲜蔬菜、除胶基糖果以外的其他糖果、面包、糕点、饼干、果蔬汁（浆）类饮料、固体饮料类（速溶咖啡除外）3.0；植物蛋白饮料 6.0；稀奶油（淡奶油）及其类似品（01.05.01 稀奶油除外）、氢化植物油、可可制品、巧克力和巧克力制品（包括代可可脂巧克力及制品）、速溶咖啡、干酵母 10.0。

### 五、聚氧乙烯山梨醇酐脂肪酸酯

聚氧乙烯山梨醇酐脂肪酸酯简称聚山梨酸酯，商品名吐温（Tween），是山梨醇或相应的山梨醇单酯、双酯与环氧乙烷合成物。有聚氧乙烯山梨醇酐单月桂酸酯（Tween 20）、聚氧乙烯山梨醇酐单棕榈酸酯（Tween 40）、聚氧乙烯山梨醇酐单硬脂酸酯（Tween 60）、聚氧乙烯山梨醇酐单油酸酯（Tween 80）等多种产品。

**1. 基本参数**

聚氧乙烯山梨醇酐脂肪酸酯的基本参数如表 8-4 所示。

表 8-4　　　　　　　　聚氧乙烯山梨醇酐脂肪酸酯的基本参数

| 商品名 | 化学名 | 总脂肪酸/% | 熔点/℃ | 酸值/(mgKOH/g) | 皂化值/(mgKOH/g) | 碘值/(gI/100g) | 羟基/(mgKOH/g) | HLB值 | 类型 | 氧乙烯量/% |
|---|---|---|---|---|---|---|---|---|---|---|
| Tween 20 | 聚氧乙烯山梨醇酐单月桂酸酯 | 15~17 | 液体 | 0.5~1.5 | 40~50 | — | 96~108 | 16.9 | W/O | 70~74 |
| Tween 40 | 聚氧乙烯山梨醇酐单棕榈酸酯 | 18~20 | 液体 | 0.5~1.5 | 41~52 | — | 90~107 | 15.6 | W/O | 66~70.5 |
| Tween 60 | 聚氧乙烯山梨醇酐单硬脂酸酯 | 21~26 | 26~28 | 0.5~1.5 | 45~55 | ≤2 | 81~91 | 14.9 | W/O | 66~68 |
| Tween 80 | 聚氧乙烯山梨醇酐单油酸酯 | 液体 | 10~12 | 0.5~1.5 | 45~55 | 18~22 | 65~80 | 15.0 | W/O | 67~69 |

**2. 性状、性能、毒性**

如聚氧乙烯山梨醇酐单油酸酯，商品名 Tween 80。

（1）性状　浅黄色至橙黄色油状液体，有轻微的特殊臭味，味微苦。易溶于水，形成无臭几乎无色的溶液。溶于乙醇、非挥发油。不溶于矿物油。

（2）性能　聚氧乙烯山梨醇酐单油酸酯为亲水性乳化剂，能使乳状液形成 O/W 型的体系。通常与司盘系列乳化剂复配使用，乳化效果更好。

（3）毒性　大鼠经口 $LD_{50}$ 为 37g/kg 体重，ADI 为 0~25mg/kg 体重。无毒性。一般公认安全。

**3. 应用**

依照 GB 2760—2024《食品安全国家标准　食品添加剂使用标准》，Tween 20、Tween 40、Tween 60、Tween 80 的部分使用范围和最大使用量（g/kg）为：果蔬汁（浆）饮料（以即饮状态计，相应的固体饮料按冲调倍数增加使用量）0.75；稀奶油、调制稀奶油、液体复合调味料 1.0；调制乳、冷冻饮品（03.04 食用冰除外）1.5；糕点、植物蛋白饮料（以即饮状态计，相应的固体饮料按冲调倍数增加使用量）、含乳饮料（以即饮状态计，相应的固体饮料按冲调倍数增加使用量）2.0；面包 2.5；固体复合调味料 4.5。

> **思考题**
>
> 1. 乳化剂的分子结构有何特征?
> 2. 简述乳化剂的 HLB 值与其作用性质的关系。举例说明。
> 3. 乳化剂应用于食品中时,其表面活性与食品主要成分有何作用关系?举例说明。
> 4. 上网查阅资料,各举一例简述天然、合成食品乳化剂在食品中的应用。
> 5. 上网查阅资料,谈谈你对食品乳化剂的发展有何见解?

模块八
在线测试

### 实训内容

## 实训一　乳化剂的性能比较

### 一、实训目的

了解并比较几种乳化剂的性能。

### 二、实训材料

单甘酯;大豆磷脂;植物油(均为食用级)。
分析天平;电炉;电磁搅拌器等。

### 三、实训步骤

(1) 用量筒量取 100mL 水于两个烧杯中,分别加入单甘酯、大豆磷脂各 0.2g 搅拌至溶解。

(2) 用量筒量取 100mL 植物油于两个烧杯中,分别加入单甘酯、大豆磷脂各 0.2g 搅拌至溶解。

(3) 用吸管分别吸取 0.5,1,3mL 水于装有植物油的两个烧杯中,观察,再加热,用电磁搅拌均匀,静置。

(4) 用吸管分别吸取 0.5,1,3mL 植物油于装有水的两个烧杯中,观察,再加热,用电磁搅拌均匀,静置。

(5) 比较各种乳化剂的性状、性能。

### 四、思考题

比较说明单甘酯、大豆磷脂的性状、性能、应用。

## 实训二　乳化剂对牛乳稳定效果的比较

### 一、实训目的

通过应用试验，进一步了解乳化剂的乳化作用性能，乳化剂对牛乳的稳定效果。

### 二、实训材料

鲜牛乳；单硬脂酸甘油酯；改性大豆磷脂（均为食用级）。

小型均质机；压盖机；常压水浴杀菌器；冰箱；电炉；分析天平等。

### 三、实训步骤

（1）混合　将2L鲜牛乳水浴加热至60~70℃，平均分成两份。事先称好4g单硬脂酸甘油酯、10g改性大豆磷脂，单硬脂酸甘油酯用少量热水（或热牛乳）振荡分散，添加到一份热牛乳中，改性大豆磷脂则直接添加到另一份鲜牛乳中，搅拌均匀。

（2）均质　分别将两份鲜牛乳于5MPs压力下均质，均质前保持鲜牛乳温度为60℃左右。

（3）杀菌、冷却　将均质后的两种鲜牛乳分别用四旋盖玻璃瓶装瓶，扣盖后于水浴锅中加热至中心温度高于80℃，然后拧紧盖子。继续杀菌15~25min。然后先于55℃水浴中冷却10min，后于冷水浴中冷却至38℃以下。

（4）空白鲜牛乳样的制备　参照（1）到（3）步制作空白鲜牛乳样，只是鲜牛乳中不添加乳化剂。

（5）贮藏　将所有消毒牛乳样品于4~10℃中冷藏，5天观察一次（主要观察乳液面是否出现脂肪层或乳晕，20天后对各种样品进行品尝，注意口感和风味的区别）。

### 四、思考题

举例说明乳化剂在乳饮料中的乳化稳定作用。

## 实训三　豆乳饮料制作时乳化剂的使用

### 一、实训目的

通过应用试验，进一步了解乳化剂的乳化作用性能，乳化剂对豆乳饮料的稳定效果。

### 二、实训材料

黄豆；乳粉；白砂糖；海藻酸钠；单甘酯；蔗糖酯。

磨浆机；分析天平；调配罐；小型均质机；压盖机；常压水浴杀菌器；冰箱等。

### 三、实训步骤

（1）黄豆用水浸泡约 8h，与水以 1∶10 的比例磨浆，过滤制得豆浆，再于 95~100℃ 煮浆 20min，导入调配罐，占总调配量的 60%。

（2）稳定剂溶解　白砂糖 8%、乳粉 4%、海藻酸钠 0.1%、单甘酯少许、蔗糖酯少许混合后，用溶解罐溶解均匀，导入调配罐。

（3）调配　在调配罐中定容，并搅拌 20min。

（4）均质　均质温度 60~70℃，均质压力 30~35MPa。

（5）灌装　四旋玻璃瓶和瓶盖先灭菌，均质后的料液在温度 ≥80℃ 时，迅速灌装封瓶。

（6）杀菌　煮沸 5min。

（7）贮藏　将所有杀菌豆乳样品于 4~10℃ 下冷藏，观察其稳定性。

### 四、思考题

（1）计算试验中单甘酯、蔗糖酯的量。

（2）简述单甘酯、蔗糖酯在豆乳饮料中的作用。

（3）为什么加入单甘酯、蔗糖酯两种乳化剂？仅用其中的一种可以吗？

# 模块九 增稠剂

## 学习目标

### 知识目标

1. 了解增稠剂的作用机制、发展状况。
2. 掌握增稠剂的性能、作用。

### 技能目标

1. 能够根据产品特点,设计出安全的增稠剂选用方案。
2. 能依据国家标准按加工需求计算果冻中增稠剂的添加量并安全规范应用。
3. 能对增稠剂的使用进行作用效果评价。

### 素质目标

1. 认识增稠剂在食品工业中的作用,为人民群众提供更多种类、更好品质的食品,强化培养服务人民的爱国热情。
2. 认识增稠剂效果的影响因素,以解决食品的增稠、胶凝问题,增强投身食品产业的专业志趣和职业情怀。

## 学习内容

### 项目一

## 增稠剂的特点、作用和发展

依据 GB 2760—2024《食品安全国家标准 食品添加剂使用标准》,增稠剂是可以提高食品的黏稠度或形成凝胶,从而改变食品的物理性状,赋予食品黏润、适宜的口感,并兼有乳化、稳定或使呈悬浮状态作用的物质。

## 一、增稠剂的特点和分类

### 1. 增稠剂的特点

(1) 一般均属于亲水性高分子化合物　增稠剂分子中有亲水基团:—OH、—COOH、—NH$_2$,一般均属于亲水性高分子化合物,具胶体性质,可水化而形成高黏度的均相液,故又常称作糊料、水溶胶或食用胶。它在水中有一定的溶解度;能在水中强烈溶胀,在一定温度范围内能迅速溶解或糊化;水溶液有较大黏度,具有非牛顿流体性质;在一定条件下能形成凝胶体和薄膜。

(2) 增稠剂因增加稠度而使乳化液得以稳定　但它们的单个分子并不同时具有乳化剂所特有的亲水、亲油性,因此,增稠剂不是真正的乳化剂。

(3) 各种增稠剂具有各不同的络合性能　增稠剂由于均属于大分子聚合物,在它们的大分子链上,无论是直链上、支链上或交联的链上,分布有一些酸性的、中性的或碱性的基团,因此使之具有各种不同的络合性能,如不同的耐热性、耐酸性、耐碱性、耐盐性等。

### 2. 增稠剂的分类

(1) 增稠剂从来源和加工方式角度分类,可分为天然和合成两大类。

天然增稠剂占大多数,根据来源可分为动物性胶、植物性胶及微生物胶。植物性胶如阿拉伯胶、刺梧桐胶等。动物性胶如明胶、酪蛋白等。微生物胶如黄原胶等。

合成增稠剂包括以天然增稠剂进行改性制取的,如羧甲基纤维素钠、海藻酸丙二酯、羧甲基纤维素钙、羧甲基淀粉钠、磷酸淀粉钠、乙醇酸淀粉钠等;以及以化学方法人工合成的,如聚丙烯酸钠等。

(2) 根据食品增稠剂的性能和作用,又可分出一类食品胶凝剂。

一般食品增稠剂主要用于增加黏度。典型的增稠剂,例如有改性淀粉、瓜尔豆胶、槐豆胶、黄原胶、阿拉伯胶、羧甲基纤维素、海藻酸盐等。而食品胶凝剂主要用于形成凝胶。常作食品胶凝剂的有明胶、海藻酸盐、果胶、卡拉胶、琼脂等。其中海藻酸盐既可增稠又有胶凝作用。例如黄原胶和槐豆胶单独使用时只作食品增稠剂,但两者配合使用时又成了食品胶凝剂。

(3) 根据食品增稠剂的组成,一般可分为多肽类和多糖类两大类。

一般食品增稠剂均为多糖类;但是例如明胶是多肽类。

## 二、增稠剂的作用

### 1. 赋予食品流变特性、增稠作用

增稠剂对保持流态食品、胶冻食品的色、香、味、结构和稳定性起相当重要的作用。增稠剂在食品中主要是赋予食品所需的流变特性,在食品加工中能起到提高稠性、黏度、黏着力,硬度、脆性、紧密度以及稳定乳化、悬浊体等作用;改善食品的质构外观、组织结构,使液体、浆状食品形成特定形态,食品获得所需各种形状,并稳定、均匀,提高食品质量,和硬、软、脆、黏、稠等黏滑适口的各种口感。

### 2. 胶凝作用

部分增稠剂也具有胶凝作用。用于果冻、软糖、仿生食品等。

以琼脂为例，凝胶过程是：琼脂在由热的溶胶冷却至 40℃ 并向凝胶转变的过程中，先在分子内进行氢键结合，进一步在分子与分子之间进行结合，并呈现分子的双螺旋缠绕形式，而当有大量双螺旋结构时，就会出现琼脂糖的网状结构，因而形成凝胶。琼脂凝胶坚挺、硬度高。

### 3. 具有溶水和稳定的特性

增稠剂能使食品在冻结过程中生成的冰晶细微化，并包含大量微小气泡，使其结构细腻均匀，口感光滑，外观整洁。

例如，冰淇淋和冰点心的质量很大程度取决于冰晶的形成状态，加入增稠剂可以防止结成过大的冰晶，以免感到组织粗糙有渣。当增稠剂用于果酱、颗粒状食品、各种罐头、软饮料及人造奶油时，可使制品具有令人满意的稠度。又如当有机酸加到牛乳或发酵乳中时，会引起乳蛋白的凝聚与沉淀，这是酸乳饮料中的严重问题，但加入增稠剂后，则能使制品均匀稳定。

增稠剂有强亲水作用。能吸收几十倍乃至上百倍于自身质量的水分，并有持水性。这可改善面团的吸水量，保持面包的含水量，保持新鲜。

### 4. 其他作用

当增稠剂添加量、作用环境、复配组合、加工工艺等因素发生变化时，它们还可能起到稳定剂、悬浮剂、成膜剂、充气剂、絮凝剂、黏结剂、乳化剂、润滑剂、组织改进剂、结构改进剂等作用。

例如，在蛋糕、面包中作发泡剂，明胶发泡能力是鸡蛋的 6 倍。又如可用作食品成膜剂的有明胶、琼脂、海藻酸等。

增稠剂对不良气味还有掩蔽作用。如在豆乳中加入 2%~5% 环糊精可显著减少豆腥味。增稠剂还有絮凝作用，如卡拉胶可在果汁类食品中作澄清剂。

## 三、增稠剂效果的影响因素

### 1. 结构及相对分子质量对黏度的影响

一般增稠剂在溶液中容易形成网状结构或具有较多亲水基团的胶体，具有较高的黏度。因此，具有不同分子结构的增稠剂，即使在相同浓度或其他条件下，黏度亦可能有较大的差别。同一增稠剂品种，随着平均相对分子质量的增加，形成网状结构的概率也增加，即相对分子质量越大，黏度也越大。而食品在生产和贮存过程中黏度下降，其主要原因是增稠剂降解，相对分子质量变小。

### 2. 浓度对黏度的影响

随着增稠剂浓度的增高，增稠剂分子体积增大，相互作用的概率增加，吸附的水分子增多，故黏度增大。

### 3. pH 对黏度的影响

增稠剂的黏度通常随 pH 发生变化，如海藻酸钠在 pH 5~10 时，黏度稳定；pH 小于 4.5 时，黏度明显增加（但在此条件下由于发生酸催化降解，造成黏度不稳定），所以海藻酸钠宜在接近中性的豆乳等食品中使用。

#### 4. 温度对黏度的影响

随着温度升高，分子运动速度加快，一般溶液的黏度降低，如在通常使用条件下海藻酸钠溶液，大约温度每升高 5~6℃，黏度就下降 12%。为避免黏度不可逆的下降，应尽量避免胶体溶液长时间高温受热。少量氯化钠存在时，黄原胶的黏度在 $-4$~93℃ 范围内变化很小，这是增稠剂中的特例。位阻大的黄原胶和藻酸丙二醇酯，热稳定性较好。

#### 5. 切变力对增稠剂溶液黏度的影响

增稠剂在较低的浓度时就具有较高黏度。切变力的作用是降低分散相颗粒间的相互作用力；这种作用力越大，结构黏度降低越明显。一定浓度的增稠剂溶液的黏度，会随搅拌、泵压等的加工、传输手段而变化，有利于这类液体产品的管道运送和分散包装。

#### 6. 增稠剂的协同效应

如果增稠剂混合复配使用时，增稠剂之间会产生一种黏度叠加效应。这种叠加可以是增效的，混合溶液经过一定时间后，体系的黏度大于各组分黏度之和，或者形成更高强度的凝胶。如 CMC 与明胶，卡拉胶、瓜尔豆胶和 CMC，琼脂与槐豆胶，黄原胶与槐豆胶等，混合复配使用一般有较好增效作用。

#### 7. 其他因素对黏度的影响

增稠剂粒子的分散和溶解也影响其应用特性，亲水性胶体分子的化学构造直接影响其溶解性。此外还有多方面影响黏度的因素。如在海藻酸钠溶液中添加非水溶剂或增加能与水相混溶的溶剂（如酒精等）的量，溶液的黏度会提高，并最终导致海藻酸钠的沉淀。而高浓度的表面活性剂会使海藻酸钠黏度降低，最终使海藻酸盐从溶液中沉淀析出。

### 四、增稠剂的发展

增稠剂在食品工业中的应用十分广泛，相对应的产品有很多，如果冻、悬浮饮料、果汁、发酵乳、液态乳、软糖、冰淇淋、肉制品、米面制品、仿生食品等。开拓增稠剂应用领域，努力降低成本，提高质量，与国际市场接轨是今后我国增稠剂发展的主要工作。如改性淀粉在我国具有很大的发展空间；我国沿海地区具有丰富的海藻资源，开发潜力巨大；田菁胶生产在我国东南沿海资源丰富；亚麻籽胶由于黏度、溶解性和发泡性、乳化性比较好，而且安全无毒，在食品工业中可替代果胶、琼脂、阿拉伯胶、海藻胶等，具有广阔的发展前景。

增稠剂由于品种多，产地不同，生产工艺不同，黏度系数不等，在具体应用时结果上也会产生明显差异。如果选择不当，不仅会造成使用量加大、生产成本上升，而且也达不到预期的效果。国外的发展趋势是为不同用户提供有针对性的产品及符合工艺条件需求的复合胶。食品胶生产商与食品制造商之间的技术合作是当前食品工业中专业分工的必然发展趋势。为食品加工企业提供多重选择性以及各种胶的优选组合应用也是今后发展特色食品的关键。增稠剂的另一个发展趋势是除了实现体系的稳定增稠等品质改良功能外，还向"功能性食品"的成分之一发展，对多糖化合物所具有的功能更加重视。如果胶、阿拉伯胶、低聚果糖、魔芋胶等发展前景良好。

当今，我国增稠剂生产加工得到飞速发展，例如微生物多糖-黄原胶是一种重要的食品增稠剂，因其独特的性质而被广泛应用。近年来，黄原胶的产量显著增加，并且在技术上取得了一些突破，打破了国外技术封锁。近几年，可得然胶、普鲁兰多糖又相继问世，产能由小变大,产品品种日益增多。我国作为增稠剂的生产大国,随着高新技术产品的不断推出,已被国际食品配料巨头瞄准。

中国的增稠剂市场是一个新兴市场,是一个朝阳产业,虽然现在市场规模与人口总数比起来相对较小,但随着人民生活水平的提高,消费者对食品的品质、外观、风味等要求会越来越高,增稠剂作为改善食品特性的一种常用的食品添加剂,其发展的势头是非常好的,而且增长空间也是非常巨大的。作为食品行业从业者,应利用高新技术,潜心研究,勇攀高峰,开拓应用领域。努力与国际市场接轨,创新、开发出安全、健康、价低、质优的新型增稠剂。

## 项目二

## 天然增稠剂

### 一、天然增稠剂分类

天然增稠剂占增稠剂的大多数,根据来源可分为植物性胶、动物性胶及微生物胶。

#### 1. 植物性胶

由植物渗出液制取的增稠剂:由不同植物表皮损伤的渗出液制得的增稠剂,其成分是一种由葡萄糖和其他单糖缩合而成的多糖衍生物。如阿拉伯胶、刺梧桐胶均属于此类增稠剂。

由植物种子、海藻制取的增稠剂:由植物及其种子制取的增稠剂,在许多情况下,其水溶性多糖相似于植物受刺激后的渗出液。它们是经过精细的专门技术处理而制得的,包括选种、种植布局、种子收集和处理。这些增稠剂都是多糖酸盐,其分子结构复杂。例如由海藻类所产生的胶及其盐类,如海藻酸、琼脂、卡拉胶等;还有由植物的某些组织制得的胶,如果胶、魔芋胶等。

#### 2. 动物性胶

由动物性原料制取的增稠剂。这类增稠剂是从动物的皮、骨、筋、乳等中提取的,其主要成分是蛋白质。例如由动物分泌或其组织制得的胶,如明胶、酪蛋白等。

#### 3. 微生物胶

以天然物质为基础的半合成增稠剂。这类增稠剂是真菌或细菌(特别是由它们产生的酶)与淀粉类物质作用时产生的。例如由微生物繁殖时所分泌的胶,如黄原胶等。

### 二、常用天然增稠剂

#### 1. 琼脂

琼脂又称琼胶、冻粉和洋菜,是石花菜科、江蓠科等红藻的细胞壁成分之一,其基本化学组成是以半乳糖为骨架的多糖,主要成分为琼脂糖和琼脂胶两类。分子式$(C_{12}H_{18}O_9)_n$。琼脂的基本构型为聚半乳糖苷。

(1)性状 琼脂为无色透明或类白色淡黄色半透明细长薄片,或为鳞片状无色或淡黄色粉末,无臭,味淡,口感黏滑,不溶于冷水,但可分散于沸水并吸20倍水而膨胀,在搅拌下加热至100℃可配成5%浓度的溶液。凝胶温度为32~39℃，熔化温度为80~97℃。在凝胶状态下不降解、不水解，耐高温。琼脂的耐酸性高于明胶和淀粉，低于果胶和海藻酸丙二醇酯。

（2）性能　一般配0.5%可成坚实凝胶体，含水时柔软而带韧性，不易折断，干燥后发脆，易碎。低于0.1%时则不能胶凝而成为黏稠液体。琼脂的品质以凝胶能力来衡量：优质琼脂，0.1%的溶液即可胶凝；一般品质的，胶凝浓度不应低于0.4%；较差的，浓度应在0.6%以上方能胶凝。

琼脂凝胶质硬，用于食品加工可使制品具有明确形状，但其组织粗糙，表皮易收缩起皱，质地发脆。当与卡拉胶复配使用时，可得到柔软、有弹性的制品。琼脂与糊精、蔗糖复配时，凝胶的强度升高，而与海藻酸钠、淀粉复配使用，凝胶强度则下降；与明胶复配使用，可轻度降低其凝胶的破裂强度。

（3）毒性　ADI不作限制性规定。一般公认安全。

（4）应用　依照GB 2760—2024《食品安全国家标准　食品添加剂使用标准》，琼脂作为增稠剂，可在各类食品（GB 2760—2024表A.2中编号为1~68的食品类别除外）中按生产需要适量使用。

如琼脂用于软糖，可改善口感；用于冰淇淋可改善组织状态，提高黏度和膨胀率，防止冰晶析出，使制品口感细腻；用于发酵乳、冰饮，可改善组织状况和口感；用于豆馅，可提高黏着性、弹性、持水性和保型性；用于果冻，可使制品凝胶坚脆。

**2. 海藻酸钠、海藻酸钾**

依据GB 2760—2024《食品安全国家标准　食品添加剂使用标准》，作为食品增稠剂，海藻酸盐中重要的是海藻酸钠、海藻酸钾。

（1）性状

海藻酸钠分子式：$(C_6H_7NaO_6)_n$。为白色或淡黄色粉末，几乎无臭，无味。不溶于乙醇，缓慢地溶于水形成黏稠状溶液。1%水溶液的pH为6~8，黏性在pH为6~9时稳定，加热至80℃以上黏性降低。水溶液久置，也缓慢分解，黏度降低。有吸湿性，为水合力强的亲水性高分子。

海藻酸钾分子式：$(C_6H_7O_6K)_n$。为无色或浅黄色纤维状粉末或粗粉，几乎无臭无味。不溶于乙醇，不溶于pH低于3的酸，缓慢溶于水形成黏稠胶体。1%的水溶液pH为6~8，黏性在pH 6~9时稳定，在$Ca^{2+}$等高价离子存在时可形成胶凝。可与羧甲基纤维素、蛋白质、糖、淀粉和大多数水溶性胶相配伍。

（2）性能　海藻酸盐是一种亲水性聚合物，具有聚合物共有的一般特征，其水溶性也表现出高分子溶液特有的溶液性质。海藻酸盐溶液的一个重要特点是具有较高的溶液黏度。

（3）毒性

海藻酸钠：大鼠经口$LD_{50} \geq 5g/kg$体重。ADI为0~0.025g/kg体重。一般公认安全。

海藻酸钾：大鼠经口$LD_{50} \geq 5g/kg$体重。ADI不作特殊规定。

（4）应用　依照GB 2760—2024《食品安全国家标准　食品添加剂使用标准》，海藻酸钾可在各类食品（表A.2中编号为1~68的食品类别除外）中按生产需要适量使用。

海藻酸钠的使用范围和最大使用量（g/kg）为：用于赤砂糖、原糖、其他糖和糖浆

10.0；其他特殊膳食用食品（仅限13月龄~10岁特殊医学用途配方食品中氨基酸代谢障碍配方产品）1.0（适用于13月龄~36月龄幼儿的产品），按生产需要适量使用（适用于37月龄~10岁人群的产品）。

用于其他各类食品，表 A.2 中编号为 1~4、6~9、11~30、33~49、54~61、63~68 的食品类别除外，按生产需要适量使用。

### 3. 卡拉胶

卡拉胶又名角叉胶、鹿角藻菜，是红藻科藻类成分。卡拉胶可从角叉菜等原料中提取。它是由半乳糖及脱水半乳糖组成的多糖类硫酸酯的钙、钾、钠、铵盐。由于其中硫酸酯结合形态的不同，已知的有 $\kappa$-型、$\iota$-型、$\lambda$-型等七种，其中最主要的是 $\kappa$-型和 $\iota$-型两种。$\kappa$-型卡拉胶是 $\alpha$-（1→4）-$D$-半乳糖-4-硫酸盐和 $\beta$-（1→4）-3,6-脱水-$D$-半乳糖的交替聚合物；$\iota$-型卡拉胶则除在 $D$-半乳糖基的 4 位上有硫酸酯基团外，在 3,6-脱水-$D$-半乳糖基的 2 位上也衍生有硫酸酯基团。卡拉胶分子式 $(C_{12}H_{18}O_9)_n$。

（1）性状　卡拉胶为白色至淡黄褐色、表面皱缩、微有光泽、半透明片状体或粉末物。无臭或有微臭，无味，口感黏滑。溶于60℃以上的热水中，形成黏性透明或轻微乳白色的易流动溶液。如先用乙醇、甘油或饱和蔗糖水溶液浸湿后，则较易溶于水。加入30倍的水，煮沸10min的卡拉胶溶液，冷却后形成胶体。与水结合黏度增加。与蛋白反应起乳化作用，能使乳化液稳定。它溶于热牛奶。pH 为 7。

（2）性能　卡拉胶水溶液相当黏稠，其黏度比琼脂大。盐可降低卡拉胶溶液的黏度，这是因为盐能降低酯或硫酸根之间的静电引力的缘故。温度升高，黏度降低。温度降低，黏度又上升。这种变化是可逆的。

$\kappa$-型和 $\iota$-型卡拉胶即使在溶液中的浓度低至 0.5% 时，仍可在加热溶解后冷却而形成凝胶，这种凝胶可因再加热而呈可逆性。碱金属离子能诱导凝胶的形成，尤其 $K^+$、$Rb^+$ 在卡拉胶浓度很低时也有这种能力。

热的卡拉胶（限 $\kappa$-型和 $\iota$-型）在冷却时由于键的交联而形成"一定范围"的分子内的双螺旋结构，但它们本身并不能形成凝胶的网状结构。只有当钾等凝胶促进离子存在时方能形成坚强的网状结构。钾离子对 $\kappa$-型卡拉胶的凝胶具有显著影响，故称为钾敏卡拉胶；而钙离子对 $\iota$-型卡拉胶具有显著凝胶作用，故称为钙敏卡拉胶。$\iota$-型卡拉胶与钙离子能形成完全不脱水的、收缩的、富有弹性的和非常黏的凝胶，它是唯一的冷冻-融化稳定型的卡拉胶。钠离子对卡拉胶的凝胶作用有干扰作用，可使凝胶变脆。

由于卡拉胶结构的多样性，故可与其他胶相互作用后形成一系列不同的凝胶。

$\kappa$-型卡拉胶所形成的是强而脆的凝胶，有收缩脱水作用，故不利于单独应用。如与槐豆胶（最高0.25%）复配，其弹性因之提高，内聚力相应增强。当两种胶达到 1∶1 时，破裂强度可相当高，并使产品有相当好的口感；还使其脆度下降，弹性提高，接近于明胶的口感。但如槐豆胶占比过高，则稠度增加，有利于膜的形成。

$\kappa$-型卡拉胶与低酯果胶复配可使之具有良好的持水性，并可降低使用浓度，所得凝胶柔软可口，提高持香能力，但透明度较差。与黄原胶复配时有相似作用，可形成柔软、更有弹性和内聚力的凝胶，并降低收缩脱水作用。

$\kappa$-型卡拉胶与魔芋胶复配时可获得具有弹性的热可逆的凝胶。该凝胶结构与卡拉胶加槐豆胶形成的凝胶相似。瓜尔豆胶不能左右卡拉胶的收缩脱水作用，复配不理想。

κ-型与ι-型卡拉胶复配使用时可提高凝胶的弱性，又能防止脱水收缩。

溶于热牛乳的卡拉胶，冷却时都能形成凝胶。κ-型卡拉胶牛乳凝胶性脆，极易脱液收缩，加入磷酸盐、碳酸盐或柠檬酸盐来螯合或沉淀钙离子，可改善其物理性质。ι-型卡拉胶牛乳凝胶也发生脱液收缩，加入焦磷酸四钠可使脱液收缩现象明显减弱，但凝胶变得柔软。

卡拉胶还能起到乳化稳定作用，如在牛乳咖啡中，可与牛乳中的乳蛋白周围的脂肪微粒发生络合而使乳蛋白处于稳定状态，有效防止产品"油分上浮"或产生"乳圈"挂壁现象。

（3）毒性　大鼠经口 $LD_{50}$ 为 5.1~6.2g/kg 体重。ADI 不作规定。一般公认安全。

（4）应用　依照 GB 2760—2024《食品安全国家标准　食品添加剂使用标准》，卡拉胶可用作为食品增稠剂、乳化剂、稳定剂。其使用范围和最大使用量（g/kg）为：生干面制品 8.0；赤砂糖、原糖、其他糖及糖浆 5.0；婴幼儿配方食品（以即食状态计）0.3。

用于其他各类食品，GB 2760—2024 表 A.2 中编号为 1~4、6~9、11~30、32~49、54~61、63~68 的食品类别除外，按生产需要适量使用。

4. 果胶

果胶是在陆生植物某些组织的细胞间和细胞膜中存在的一类支撑物质的总称。最初为不溶性的原果胶，随着成熟度的增长受果胶酶分解成水溶性的果胶或果胶酸。商品果胶是由原料分解成可溶性果胶而抽出并制成的干燥品。生产果胶的主要原料有柠檬、葡萄柚及橘、橙等甜橘类的果皮（果胶含量高达 20%~30%）；次之为榨汁后的苹果渣，约含果胶 10%~15%；向日葵盘和杆中含有低酯果胶，是较好的果胶提取原料。果胶的结构有多种形式，但本质上是一种线型的脱水半乳糖醛酸聚合物，由 α-1,4-糖苷键键合在一起。分子式 $C_5H_{10}O_5$。

果胶上的羧基可被甲醇酯化。果胶的酯化度（DE）可因提取原料的种类、生长情况、采割期和加工方法不同而有差别。一般将 DE 为 50%~75% 的称为高酯果胶（HM），DE 为 20%~50% 的果胶称为低酯果胶（LM）。

（1）性状　果胶为白色至淡黄褐色的粉末，微有特异臭，味微甜带酸，溶于 20 倍的水中成黏稠状液体，它不溶于乙醇，能为乙醇、甘油和蔗糖浆润湿；与 3 倍或 3 倍以上的砂糖混合后，更易溶于水；对酸性溶液较对碱性溶液稳定。

（2）性能　果胶液的黏度比其他水溶胶低，故实际应用中往往利用其胶凝性能。用作增稠剂时一般与其他增稠剂如黄原胶等配合使用才有明显效果。

高酯果胶需有共聚物（如含糖 55% 以上，或加多元醇），并在 pH3.5（因其 $pK_a$ 为 3.5）以下时才能凝胶。这种凝胶为可逆性凝胶，DE 越高凝胶能力越强，凝胶速度也越快。

低酯果胶与高酯果胶不同，糖度和酸度对其凝胶能力影响不明显，而钙离子成为其凝胶作用强度的制约因素。这种凝胶形成所谓"蛋箱"结构。一般每克低酯果胶约需 15mg 钙离子。如钙离子浓度不足，则凝胶强度不高，如钙离子浓度偏高，则凝胶体不光滑细腻。低酯果胶的凝胶速度与高酯果胶相反，酯化度越低，凝胶速度越快。

不同因素对果胶凝胶能力的影响可归纳于表 9-1。

表 9-1　　　　　　　　　　　　不同因素对果胶凝胶能力的影响

| 影响因素 | 因素变化 | 果胶种类 | 凝胶速度 | 凝胶强度 |
| --- | --- | --- | --- | --- |
| 糖度（固形物含量） | 增高 | HM 或 LM | 加快 | 增强 |
| pH | 降低 | HM 或 LM | 加快 | 增强 |
| 果胶用量 | 增多 | HM 或 LM | 加快 | 增强 |
| 果胶酯化度 | 由低到高 | HM | 加快 | 略有增强 |
|  |  | LM | 减慢 | 略有减弱 |

（3）毒性　ADI 不需特殊规定。一般公认安全。

（4）应用　依照 GB 2760—2024《食品安全国家标准　食品添加剂使用标准》，果胶可用作为食品增稠剂、乳化剂、稳定剂。用于果蔬汁（浆），最大使用量为 3.0g/kg（以即饮状态计，相应的固体饮料按冲调倍数增加使用量）。

用于其他各类食品，GB 2760—2024 表 A.2 中编号为 1~4、6~9、11~30、33~46、48~49、54~68 的食品类别除外，可按生产需要适量使用。

### 5. 黄原胶

黄原胶又称黄胶、汉生胶，是一种由黄单胞杆菌发酵产生的细胞外酸性杂多糖。黄原胶是由 D-葡萄糖、D-甘露糖和 D-葡萄糖醛酸组成的多糖类高分子化合物，分子式 $(C_{35}H_{49}O_{29})_n$。相对分子质量在 100 万以上。黄原胶的二级结构是侧链绕主链骨架反向缠绕，通过氢键维系形成棒状双螺旋结构。

（1）性状　黄原胶为乳白、淡黄至浅褐色颗粒或粉末状物体，微臭。加热至 165℃ 褐变。它易溶于冷、热水，水溶液呈中性，为半透明体。低浓度水溶性的黏度也很高，在已知的各种水溶胶中，黄原胶的黏度是最大的。在水溶液中，黄原胶分子的侧链紧紧缠绕着纤维素主链，所以黄原胶溶液有很强的耐酸、耐碱、抗生物酶降解和耐热的性能。在 pH4~10，其黏度不受影响。其黏度也不受蛋白酶、纤维素酶、果胶酶的影响。在水溶液中，黄原胶分子侧链带有负电荷，具有很强的结合阳离子的能力，使得阳离子不能作用于主链，因此，盐对其黏度也不具影响。温度不变时，受机械力的作用，可发生溶胶与凝胶的可逆变化。搅拌可使溶胶的黏度下降，静置又升高（牛顿塑性）。黄原胶在酸、碱溶液中均能溶解，且在室温下很稳定，数月不变。黄原胶可被强氧化剂如过氯酸等降解。

（2）性能　黄原胶溶液呈假塑性流变性，其黏度总随着浓度的升高而升高。具有优良的热稳定性，在 130℃ 下灭菌 30min，其黏度基本不受影响。黄原胶也显示优良的反复冷冻-解冻耐受性而不出现脱水收缩现象，故在冰淇淋制品中具有良好的抗融化性。由于黄原胶溶液即使在低浓度时也呈现高黏度和低剪切率，因此其悬浮稳定性优于其他水溶胶。

黄原胶的增稠优越性有：①低浓度时即呈高黏度，对悬浮液和乳化液有很高的稳定性；②呈假塑性的流变性和低剪切力，易于灌装、泵送，而静置后黏度迅速恢复；③溶液的黏度与温度、pH 和电解质浓度的变化关系不大，对酶也有极好的稳定性；④在食品中有很好的口感和保香能力，货架期长；⑤与钙、镁、钡、铜、铁等离子有相容性。

黄原胶主要用于制品的增稠、稳定，但与其他水溶胶配合使用时也能获得良好的凝胶。当其与槐豆胶复配时，可形成黏弹性凝胶，两者复配比例为 50∶50 至 60∶40 时凝胶强度最大；与魔芋胶复配时，也有类似于与槐豆胶复配的特性。

（3）毒性　小鼠经口 $LD_{50} \geqslant 10g/kg$ 体重。ADI 不作特殊规定。

（4）应用　依照 GB 2760—2024《食品安全国家标准　食品添加剂使用标准》，黄原胶可用作增稠剂、稳定剂。其使用范围和最大使用量（g/kg）为：生干面制品 4.0；黄油和浓缩黄油、赤砂糖、原糖、其他糖和糖浆 5.0；生湿面制品（如面条、饺子皮、馄饨皮、烧麦皮）10.0；特殊医学用途婴儿配方食品（使用量仅限粉状产品，液态品按照稀释倍数折算）9.0。

用于其他各类食品（GB 2760—2024 表 A.2 中编号为 1~4、6~49、54~61、63~68 的食品类别除外）按生产需要适量使用。

### 6. 明胶

骨胶、皮胶、明胶统称为动物胶。明胶是上等骨胶和皮胶。食用明胶是高分子多肽的高聚合物，具有复杂的化学组成和分子结构。在明胶的化学组成中，蛋白质含量约占 82%以上，构成其蛋白质的 18 种氨基酸中有 7 种必需氨基酸，仅缺少一种必需的色氨酸。明胶是一种水溶性蛋白质，是由动物的皮、骨、软骨、韧带、肌腱及其他结缔组织含的胶原蛋白，经部分水解制得。明胶生产过程中，这些原材料用稀酸或饱和石灰溶解处理。A 型明胶是用酸法生产的，B 型明胶是用饱和石灰溶液生产的。明胶的分子式 $C_{102}H_{151}N_{31}O_{39}$。

（1）性状　食用明胶为白色或淡黄色透明至半透明带有光泽的脆性薄片、颗粒或粉末，无臭，无味，不溶于冷水，也不溶于乙醇，可溶于热水、甘油、乙酸等溶液。能缓慢地吸收 5~10 倍的冷水而膨胀软化，当它吸收 2 倍以上的水时，加热至 40℃便溶化成溶胶，冷却后形成柔软而有弹性的凝胶。依来源不同，明胶的物理性质也有较大的差异，其中以猪皮明胶性质较优，透明度高，且具有可塑性。明胶凝固点为 20~25℃，30℃熔化。明胶在空气中很容易吸潮，受潮的明胶极易变质。

明胶为两性电解质，碱法 B 型明胶的等电点 pH 在 4.7~5.0；酸法 A 型明胶的等电点 pH 在 8.0~9.0。在等电点，明胶溶液的黏度最小，而凝胶的熔点最高，渗透压、表面活性、溶解度、透明度和膨胀度等均最小。明胶的黏度与胶凝力和吸水率有关，黏度小，胶凝力小，吸水率低。当温度低于明胶特有的凝冻点时即形成可逆凝胶。

明胶的色泽与其中所含的某些金属离子，如铁、铜的含量有关，含量增大，色泽变深。

明胶溶液中有氯化物存在时，对凝固点、透明性、吸湿性、黏度和胶凝力有较大影响。

（2）性能　明胶具有优良的胶体保护性、表面活性、凝胶性、黏稠性、成膜性、悬乳性、缓冲性、浸润性、稳定性和水易溶性。食用明胶还有如可逆性、黏结性、固水性、发泡性、乳化性以及亲和性等多种特性。

与琼脂比较，明胶的凝固力较弱，浓度低于 5%时不发生胶凝，在 10%~15%时发生胶凝形成胶冻。明胶溶液的胶凝化温度与浓度及共存盐的种类、浓度、溶液的 pH 等有关。明胶在溶液中能发生水解使相对分子质量变小，黏度和胶凝力也变小。当水解平均相对分子质量降至 10000~15000 时，则失去胶凝能力。当 pH 在 5~10 范围内时，明胶水解能力降低，胶凝性能变化不大；pH<3 时，胶凝性能变差；pH 为 3 时较为 5 时的胶凝能力下降 10%。明胶溶液长时间（数小时）煮沸，或在强酸、强碱条件下加热，水解加速、加深，导致胶凝力显著下降，甚至不能形成凝胶。明胶溶液中加入大量无机盐，可使明胶从溶液中析出，如三价铝盐可使明胶凝结，从溶液中析出。凝结后的凝胶不能恢复原来的性质，为不可逆凝胶。

明胶的凝胶比琼脂柔软，口感好，且富有弹性。

此外，明胶为亲水性胶体物质，具有很高的保护胶体性质，可用作疏水胶体的稳定剂、乳化剂。明胶还具有起泡和稳泡作用，在凝固温度附近起泡力强。

明胶的熔化温度低，具有溶于口内的特点，不需咀嚼。此外，明胶胶冻在温热尚未溶化的糖浆中不会结晶，温热的明胶胶冻在凝块被搅碎后仍能重新形成，便于加入到含有水果等的胶冻中，而这种胶冻凝固后即可倒出，具有黏度高不渗入多孔布丁和糕点中的特点。

(3) 毒性　食用明胶系天然的蛋白质产品，且容易被人体所消化和吸收，本身无毒性，ADI 不作限制性规定。

(4) 应用　依照 GB 2760—2024《食品安全国家标准　食品添加剂使用标准》，明胶作为增稠剂，可在各类食品（GB 2760—2024 表 A.2 中编号为 1~68 的食品类别除外）中按生产需要适量使用。

食用明胶广泛应用于食品工业的糖果、果冻、果酱、冰淇淋、糕点、各种乳制品、保健食品及肉干、肉松、肉冻、罐头、香肠、粉丝、方便面等产品的生产中。

## 项目三

# 合成增稠剂

## 一、合成增稠剂的分类

### 1. 以天然增稠剂进行改性制取

以天然增稠剂进行改性制取的合成增稠剂有羧甲基纤维素钠、海藻酸丙二酯、羧甲基纤维素钙、羧甲基淀粉钠、磷酸淀粉钠、乙醇酸淀粉钠等。

例如，羧甲基纤维素钠和羧甲基淀粉钠是天然纤维素、淀粉分别经过化学改性得到的具有醚结构的衍生物。可以以马铃薯淀粉渣为原料制备羧甲基纤维素钠、羧甲基纤维素钠和羧甲基淀粉钠混合物。

### 2. 以化学方法人工合成

以化学方法人工合成增稠剂如聚丙烯酸钠，可通过丙烯酸或丙烯酸酯与氢氧化钠反应得丙烯酸钠单体，除去副产的醇类，经浓缩、调节 pH，以过硫酸铵为催化剂聚合制得。

## 二、常用合成增稠剂

### 1. 羧甲基纤维素钠

羧甲基纤维素钠简称 CMC，分子式 $C_8H_{16}NaO_8$。它是葡萄糖聚合度为 100~2000 的纤维素的衍生物。构成纤维素的葡萄糖有三个能醚化的羟基，因此，产品可有各种醚化度（取代度，简称 DS），理论上最高为 3.0，一般为 0.4~1.4。DS 大于 0.8 的，黏度较高。常用的 CMC 商品其葡萄糖聚合度为 200~500，并根据其平均相对分子质量和黏度分成 $FH_6$ 特高、$FH_6$ 和 $FM_6$ 三种规格。

(1) 性状　羧甲基纤维素钠为白色或淡黄色纤维状或颗粒状粉末物，无臭，无味。加热至 226℃ 左右时颜色变褐。有吸湿性，易分散于水成为溶胶。1% 溶液的 pH 为 6.5~8.0。不溶于乙醇。$C_6$ 上羟基被醚化的程度直接影响 CMC 的性质。当 DS 高于 0.3 时，可溶于碱水溶液；DS 为 0.7 时，在加热和搅拌下可溶于甘油；DS 为 0.8 时，溶液呈酸性，耐酸性和耐盐性好，黏度也高，CMC 也不随 pH 的降低而沉淀。盐的存在以及高于 80℃ 长时间加热其黏度均会降低并可形成水不溶物。

(2) 性能　羧甲基纤维素钠水溶液的黏度与 DS、聚合度（相对分子质量）及 pH 等因素有关。一般其黏度随着 DS 和相对分子质量增大而增大；pH 在接近中性的 5~9 时，黏度变化较小，但总体上 pH 为 7 时最大，偏酸偏碱黏度均变小，而 pH 小于 3 时 CMC 成为游离酸，低 DS 会发生沉淀。

CMC 的增稠稳定性能在与明胶、黄原胶、卡拉胶、海藻酸钠、果胶等绝大多数亲水性胶复配时具有明显的协同增效作用。

(3) 毒性　小鼠经口 $LD_{50}$ 为 27g/kg 体重。ADI 为 0~25mg/kg 体重。一般公认安全。

(4) 应用　依照 GB 2760—2024《食品安全国家标准　食品添加剂使用标准》，羧甲基纤维素钠作为增稠剂，可在各类食品（GB 2760—2024 表 A.2 中编号为 1~4、6~68 的食品类别除外）中按生产需要适量使用。

如用于速煮面、方便面，可改善质构和筋力；用于酸性饮料、乳饮料类，可提高稳定性和悬浮性，防止乳饮料脂肪上浮并保护蛋白质的分散性，改善口感；用于果酱、奶酪、巧克力、稀奶油，可作稳定剂，改善涂抹性；常与海藻酸钠、明胶复配，在冰淇淋中改善保水性和组织结构，防止析晶；用于油炸食品，如在油炸土豆条、炸鸡块、炸牛排等食品中，保持其嫩度、口感和风味，提高出品率，而且显著减少食品含油量，从而降低成本和产品热值。

**2. 羧甲基淀粉钠**

羧甲基淀粉钠亦称淀粉乙醇酸钠，简称 CMS。分子式 $(C_{10}H_{19}O_8Na)_n$。羧甲基淀粉是一种阴离子淀粉醚，属醚类淀粉，其基本骨架由葡萄糖聚合而成，葡萄糖的长链中以 $\alpha$-1,4-糖苷键相结合，聚合度为 100~2000。

(1) 性状　羧甲基淀粉钠为淀粉状白色粉末，无臭，无味，在常温下溶于水，形成透明的黏稠胶体溶液。它的吸水性极强，吸水后体积可膨胀 200~300 倍；较一般的淀粉难水解；不溶于乙醇。1% 水溶液的 pH 为 6.7~7.0。本品水溶液会被大气中的细菌部分分解，使黏度降低。其水溶液不宜在 80℃ 以上长时间加热，以免黏度降低。水溶液呈酸性时，羧甲基淀粉钠则生成不溶于水的游离酸，黏度降低，稳定性较差；呈碱性时较稳定。易与金属离子作用形成各种不溶于水的盐，不适用于强酸性食品。

(2) 性能　羧甲基淀粉钠在面包中可改善质构，防止水分蒸发和淀粉老化；在冰淇淋中可改善保水性和组织结构，防止析晶；在果酱中可改善稳定性、涂抹性。

(3) 毒性　小鼠经口 $LD_{50} \geq 1g/kg$ 体重。ADI 无限制性规定。

（4）应用　依照 GB 2760—2024《食品安全国家标准　食品添加剂使用标准》，羧甲基淀粉钠的使用范围和最大使用量（g/kg）为：面包 0.02；冰淇淋、雪糕类 0.06；果酱、酿造酱及调味酱 0.1；方便米面制品 15.0。

> **思考题**
>
> 1. 增稠剂一般具有哪些特点？
> 2. 增稠剂从来源和加工方式角度，如何进行分类？
> 3. 请解释琼脂的胶凝特性，如何利用这种特性进行应用？
> 4. 请解释果胶的胶凝特性，在相关食品的生产中如何利用这种特性？
> 5. 简述黄原胶的增稠特性及其生产应用。
> 6. 简述羧甲基纤维素钠的增稠特性，如何避免其黏度下降的问题？
> 7. 举例说明天然增稠剂的协同增效作用。
> 8. 展望食品增稠剂的发展，简述之。

模块九
在线测试

## 实训内容

### 实训一　增稠剂的性能比较

#### 一、实训目的

了解并比较几种增稠剂的性能。

#### 二、实训材料

琼脂；明胶；海藻酸钠；CMC；卡拉胶；黄原胶；果胶；柠檬酸（均为食用级）。
台式天平；水浴锅；烧杯；量筒等。

#### 三、实训步骤

（1）在台式天平上称取 1g 琼脂于烧杯中，加入 50mL 纯净水，0.5h 后观察现象；并于水浴中加热 0.5h，冷却，继续观察现象。

（2）在台式天平上称取 3g 明胶于烧杯中，加入 50mL 纯净水，0.5h 后观察现象，并于水浴中加热 0.5h，冷却，继续观察现象。

（3）台式天平上分别称取 1g 海藻酸钠、CMC 于烧杯中，分别加入 50mL 纯净水，0.5h 后观察现象，分别加入 10mL 1% 的柠檬酸，继续观察现象，再于水浴中加热 0.5h，冷却，继续观察现象。

（4）在台式天平上分别称取0.2g卡拉胶、黄原胶、果胶于烧杯中，分别加入50mL纯净水，0.5h后观察现象，并于水浴中加热0.5h，冷却，继续观察现象。

（5）比较（1）~（4）样品的口感、冻结现象。

（6）任意取两种胶液混合（必要时加热后混合），冷却，与单种胶液比较口感、冻结现象。

### 四、思考题

比较各种增稠剂的性状、性能。

## 实训二　果胶凝胶度（加糖率）的测定

### 一、实训目的

了解SAG法测定果胶凝胶度的方法。对果胶品质有感性的认识，在果冻生产中有助于生产管理。

### 二、实训材料

1. 原料

低酯果胶；白砂糖；柠檬酸溶液（50%）（均为食用级）；无水乙醇。

2. 仪器

（1）果冻强度测定仪（图9-1）。

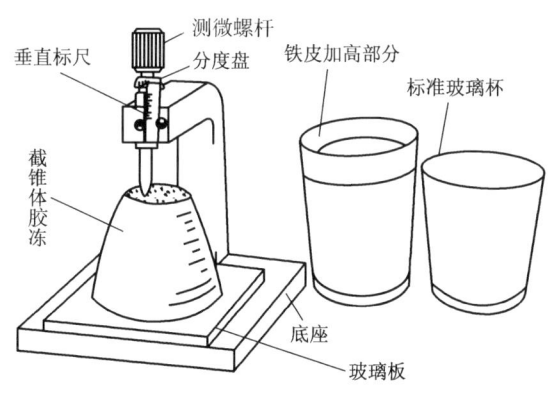

图9-1　果冻强度测定仪

（2）试验用玻璃杯Hazel-Atles No.85平底无脚玻璃杯或塑料杯，其玻璃或塑料是经过磨制加工的，内高精确至7.94cm，用铁皮边框加高2cm。

（3）测微螺旋每2.5cm有32个螺纹，因此每旋转一圈即移动丝杆0.0792cm，或胶冻原先高度的1%（相当于1%凹陷）。

（4）胶带采用透明胶带或绝缘胶带均可，用来固定玻璃杯和铁皮间加高部位。

（5）秒表；台式天平；玻璃棒；烧杯；标准棒（6.35cm）；薄金属片等。

## 三、实训步骤

（1）胶冻的制备　准确称取4.33g低酯果胶（按凝胶度150°计），用少量无水乙醇湿润，另称取646g白砂糖，取其中20g左右置于湿润的果胶中，充分搅拌均匀，再加少量蒸馏水调成糊状。另用一搪瓷锅，加入250mL蒸馏水煮沸，将果胶糊状物慢慢倒入锅中边加边搅拌，直至加完。再用160mL蒸馏水分次洗烧杯，洗液全部并入锅内（蒸馏水总量为410mL），搅拌均匀，再将剩余白砂糖边加边搅拌，继续煮沸蒸发至胶冻净重为1015g，如果净重不足可加入稍过量的蒸馏水煮沸，至所需质量，但整个加热时间不应超过5~8min。撇去泡沫或浮渣，将锅倾斜待内温达95℃时，立即将胶冻迅速倒入三只预先加有3.5mL 50%柠檬酸溶液的标准玻璃杯中（注意控制pH小于3，这样才能得到可靠的结果）。此时应边倒边搅拌，使酸溶液迅速与凝胶混匀，倒至接近加高的部位，放置15min后盖上玻璃皿，在室温下放置20~24h。

（2）测定方法　在未测定前，把标准棒（6.35cm）直立在玻璃板上，使其正对测微螺杆下方，旋转测微螺杆，使其向下恰好接触标准棒，此时读数准确为20.0（如读数不符，可松开垂直标尺和游尺的固定螺丝，上下移动调节至标准，然后拧紧固定螺丝）。

测定时将玻璃杯上的胶带撕去，用马口铁皮或薄刀片削去上面高出标缘部分的胶冻，使成平滑的切面，然后将标准杯稍微倾斜，用薄金属片制成的小刀插入胶冻与标壁间，沿壁缓缓旋转使两者分离。小心地将胶冻倾覆在玻璃板上，同时按下秒表，把放置截锥体胶冻的玻璃板平放在仪器底板上，使截锥体胶冻中心对准测微螺杆顶尖，仔细调节测微螺杆，使顶尖恰好与截锥体胶冻表面接触，准确记下间隔2min时垂直标尺下降的刻度值，此值即为胶冻的凹陷百分数（标准杯深度为7.94cm）。测微螺杆每2.5cm有32个螺纹，因此每转一周即移动0.794cm，也即相当胶冻下陷原先高度的1%，即1%凹陷。与一般测微器读数原理一样，螺杆分度盘上的1大格（1圈共10大格）也就相当于凹陷百分数的1/10（读数精确至0.1%）。

如果同一胶冻样品在三只玻璃杯中读数误差超过0.6，必须重新测定。用折光计检查总可溶性固形物含量，并根据温度予以校正。

（3）结果校正　真正加糖率按下式计算：

$$真正加糖率 = 估计加糖率 \times 换算因子 \text{ (\%)}$$

科克斯和希格比采用5种不同类型果胶在高于或低于特定的加糖率时制备胶冻，测定每一玻璃杯中胶冻凹陷百分数，画出了凹陷百分数和真正加糖率/估计加糖率的曲线（图9-2）。果冻凹陷23.5%被假定为标准强度，根据测定的凹陷数值由曲线图可以确知测试果胶的真正加糖率。测试胶冻强度在标准强度的20%上下时，测得的加糖率是准确的。如果胶冻采用的是加糖率为150的果胶，凹陷为26%，由图可知真正的加糖率应为估计加糖率的0.9倍，即150×0.9=135。

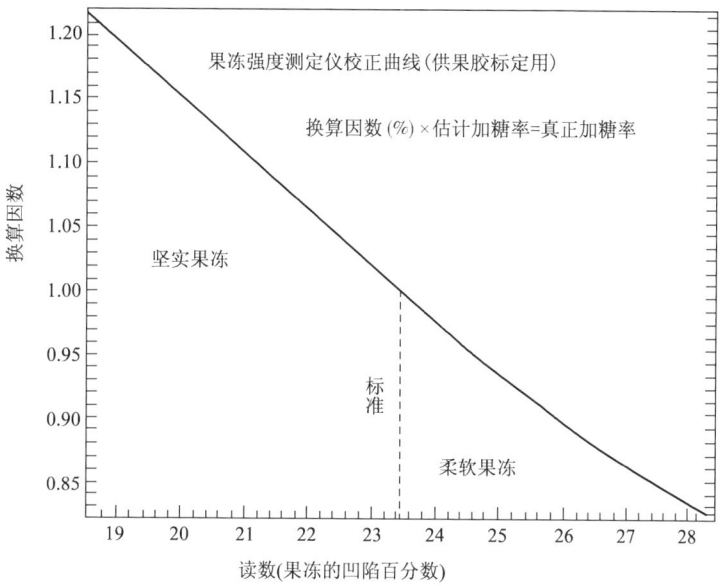

图9-2 换算因数与凹陷百分率的关系

## 四、思考题

根据测定的结果，讨论果胶的凝胶能力。

## 实训三 增稠剂黏度的测定

### 一、实训目的

通过对增稠剂黏度的测定，增强对不同类型增稠剂增稠稳定性能的感性认识。培养客观、严谨的工作作风。

### 二、实训材料

1. 原料

明胶；黄原胶（均为食用级）。

2. 仪器

（1）NDJ-1型旋转黏度计；勃氏黏度管（图9-3）。

（2）超级恒温器；秒表（准确到0.01s）；恒温水浴箱；温度计（准确到0.1℃）。

### 三、实训步骤

1. 溶液的配制

（1）黄原胶溶胶　用蒸馏水分别配制0.5%、1.0%、

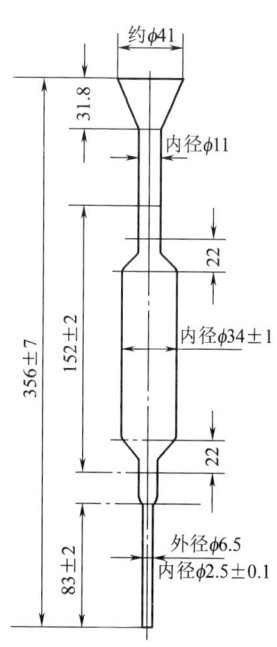

图9-3 勃氏黏度管

1.5%的黄原胶溶液各500mL,并冷却至25℃。

(2) 明胶溶胶　用蒸馏水分别配制5.0%、6.5%、7.0%的明胶溶液各500mL,并冷却至61℃左右。

### 2. 黄原胶溶胶黏度的测定

(1) 安装旋转黏度计　注意调节水平螺钉,保持仪器水平。

(2) 测定　将被测液置于不小于70mL的烧杯或直筒形容器中,准确地控制被测液体温度为25℃。将保护架装在仪器上。选取3号转子,旋入连接螺杆上,旋转升降旋钮,使仪器缓慢地下降,转子逐渐浸入被测液中,直到转子液面标志和液面相平为止,调正仪器水平。选择转速为60r/min,按下指针控制杆,开启电机开关,转动变速旋钮,使所需转速数向上,对准速度指示点,放松指针控制杆,使转子在液体中旋转,经过多次旋转(一般为20~30s)待指针稳定。按下指针控制杆,使读数固定下来,再关掉电机,读取读数。重复以上操作,将剩余样品进行测定。

(3) 计算　按下式计算:

$$\eta = K \cdot \alpha$$

式中　$\eta$——绝对黏度,mPa·s;

　　　$K$——系数(3号转子、转速60r/min时$K=20$);

　　　$\alpha$——表盘读数。

### 3. 明胶溶胶黏度的测定

(1) 开启超级恒温器,使流过黏度计夹套的温度为(60±0.1)℃。用手指顶毛细管末端,要避免空气或泡沫进入,迅速将胶液倒入黏度管里,直到超过上刻线2~3cm。

(2) 将温度计插入黏度计里,当温度稳定在(60±0.1)℃时,将胶液水平调节到上刻线。将手指移开毛细管末端时按下秒表。胶液水平达到下刻线时停下秒表,记下时间,准确到0.1s。

(3) 结果计算　按下式计算:

$$\eta = 1.005At - 1.005B/t$$

式中　$\eta$——胶液黏度,mPa·s;

　　　$t$——流过时间,s;

　　　$A$、$B$——黏度计常数,通过校正测定。

(4) 黏度计校正　分别测出100mL,40%和60%蔗糖(分析纯)水溶液在60℃时流过黏度计上下刻度线的时间,然后根据下式计算常数$A$、$B$。

$$\eta/d = At - B/t$$

式中　$A$、$B$——黏度计常数;

　　　$d$——蔗糖密度,g/cm³;

　　　$\eta$——蔗糖黏度,mPa·s;

　　　$t$——流过时间,s。

## 四、思考题

根据试验结果,讨论两种增稠剂增稠性能的差异。

## 实训四　海藻凉粉或"葡萄球"制作时食品添加剂的使用

### 一、实训目的

了解增稠剂、凝固剂、甜味剂、酸味剂的性能和应用。

### 二、实训材料

海藻酸钠；白砂糖；柠檬酸；氯化钙；明胶；食盐；醋酸钠；偏磷酸钠；碳酸氢钠（均为食用级）；水果汁；水；味精；酱油。

电炉；台式天平；恒温水浴锅。

烧杯；瓷盘；刀；半圆形塑料模具；玻璃棒等。

### 三、实训步骤

**1. 海藻凉粉的制作**

（1）将 5g 海藻酸钠溶于 85mL 水中，浸泡 0.5h，调制成黏稠液，沸水浴加热 10min，倒在瓷盘中铺成 2mm 厚（瓷盘中先铺塑料薄膜）。

（2）配制 250mL10%氯化钙。

（3）将（2）倒入（1）中浸泡 5min 得凝胶物。

（4）将凝胶物切成 2cm 宽细条，再于 10%氯化钙中浸泡 5min。

（5）流水冲洗细条约 10min。

（6）称取 1.3g 醋酸钠、0.6g 偏磷酸钠、0.8g 碳酸氢钠溶于 100mL 水中，将细条泡入 0.5~1h；用流水冲洗细条 5min，再沸水煮 1min。

（7）用白砂糖或食盐、味精、酱油调味。

**2. "葡萄球"的制作**

（1）配方　海藻酸钠 1.5%，明胶 1.0%，氯化钙 3.5%，白砂糖 8%，柠檬酸 0.2%，水果汁 100mL。

（2）步骤

①将海藻酸钠、明胶各用冷开水于烧杯中浸泡 0.5h 后于水浴加热 10min；

②配制氯化钙 3.5%水溶液于烧杯中；

③将适量白砂糖、柠檬酸用少量水溶解，将①和③中原料混合，倒入半圆形塑料模具中置于氯化钙液中固化 4min 后取出。用流水冲洗 1min，在冷开水中洗 1min，倒入果汁中。

### 四、思考题

（1）简述本实训所用食品增稠剂的性能、应用。

（2）"葡萄球"的制作为什么采用海藻酸钠和明胶？

（3）简述本实训产品的形态、口感特征。

## 实训五　果冻制作时食品添加剂的使用

### 一、实训目的

了解增稠剂、甜味剂、酸味剂的性能、应用。

### 二、实训材料

白砂糖；柠檬酸；明胶（均为食用级）；苹果。
电炉；台式天平。
烧杯；玻璃棒等。

### 三、实训步骤

（1）称明胶 6g 于 150mL 烧杯中，加 10mL 冷开水浸泡 0.5h，在沸水浴中加热 30min。

（2）称白砂糖 8g、柠檬酸 0.1g 于 150mL 烧杯中，加 90mL 水，在电炉上加热至沸；加入适量苹果丁。

（3）将全部原料混合，搅拌后冷却。

### 四、思考题

（1）简述明胶的性能、应用。
（2）简述本实训产品的形态、口感特征。

# 模块十

# 被膜剂、稳定剂和凝固剂

## 学习目标

### 知识目标

1. 了解被膜剂、稳定剂和凝固剂的分类、发展状况。
2. 掌握主要的被膜剂、稳定剂和凝固剂的性能、作用。

### 技能目标

1. 能够根据产品特点,设计出安全的被膜剂、稳定剂和凝固剂选用方案。
2. 能够依据国家标准按食品加工需求计算食品中被膜剂、稳定剂和凝固剂的添加量。
3. 能对被膜剂、稳定剂和凝固剂的使用进行作用效果评价。

### 素质目标

1. 认识被膜剂、稳定剂和凝固剂在食品工业中的作用,强化责任意识,养成良好的法治思维。
2. 探索复配型凝固剂等的研究,培养分析和解决问题的能力,培养独立思考的能力,增强创新意识。

> 学习内容

## 项目一

# 稳定剂和凝固剂

## 一、稳定剂和凝固剂的作用、分类和使用

**1. 稳定剂和凝固剂的作用**

依据 GB 2760—2024《食品安全国家标准 食品添加剂使用标准》,稳定剂和凝固剂是使食品结构稳定或使食品组织不变,增强黏性固形物的物质。其作用方式通常是使食品中的果胶、蛋白质等溶胶凝固成不溶性凝胶状物质,从而达到增强食品中黏性固形物的强度、提高食品组织性能、改善食品口感和外形等目的。

**2. 稳定剂和凝固剂使用中的注意点**

(1) 温度可影响凝固速度。温度过高,凝固过快,成品持水性差;温度过低,凝固速度慢,产品难成形。

(2) pH 离蛋白质等电点越近越易凝固。大豆蛋白质等电点的 pH 为 4.6,原料及水质偏碱性,则不易成形,甚至会凝固不完全。

**3. 稳定剂和凝固剂分类**

稳定剂和凝固剂主要有盐类凝固剂、酸类凝固剂。目前使用的盐类凝固剂主要有盐卤、石膏等无机盐,其中主要的成分是氯化镁、硫酸镁、氯化钙、硫酸钙和乙酸钙等;酸类凝固剂有葡萄糖酸内酯、柠檬酸和酒石酸等。

由于单一的盐类凝固剂和酸类凝固剂各自都有一定的缺陷,因此许多学者进行了复配型凝固剂的研究。并且研究的还有酶凝固剂,如转谷氨酰胺酶、木瓜蛋白酶、菠萝蛋白酶、碱性蛋白酶和中性蛋白酶等。

稳定剂和凝固剂在食品生产中有广泛的应用。如利用氯化钙等钙盐使可溶性果胶酸成为凝胶状不溶性果胶酸钙,可保持果蔬加工制品的脆度和硬度,在果蔬罐头等产品中经常使用;或与低酯果胶交联成低糖凝胶,用于生产具有一定硬度的果蔬食品等。盐卤、硫酸钙、葡萄糖酸-δ-内酯等可使蛋白质凝固。在豆腐生产的点脑(点卤或点浆)工序中,蛋白质因发生热变性,多肽链的侧链断裂开来,形成开链状态,分子从原来有序的紧密结构变成疏松的无规则状态,这时加入稳定剂和凝固剂,变性的蛋白质分子相互凝聚、相互穿插凝结成网状的凝聚体,水被包在网状结构的网眼中,转变成蛋白质凝胶。此外,金属离子螯合剂如乙二胺四乙酸二钠,能与金属离子在其分子内形成内环,使金属离子成为环的一部分,从而形成稳定而能溶解的复合物,提高食品的质量和稳定性。

## 二、常用稳定剂和凝固剂

**1. 硫酸钙**

硫酸钙又称石膏,分子式 $CaSO_4 \cdot 2H_2O$。

（1）性状　白色结晶性粉末。无气味、有涩味。难溶于乙醇，微溶于水、甘油。水溶液呈中性。加热至 100℃ 以上失去部分结晶水而成为煅石膏（$CaSO_4 \cdot 1/2H_2O$），室温时又成为二水盐；加热至 194℃ 以上失去全部结晶水而成为无水硫酸钙。石膏遇水后形成可塑性浆状物，很快固化。

（2）性能　硫酸钙是优良的蛋白质凝固剂，如用于制作豆腐。在豆腐生产的点脑（点卤或点浆）关键工序中，于熟豆浆中加入石膏，使热变性的大豆蛋白凝固。硫酸钙促进蛋白质凝固后所形成的豆腐的品质与许多因素有关。点脑一般可分为热点脑和冷点脑；65~75℃ 为冷点脑，由于温度较低，凝固剂与蛋白质的作用较缓慢，形成的网络组织细嫩，但可能会因凝固不足而造成豆腐过嫩；75~90℃ 为热点脑，温度较高时蛋白质在凝固剂作用下凝固速度较快，蛋白质网络组织粗而有力，凝固物韧性好，但持水性较差。另外凝固剂浓度较高时蛋白质凝固也较快，但同样会使组织粗糙；在点脑时将凝固剂分几次加入并适当搅拌有助于凝固完全，效果更好。

（3）毒性　ADI 不作特殊规定。一般公认安全。

（4）应用　硫酸钙在食品中还可作增稠剂、酸度调节剂。依照 GB 2760—2024《食品安全国家标准　食品添加剂使用标准》，硫酸钙的使用范围和最大使用量（g/kg）为：小麦粉制品 [生湿面制品（如面条、饺子皮、馄饨皮、烧麦皮）、生干面制品除外] 1.5；肉灌肠类、冷冻水产糜及其制品（包括冷冻丸类产品等）3.0；调理肉制品（生肉添加调理料）、腌腊肉制品（如咸肉、腊肉、板鸭、中式火腿、腊肠等）（仅限腊肠）、其他熟肉制品 5.0；淀粉制品、面包、糕点、饼干、焙烤食品馅料及表面用挂浆、其他半固体复合调味料、果冻（如用于果冻粉，按冲调倍数增加使用量）10.0；豆类制品按生产需要适量使用。

### 2. 氯化钙

氯化钙，有无水氯化钙和含结晶水氯化钙，分子式分别为 $CaCl_2$ 和 $CaCl_2 \cdot 2H_2O$。

（1）性状　白色、硬质碎块或颗粒。微苦，无臭。易吸水潮解。可溶于乙醇。5% 水溶液的 pH 为 4.5~8.5。含结晶水氯化钙加热至 260℃ 脱水形成无水物。

（2）性能　氯化钙在食品中可作稳定剂和凝固剂、增稠剂。另外，氯化钙可使果胶凝固（果胶酸钙，钙离子起交联作用），保持果蔬加工制品的脆度和硬度。

（3）毒性　大鼠经口 $LD_{50}$ 为 1g/kg 体重。ADI 不作特殊规定。一般公认安全。

（4）应用　氯化钙在食品中还可作增稠剂。依照 GB 2760—2024《食品安全国家标准　食品添加剂使用标准》，氯化钙的使用范围和最大使用量（g/kg）为：装饰糖果（如工艺造型，或用于蛋糕装饰）、顶饰（非水果材料）和甜汁、调味糖浆 0.4；畜禽血制品 0.5；水果罐头、果酱、蔬菜罐头 1.0。

其他类饮用水（自然来源饮用水除外）（以 Ca 计 36mg/L）0.1g/L。稀奶油、调制稀奶油、豆类制品按生产需要适量使用。

### 3. 氯化镁

氯化镁也称为卤片。分子式 $MgCl_2$。

（1）性状　氯化镁系无色、无臭的小片、颗粒、块状式单斜晶系晶体。味苦。有二水和六水盐两种。二水盐是白色吸水性颗粒。无水盐为无色潮解性片状或结晶。常温时为六水盐，含水量可随温度而变化，100℃ 失去两分子水，110℃ 时放出部分盐酸气，高温下分解成含氧氯化镁。水溶液呈中性。极易吸潮。极易溶于水，溶于乙醇。

（2）性能　能使蛋白质溶液凝结成凝胶。在北豆腐生产中形成的豆腐硬度、弹性和韧性较强。

（3）毒性　大鼠经口 $LD_{50}$ 为 2.8g/kg 体重。ADI 不作特殊规定。一般公认安全。

（4）应用　依照 GB 2760—2024《食品安全国家标准　食品添加剂使用标准》，氯化镁用于豆类制品、方便米面制品、冷冻米面制品、复合调味料，按生产需要适量使用。

### 4. 葡萄糖酸-δ-内酯

葡萄糖酸-δ-内酯，分子式 $C_6H_{10}O_6$。

（1）性状　葡萄糖酸-δ-内酯为白色结晶或白色晶体粉末，几乎无臭，呈味先甜后酸。易溶于水。在水中缓慢水解形成葡萄糖酸及其 δ-内酯和 γ-内酯，呈平衡状态。微溶于乙醇，几乎不溶于乙醚。1%水溶液的酸度会随时间而变化，刚配制时 pH 为 3.5，2h 内 pH 降到 2.5。热稳定性低，在 153℃ 左右分解。本身无吸湿性。

（2）性能　葡萄糖酸-δ-内酯可作蛋白质凝固剂。葡萄糖酸-δ-内酯在水中发生水解生成葡萄糖酸，能使蛋白质溶胶凝结而形成蛋白质凝胶。由于其为水溶性，能在水中混合均匀，其凝胶效果优于硫酸钙、氯化钙、盐卤和卤片；而且制得的豆腐产品质地细腻，滑嫩可口，保水性好。利用葡萄糖酸-δ-内酯制作的豆腐由于葡萄糖酸-δ-内酯对一般细菌有抑制作用，还兼有防腐性能而具有较好的保鲜期。

（3）毒性　兔静脉注射 $LD_{50}$ 为 7.63g/kg 体重。ADI 不作特殊规定。一般公认安全。

（4）应用　依照 GB 2760—2024《食品安全国家标准　食品添加剂使用标准》，葡萄糖酸-δ-内酯可在各类食品（GB 2760—2024 表 A.2 中编号为 1~4、6~68 的食品类别除外）中按生产需要适量使用。

实际应用时常与硫酸钙合用。

### 5. 柠檬酸亚锡二钠

柠檬酸亚锡二钠，分子式 $C_6H_6O_8SnNa_2$。

（1）性状　柠檬酸亚锡二钠为白色结晶。加热至 250℃ 开始分解，260℃ 开始变黄，283℃ 变成棕色。易吸湿并发生潮解，极易溶于水。

（2）性能　柠檬酸亚锡二钠较快凝胶的适当 pH 为 3.1~3.4。它还具有一定还原性，用于罐头食品中能逐渐与罐中残留的氧发生作用，亚锡离子氧化成四价锡离子，表现出良好的抗氧化和护色性能。

（3）毒性　小鼠经口 $LD_{50}$ 为 2.7g/kg 体重。柠檬酸亚锡二钠在机体内胃肠吸收率为 2.3%，48h 后由尿排出吸收量的 50%，属无毒品。

（4）应用　依照 GB 2760—2024《食品安全国家标准　食品添加剂使用标准》，柠檬酸亚锡二钠使用范围和最大使用量（g/kg）为：水果罐头、蔬菜罐头、食用菌和藻类罐头 0.3。

### 6. 乙二胺四乙酸二钠

乙二胺四乙酸二钠（EDTA），别名 EDTA 二钠，分子式 $C_{10}H_{14}N_2Na_2O_8 \cdot 2H_2O$。

（1）性状　乙二胺四乙酸二钠为白色结晶颗粒或晶体粉末，无臭，无味。易溶于水，2%水溶液的 pH 为 4.7，微溶于乙醇。常温下稳定，100℃ 时结晶水开始挥发，120℃ 时失去结晶水而成为无水物，有吸湿性。

（2）性能　乙二胺四乙酸二钠对重金属离子有很强的络合能力，可与铁、铜、钙、镁等多价离子结合成稳定的水溶性络合物。可除去和消除重金属离子或由其引起的有害作用，提高食品的质量。

（3）毒性　大鼠经口 $LD_{50}$ 为2g/kg体重。ADI为0~2.5mg/kg体重。一般公认安全。

（4）应用　乙二胺四乙酸二钠还可用作抗氧化剂、防腐剂。依照GB 2760—2024《食品安全国家标准　食品添加剂使用标准》，乙二胺四乙酸二钠使用范围和最大使用量（g/kg）为：饮料类［14.01包装饮用水、14.02.01果蔬汁（浆）、14.02.02浓缩果蔬汁（浆）除外］（以即饮状态计，相应的固体饮料按冲调倍数增加使用量）0.03；果酱、蔬菜泥（酱）（番茄沙司除外）0.07；复合调味料0.075；腌渍的食用菌和藻类0.2；果脯类（仅限地瓜果脯）、腌渍的蔬菜、蔬菜罐头、坚果与籽类罐头、杂粮罐头0.25。

### 三、复配型凝固剂

#### 1. 复配型凝固剂类型

由于单一的盐类凝固剂和酸凝固剂各自都有一定的缺陷，因此许多学者进行了复配型凝固剂的研究。

（1）复配型凝固剂　复配型凝固剂一般是由两种或两种以上的单一凝固剂及其他辅助剂按一定比例进行配比混合形成的凝固剂。它可克服单一凝固剂的缺点，同时综合每种凝固剂的优点，使凝固性能更优良、效果更稳定，最终使产品组织品质更好。复配型凝固剂往往针对特定的产品，可获得特定的效果。目前使用的复配型食品凝固剂多为固体粉末型。

例如，中国传统豆腐广泛应用的是单一凝固剂（石膏或卤水），凝固剂的浓度与用量直接影响豆腐的品质，有研究确定了单一凝固剂的浓度，并在此基础上，将石膏与卤水按一定比例混合制成复配型凝固剂，并通过试验优选法获得了最佳配比。还有试验得出，将硫酸钙与柠檬酸复配时，最佳组合为2.5%硫酸钙与0.4%的柠檬酸。

复配型凝固剂在一定程度上克服了传统单一凝固剂的缺陷，使制得的豆腐在感官评分、得率及质构特性等方面都有明显改善。又如，有研究表明：当葡萄糖酸内酯和石膏比例为1:4时制作出的豆腐在出品率、含水率、蛋白质含量、豆腐外观、内部结构及风味等方面均好于单一凝固剂豆腐。另外一些学者研究了以内酯为主的复配型凝固剂的最佳配方为内酯、石膏、磷酸氢二钠、单甘酯。做出的豆腐既保持了内酯豆腐的细腻爽口，又增强了豆腐的硬度，使豆腐弹性更佳，提高了豆腐的质量和产量。

（2）酶凝固剂　如转谷氨酰胺酶、木瓜蛋白酶、菠萝蛋白酶、碱性蛋白酶和中性蛋白酶等。研究发现微生物来源的碱性和中性蛋白酶具有较高的凝固活力。酶法凝固的机制可能是在酶的作用下，蛋白质暴露了一些疏水基，并立即通过蛋白质分子间的疏水相互作用结合成凝胶。例如，谷氨酰胺转氨酶又称转谷氨酰胺酶，是一种催化蛋白质间（或内）酰基转移反应，从而导致蛋白质（或多肽）之间发生共价交联的酶，可催化蛋白质多肽发生分子内和分子间的共价交联，从而改善蛋白质的结构和功能，对增强蛋白质的性质如凝胶能力等效果显著，进而改善食品的风味、口感、质地和外观等。可应用于豆腐等食品。有研究发现转谷氨酰胺酶能提高内酯豆腐的硬度、保水性和耐煮性。

凝固剂的发展有待于进一步的研究。我们作为食品从业者必须建立科学的价值观，培养创新思维与研发能力,为凝固剂的发展作出应有的贡献。

### 2. 常见的复配型凝固剂

常见的复配型豆腐凝固剂如表10-1所示。

表10-1 常见的复配型豆腐凝固剂

| 名称 | 性状 | 成分及配比/% |
| --- | --- | --- |
| 豆腐凝固剂1 | 粉末 | 硫酸钙99,碳酸钙0.96,二苯基硫胺素0.04 |
| 豆腐凝固剂2 | 粉末 | 硫酸钙50,葡萄糖酸-δ-内酯50 |
| 豆腐凝固剂3 | 粉末 | 硫酸钙70,葡萄糖酸-δ-内酯30 |
| 豆腐凝固剂4 | 白色粉末 | 硫酸钙63,葡萄糖酸-δ-内酯36,氯化钠1 |
| 豆腐凝固剂5 | 白色粉末 | 硫酸钙65,葡萄糖酸-δ-内酯4,氯化镁20,葡萄糖9,蔗糖酯2 |
| 豆腐凝固剂6 | 粉状 | 葡萄糖酸-δ-内酯63,硫酸镁37 |
| 豆腐凝固剂7 | 粉状 | 葡萄糖酸-δ-内酯58,硫酸钙28,葡萄糖酸钙11,天然物3 |
| 豆腐凝固剂8 | 粉状 | 葡萄糖酸-δ-内酯62,氯化镁34,蔗糖酯1,乳酸钙1,L-谷氨酸钠1.8,5'-肌苷酸钠0.2 |
| 软豆腐凝固剂 | 粉末 | 葡萄糖酸-δ-内酯40,硫酸钙58,葡萄糖酸钙8,天然物2 |
| 油炸豆腐凝固剂 | 粉状 | 氯化镁62.5,单甘酯7.5,天然物20,富马酸一钠10 |

## 项目二

# 被膜剂

为了延长水果贮藏期,往往在果皮表面涂以薄膜,以抑制水分蒸发,调节呼吸作用,防止细菌侵袭。对于一些要求防潮的食品如糖果、糕点等,在其表面涂一层可食性膜,不仅能保持食品质量稳定,还能形成光亮美观的外形。

涂抹于食品外表,起保质、保鲜、上光、防止水分蒸发等作用的物质称为被膜剂。

## 一、果蔬保鲜涂膜技术

### 1. 果蔬涂膜保鲜

采后的果蔬仍然保持旺盛的呼吸作用。这种生理作用在氧气充足时表现为有氧呼吸,会消耗机体中大量的糖分等有机成分,放出二氧化碳,促使果蔬衰老;反之,适当的限制供氧,可以降低呼吸强度,延缓果实衰老。但过度限制供氧,会促使果蔬进行无氧呼吸,同样消耗有机质,而形成乙醇等不完全氧化产物,引起细胞中毒,使果蔬形成生理病害。此外果蔬在贮藏过程中会蒸发水分,当失水超过5%时就会出现枯萎而影响其品质,或造成腐烂变质。

果蔬涂膜保鲜是涂布于果蔬表面形成一层具有适度的氧和二氧化碳通透性和阻隔特性(即气调性)的薄膜,形成适度限制供氧的小环境,可减少水分蒸发,调节呼吸作用,延缓果蔬的衰老进程；并且形成薄膜后可阻止微生物的侵入，一定程度延缓果蔬的微生物性腐烂，从而保持果蔬的新鲜品质。

果蔬涂膜方法有浸涂法、刷涂法和喷涂法三种。浸涂法是将果实浸入，蘸上一层薄薄的涂料后，取出晾干即成；刷涂法即用软毛刷蘸上涂料液，在果实上辗转涂刷，使果皮上涂一层薄薄的涂料膜；喷涂法是将配成适当浓度的涂料溶液均匀喷洒于果蔬表面，晾干后形成一层薄膜。

果蔬涂膜保鲜法有以下几个特点：①果蔬表面形成一层被膜，可适当堵塞开孔部，抑制呼吸作用，减少营养消耗，抑制水分散发，抑制微生物侵入，防止腐败变质；②果蔬表面形成一层被膜，可改善果蔬的色泽，增加亮度，提高了果蔬的商品价值；③该法既适合小批量处理，也适合大批量保鲜，机械化程度高；④果蔬涂膜保鲜的作用类似单果包装，但与单果包装相比，价格更便宜。

2. 被膜剂的要求和分类

（1）被膜剂的要求　果蔬涂膜保鲜，关键是被膜剂的选择，理想的被膜剂要求：①有一定的黏度，易于成膜；②形成的膜均匀、连续，具有良好的保质保鲜作用，并能提高果蔬的外观水平；③无毒、无异味，与食品接触不产生对人体有害的物质。

（2）被膜剂分类　目前使用的被膜剂按来源可分为天然类和人工合成类。常用的被膜剂有：蜡、天然树脂、油脂类、紫胶、蔗糖酯、单甘酯、壳聚糖、聚乙烯醇、蛋白质沉淀剂等。

天然类被膜剂的主要成分大多属于淀粉、多聚糖、三脂肪酸甘油酯、脂肪酸酯、脂肪酸或蛋白质。属于淀粉的如糯米淀粉；属于多聚糖的如魔芋精粉；属于三脂肪酸甘油酯的如菜籽油、代可可脂、椰子油、玉米油、棉籽油、猪油棕榈仁油等；主要含脂肪酸酯的如蜂蜡、巴西棕榈蜡等；主要含脂肪酸的如虫胶等；主要含蛋白质的如玉米醇溶蛋白、大豆提取蛋白等。

人工合成类被膜剂包括天然物化学改性物和纯化学合成物，如改性淀粉、魔芋葡甘聚糖接枝共聚物、石蜡、白油、硬脂酸镁、蔗糖酯、二甲基聚硅氧烷、聚乙酸乙烯酯、松香季戊四醇酯、辛基苯氧聚乙烯氧基等。

3. 被膜剂在食品加工中的作用

在食品加工中由于工艺上的要求或为了提高产品品质，许多情况需要使用被膜剂。例如，在饼干、面包等糕点生产中，事先对烘焙模具涂膜可以方便制品脱模、保持产品完整的花纹和外形，还可保证生产的正常进行，提高生产效率。用于巧克力、糖果等产品中不仅使产品光洁美观，而且还可防潮、防黏、保持质量稳定。如果在被膜剂中添加某些防腐剂、抗氧化剂等成分制成复配型被膜剂，则还会有抑制或杀灭微生物、抗氧化等保鲜效果。

对商品蛋的贮藏保鲜，常用的涂膜剂有矿物油、植物油和液体石蜡，这些涂膜剂与一定量的乳化剂配制成乳浊液对蛋进行涂膜，可阻止微生物入侵，同时可以减少蛋内水分的蒸发，从而可大大减少腐败变质和干耗损失，获得很好的防腐效果和经济效益。

有用乳化剂单独作涂膜剂，也有与其他被膜剂、防腐剂、抗氧化剂复配使用。例如蔬菜和水果用蔗糖脂肪酸酯水溶液浸渍后，可以延长保鲜期；聚甘油脂肪酸酯和蒸馏饱和脂肪酸单甘酯的混合物，用于水果和冻肉的涂膜保鲜，可防止干耗，保证产品质量；用脂肪醇聚氧乙烯醚、油酸钠及少量防腐剂和水配成的乳浊液喷洒果蔬表面可形成透氧、透二氧化碳、阻止水分蒸发但不影响果实呼吸作用的薄膜，延长果蔬保鲜期。英国产的一种涂膜剂是蔗糖酯、羧甲基纤维素钾和甘油二酸酯的混合物，用其水溶液浸渍苹果、香蕉等水果20s，可获得良好的保鲜效果；日本公开特许昭和53-20453报道，用蔗糖酯、甘油酯、失水山梨醇脂肪酸酯等作为乳化剂和分散剂，与维生素E类化合物及其衍生物配制成的乳状液（还可添加少量防腐剂或防霉剂），用于苹果、梨、柿子、柑橘等水果涂膜保鲜，效果显著。目前市面上常用的SM保鲜剂是用蔗糖酯和甘油脂肪酸酯作为乳化剂，以淀粉加防腐剂为主要原料配制的乳状液，果蔬浸渍后表面形成一层半透明薄膜，具有良好的防腐保鲜效果；用蔗糖酯、甘油一酸酯、油酸钠等作为乳化剂，制得的蜂蜡乳液、巴西棕榈蜡乳状液、氧化聚乙烯蜡乳状液、石蜡乳状液，均是优良的涂膜保鲜剂，特别适用于柑橘的涂膜保鲜。

### 4. 果蔬保鲜涂膜技术的发展方向

我国对不同被膜剂（尤其是新型天然材料及其改性物）的保鲜应用也开展了大量研究。有研究采用不同浓度的壳聚糖溶液以及壳聚糖和几种较常用的防腐剂配制成的混合保鲜液分别对新鲜鸡蛋进行涂膜保鲜处理，常温保存一个月，结果表明2%的壳聚糖溶液较适合鸡蛋的涂膜保鲜，尤其与0.1%的苯甲酸钠的混合液保鲜效果最好。有研究以1%魔芋精粉的丙烯酸丁酯接枝共聚物对柑橘进行涂膜保鲜，贮藏130天后保鲜效果良好。还有以2%淀粉、2%单甘酯、6g/L山梨酸钾复合涂膜液于55~60℃涂膜李子，晾干后室温下贮藏期超过2个月。也有采用0.5%单甘酯对黄瓜进行涂膜，在室温下贮藏期达到10天。

所有的保鲜膜，尤其是可食用膜，应具有良好的阻隔性和一定程度的气调性，但这种膜一般不具抑菌性。因此，如何在现有膜的基础上寻找合适的天然抑菌剂，是果蔬保鲜涂膜技术的一个重要的发展方向。根据各种果蔬的性质特点开发各具特色的膜也会是一个比较有前途的构想。比如对草莓，可采用一种成膜后强度较高又不易吸湿的材料，可防止贮藏运输过程中的碰伤，从而延长贮藏寿命。此外，利用无公害被膜剂进行果蔬涂膜保鲜也是果蔬涂膜保鲜的重要发展趋势。

近年来，国内外食品业竞相研发新产品、新技术，逐渐由单材料向多材料方向发展，研制由多种成分构成的复合型食用膜。复合型食用膜是以不同配比的多糖、蛋白质、脂肪酸复合在一起制成的。由于复合膜中的多糖、蛋白质的种类、含量不同，膜的透明度、机械强度、阻气性、耐水耐湿性表现不同，可以满足不同果蔬保鲜的需要。有研究壳聚糖-木薯淀粉-明胶-甘油共混膜；也有用壳聚糖、木薯淀粉制成涂膜液对鲜切菠萝蜜进行涂膜处理，在（3±1）℃条件下贮藏保鲜，涂膜后鲜切菠萝蜜的可溶性固形物、总糖、淀粉、总酸、维生素C变化均小于对照组，抗菌性能优于对照组；还有以刺槐豆胶与黄原胶复配胶为涂膜基质，分别加入丁香、大黄和艾叶等中草药制剂及成膜助剂，配制成两种中草药复合涂膜保鲜剂涂膜枇杷，试验结果表明，经过涂膜的枇杷腐烂程度较低，呼吸速率明显被抑制，维生素C、有机酸、可溶性固形物等营养成分能较好地保存；又如在猕猴桃涂膜试验中发现，采用0.080%Pullulan、0.165%硬脂酸和0.775%大豆蛋白溶液对猕猴桃浸泡30s后存放在15℃、相对湿度50%的环境中，20天后涂膜处理的猕猴桃失水率在6.48%，而对照组则在8.26%，失水率显著降低；还有研究香椿叶提取液，分析了70%甲醇、70%乙醇和60%丙酮香椿液涂膜对草莓贮藏保鲜的作用效果，研究结果表明，草莓保鲜期可延长 6~8 天。添加食品防腐剂、酶制剂等生物活性物质的多功能食用膜在果蔬上的应用是今后发展的重要方向。

## 二、常用被膜剂

### 1. 紫胶

紫胶又名虫胶，属于寄生于豆科或桑科植物上的紫胶虫所分泌的树脂状物质（紫梗）；将紫梗破碎、筛分、洗净、干燥后，用酒精溶解并过滤、真空浓缩制得。

紫胶制品有含蜡品和脱蜡品两种。其主要成分为油桐酸（约 40%）、虫胶酸（约 40%）和虫胶蜡酸（约 20%）等。

（1）性状　紫胶为暗褐色透明薄片或粉末，脆而坚。无味，稍带有特殊气味。溶于乙醇，不溶于水，但溶于碱性水溶液。在 125℃ 加热 3h 变为不溶于乙醇的物质，有一定的防潮能力。

（2）性能　紫胶涂于水果表面有抑制水分蒸发、调节果实呼吸的作用，还能防止细菌入侵，起保鲜作用。涂于要求防潮的食品如糖果的表面，可形成光亮膜，起到隔离水分、保持食品质量稳定和使产品美观的作用。

（3）毒性　$LD_{50}>15g/kg$ 体重。紫胶是我国传统中药。

（4）应用　紫胶不但是被膜剂还可作胶姆糖基础剂、着色剂。依照 GB 2760—2024《食品安全国家标准　食品添加剂使用标准》，紫胶的使用范围和最大使用量（g/kg）为：可可制品、巧克力和巧克力制品（包括代可可脂巧克力及制品）、威化饼干 0.2；经表面处理的鲜水果（仅限苹果）0.4；经表面处理的鲜水果（仅限柑橘类）0.5；胶基糖果、除胶基糖果以外的其他糖果 3.0。胶原蛋白肠衣按生产需要适量使用。

### 2. 白油

白油又名液体石蜡、石蜡油，由饱和烷烃组成，通式为 $C_nH_{2n+2}$。石油润滑油馏分经脱蜡、精制，或加氢精制而得。

（1）性状　白油为无色半透明黏稠状液体，无臭，无味，加热时有轻微的石油气味。不溶于水和乙醇。溶于油。化学性质稳定，长时间光照或加热，能缓慢氧化生成过氧化物。

（2）性能　白油具有良好的脱模性能，还有消泡、润滑和抑菌作用。不被细菌污染，易乳化，有渗透性、软化性和可塑性，在肠内不易吸收。

（3）毒性　ADI 不作特殊规定。一般公认安全。

（4）应用　依照 GB 2760—2024《食品安全国家标准　食品添加剂使用标准》，白油的使用范围和最大使用量（g/kg）为：除胶基糖果以外的其他糖果、鲜蛋 5.0。

### 3. 吗啉脂肪酸盐

吗啉脂肪酸盐又名果蜡，其主要成分为天然棕榈蜡（10%~12%）、吗啉脂肪酸盐（2.5%~3%）、水（85%~87%）等。

（1）性状　吗啉脂肪酸盐为半透明乳状液，溶于水，pH 为 7~8。在 -5~42℃ 下稳定。

（2）性能　吗啉脂肪酸盐具有优良的成膜性。涂布于果蔬表面，可形成薄膜，抑制果蔬呼吸，防止内部水分散失，同时可抑制微生物入侵，并能改善外观。

（3）毒性　小鼠经口 $LD_{50}$ 为 1.6g/kg 体重。较安全。

（4）应用　依照 GB 2760—2024《食品安全国家标准　食品添加剂使用标准》，马啉脂肪酸盐主要应用于经表面处理的鲜水果，按正常生产需要适量使用。

使用时先配制成一定浓度的水溶液，然后采用浸果或喷雾的方法，晾干后可在水果表面形成一层薄膜。实际使用时往往在水溶液中添加适量的防霉剂，可获得更好的贮藏效果。

#### 4. 巴西棕榈蜡

巴西棕榈蜡的主要成分由 $C_{24} \sim C_{34}$ 的直链脂肪酸酯、$C_{24} \sim C_{34}$ 的直链羟基脂肪酸酯、$C_{24} \sim C_{34}$ 的桂酸脂肪酸酯等组成。由巴西蜡棕的叶和叶芽（存在于表面）提取精制而成。

（1）性状　巴西棕榈蜡为棕至浅黄色硬质脆性蜡，具有树脂状断面。微有气味。微溶于热乙醇，溶于40℃以上的脂肪，不溶于水，但溶于碱液。

（2）性能　巴西棕榈蜡配制成乙醇溶液后用于果蔬涂膜，可形成一层保鲜膜。

（3）毒性　ADI 为 0~7g/kg 体重。由于其熔点高于口腔温度，且不易被肠道吸收，一般公认安全。

（4）应用　依照 GB 2760—2024《食品安全国家标准　食品添加剂使用标准》，巴西棕榈蜡的使用范围和最大使用量（g/kg）为：可可制品、巧克力和巧克力制品（包括代可可脂巧克力及制品）以及糖果 0.6；新鲜水果（以残留量计）0.0004。

> **思考题**
>
> 1. 什么是食品稳定剂、凝固剂？举例说明其在食品加工中的作用。
> 2. 简要介绍豆腐凝固剂的品种和使用。
> 3. 什么是被膜剂？举例说明其在食品加工中的作用。
> 4. 被膜剂用于果蔬保鲜的原理是什么？举例简要介绍被膜剂在果蔬保鲜上的应用情况。
> 5. 通过上网查阅资料，谈谈你对食品凝固剂、被膜剂发展的感想。

模块十
在线测试

### 实训内容

#### 实训一　豆腐花中凝固剂的使用

##### 一、实训目的

了解凝固剂的作用原理，通过对比不同凝固剂的凝固性能，掌握不同凝固剂的作用特性。

##### 二、实训材料

黄豆；硫酸钙；葡萄糖酸-δ-内酯；碳酸氢钠（均为食用级）。

小型磨浆机；恒温水浴锅；电炉；pH计；台式天平。

不锈钢盆；纱布；勺；一次性杯等。

### 三、实训步骤

#### 1. 操作步骤

（1）原料预处理　将黄豆除杂和清洗，然后于黄豆重量的2.5倍水中浸泡，室温下需浸泡约8h。泡胀的黄豆质量约为原重的2倍。

（2）制浆、过滤与煮浆　用小型磨浆机对浸泡好的黄豆进行磨浆，磨豆时的加水量约为黄豆重量的3倍。然后用两层纱布进行过滤，得生浆，用10%碳酸氢钠调pH至7.0。将生浆于电炉上进行煮浆，煮浆时要不断搅拌，以防烧结，当豆浆温度达到98℃时，离火。

（3）点浆　称取凝固剂，硫酸钙添加量为1.2g/L豆浆，葡萄糖酸-δ-内酯添加量为2.5g/L豆浆。将硫酸钙事先用少量水调成悬浊液，葡萄糖酸-δ-内酯也用少量水事先溶解。将豆浆平分为两份，冷至85℃左右，将两种凝固剂分别添加到豆浆中，边添加边用勺搅拌，并且均匀搅拌2~3min。

（4）凝固成型　点浆完成后，将豆浆分装于一次性杯中，用保鲜膜封好杯口，在恒温水浴箱中保温80℃静置15~40min凝固成型。静置时可进行观察，凝固完好后即可取出于冷水浴中冷却。

#### 2. 结果分析

将两种凝固剂制作的豆腐花进行感官指标的观察，将结果填入表10-2。对两种凝固剂的凝固效果进行对比分析。

表10-2　　　　　　　　　　两种凝固剂的凝固效果

| 感官结果 | 凝固剂 | |
| --- | --- | --- |
| | 硫酸钙 | 葡萄糖酸-δ-内酯 |
| 凝结完整性 | | |
| 切面细腻感 | | |
| 品尝细腻感 | | |
| 色泽 | | |

### 四、思考题

（1）简述凝固剂的作用原理。

（2）对比不同凝固剂的凝固性能。

## 实训二　百合罐头中稳定剂的使用

### 一、实训目的

了解食品稳定剂的作用、特性，百合糖水罐头的制作方法。培养客观、严谨的工作作风。

## 二、实训材料

百合；白砂糖；柠檬酸；亚硫酸钠（均为食用级）。
混合液：柠檬酸 0.25%、氯化钙 0.1%、抗坏血酸 0.1%、水 99.55%。
煮锅；封罐机；杀菌锅；排气箱。
不锈钢盆；玻璃罐等。

## 三、实训步骤

### 1. 操作步骤

（1）备料　选用优质百合作原料，分层剥下百合鳞片，清水冲洗干净，捞起沥干水分。然后室内常温下将鳞片放入混合液中浸泡 2h。

（2）预煮　煮锅内放入清水，加入水重量 0.2% 的柠檬酸和 0.1% 亚硫酸钠混匀，再放入百合鳞片，在 95℃ 水温中预煮 5min，杀灭过氧化物酶。注意锅内水与百合鳞片的重量比保持在 2∶1。

（3）漂洗　百合鳞片放入清水中漂洗 30min，洗尽残留二氧化硫及杂物，然后捞出沥干。

（4）配汤　按清水 65kg 配白砂糖 24kg 的比例，置于锅内煮沸溶解，再加入 0.1%~0.2% 的柠檬酸，调 pH 至 4.5，制成 35%~37% 的糖液，待用。

（5）装罐　剔除虫蛀、破碎和变色的百合鳞片，将色泽、大小较一致的百合鳞片装入洁净玻璃罐中，每罐装百合鳞片 220g，注入糖液约 140g。

（6）排气、封罐　将玻璃罐放入排气箱中加热排气（温度达 75~80℃），再置于封罐机上封罐。

（7）灭菌　将百合罐头放入杀菌锅内，在 5min 内升温至 100℃，恒温杀菌 30min，冷却至 37℃ 时取出，擦干罐外水分以防锈盖。

### 2. 结果分析

将百合罐头放置室温，3 天后观察。

## 四、思考题

（1）简述食品稳定剂的作用原理。
（2）本实训中氯化钙起什么作用？

## 实训三　柑橘的涂膜保鲜

## 一、实训目的

了解果蔬涂膜保鲜技术作用原理，通过对比不同被膜剂的性能，掌握被膜剂的应用。

## 二、实训材料

(1) 石蜡保鲜液 1 号　25%石蜡、5%蜂蜡、0.2%山梨酸、69.8%水（均为食用级）。

(2) 石蜡保鲜液 2 号　50%石蜡、2%蔗糖脂肪酸脂（或者卵磷脂）、1%阿拉伯胶（或者糊精）、水 47%（均为食用级）。

(3) 石蜡保鲜液 3 号　30%石蜡、2%蔗糖脂肪酸脂（或者卵磷脂）、1%阿拉伯胶（或者糊精）、水 67%（均为食用级）。

## 三、实训步骤

### 1. 操作步骤

(1) 涂膜剂对柑橘进行涂膜　①石蜡液 1 号，使用前充分混匀成乳浊液，再加热灭菌处理。柑橘在乳液中浸泡后表面呈一层光滑的薄膜脂层。②石蜡保鲜液 2 号、3 号，分别充分混匀成乳浊液，再加热灭菌处理。用于对柑橘进行喷涂或者浸涂。③以未涂膜处理的柑橘作为对照。

(2) 柑橘试验放置环境　温度 20℃，相对湿度 40%，通风的房间。

### 2. 性能检测

(1) 进行外观的评价见 GB/T 12947—2008《鲜柑橘》。

(2) 有条件的话，性能检测可以进行的更多项目：可溶性固形物含量的测定：NY/T 2637—2014《水果和蔬菜可溶性固形物含量的测定　折射仪法》；维生素 C 含量的测定：GB 5009.86—2016《食品安全国家标准　食品中抗坏血酸的测定》；呼吸强度的测定：GB/T 1038.1—2022《塑料制品　薄膜和薄片　气体透过性试验方法　第 1 部分：差压法》；有机酸含量的测定：NY/T 2796—2015《水果中有机酸的测定　离子色谱法》；失重率的测定：GB 5009.3—2016《食品安全国家标准　食品中水分的测定》。

### 3. 结果分析

(1) 对涂膜和未涂膜的柑橘进行相关指标的测定、比较。

(2) 通过实训，筛选出性能较好的柑橘保鲜膜。

## 四、思考题

(1) 简述涂膜技术原理。

(2) 简述石蜡保鲜液各组成成分的作用。

# 模块十一

# 水分保持剂、面粉处理剂和膨松剂

## 学习目标

### 知识目标

1. 了解水分保持剂、面粉处理剂和膨松剂的作用机制、发展状况。
2. 掌握水分保持剂、面粉处理剂和膨松剂的性能、作用。

### 技能目标

1. 能够根据产品特点,设计出安全的水分保持剂、面粉处理剂和膨松剂选用方案。
2. 能对水分保持剂、面粉处理剂和膨松剂的使用进行作用效果评价。

### 素质目标

1. 认识水分保持剂、面粉处理剂和膨松剂的发展历史及其对食品工业的促进作用,强化责任意识。
2. 掌握水分保持剂、面粉处理剂和膨松剂的使用特性,培养合法合理使用食品添加剂的职业规范意识。
3. 探索水分保持剂、面粉处理剂和膨松剂的创新研究,为人民群众提供更好的食品,更可靠的生活保障。

> 学习内容

## 项目一

# 水分保持剂

## 一、食品水分保持剂的种类、作用机制和应用

### 1. 水分保持剂的种类

依据 GB 2760—2024《食品安全国家标准 食品添加剂使用标准》,食品水分保持剂是有助于保持食品中的水分而加入的物质。常用的食品水分保持剂是磷酸和磷酸盐,如正磷酸盐、焦磷酸盐、聚磷酸盐和偏磷酸盐等。

### 2. 水分保持剂的作用机制

磷酸和磷酸盐提高持水性的机制还未完全清楚,但可能有以下几种:

(1) 肉类的持水性在肉蛋白质的等电点时最低,此时的 pH 为 5.5,加入磷酸或磷酸盐后,可使肉的 pH 远离等电点,故肉的持水性增强。

(2) 磷酸或磷酸盐中有多价阴离子且离子强度较大,它能与肌肉结构蛋白质中的二价金属离子如 $Mg^{2+}$、$Ca^{2+}$ 结合形成络合物,使蛋白质中极性基游离,极性基之间的斥力增大,蛋白质网状结构膨胀,网眼增大,因而持水性提高。

(3) 磷酸和磷酸盐可解离肌肉蛋白质中的肌球蛋白质,将之解离为肌动蛋白和肌球蛋白。而肌球蛋白具有较强的持水性,故能提高肉的持水性。

(4) 磷酸和磷酸盐具有离子强度高的多价阴离子,当加入肉内后使离子强度增高,肉的肌球蛋白的溶解性增大而成为溶胶状态,持水能力增强。

### 3. 磷酸和磷酸盐的应用

磷酸和磷酸盐在食品工业中应用广泛,多用于肉制品、乳制品、淀粉类食品。如能提高肉类的持水性,增强结着力,使肉质保持鲜度并得到改良。是肉类制品,特别是肉糜、香肠、肉馅等的重要添加剂。磷酸盐还有防止肉类中脂肪酸败产生不良气味的作用。

磷酸和磷酸盐的功能除用作水分保持剂外,还是膨松剂、酸度调节剂、稳定剂、凝固剂、抗结剂。如在饮料、啤酒中加入磷酸盐可与金属离子 Cu、Fe、Mn、Ni 及碱土金属形成稳定的水溶性络合物,能增强啤酒抗氧化能力,防止发生混浊;加入冰淇淋中能增强起泡作用而增大体积;加入酱油中可防止发生变化,改善色调和光泽,提高产品品质。经高温短时消毒的炼乳在存放时常会发生胶凝,加入多磷酸盐如六偏磷酸钠和三聚磷酸钠,可通过蛋白质变性和增溶机制阻止凝胶的生成。磷酸盐还可用于鸡蛋外壳的清洗,防止鸡蛋因清洗而变质。在蒸煮果蔬时,可加入磷酸盐用以稳定果蔬中的天然色素。

磷酸在模块四食品酸度调节剂、甜味剂和增味剂中已经介绍,下面主要介绍几种常用的磷酸盐。

## 二、常用的磷酸盐

### 1. 磷酸二氢钠

磷酸二氢钠又名酸性磷酸钠，分子式 $NaH_2PO_4 \cdot 2H_2O$。

（1）性状　磷酸二氢钠为白色结晶或粉末，无臭，微具潮解性，易溶于水，几乎不溶于乙醇，水溶液呈酸性，加热到100℃失去结晶水，后继续加热，则分解为酸性焦磷酸钠（$Na_3H_2P_2O_7$）。

（2）毒性　ADI 为 0~70mg/kg 体重。

（3）应用　依照 GB 2760—2024《食品安全国家标准　食品添加剂使用标准》，磷酸二氢钠在食品中的使用范围和最大使用量同磷酸。

如淡炼乳生产在加热灭菌时会呈现不稳定情况，主要是由于游离钙离子多，磷酸和柠檬酸少，添加磷酸盐和柠檬酸盐，使盐类平衡保持正常时，可改善其稳定性。

### 2. 焦磷酸钠

焦磷酸钠，分子式 $Na_4P_2O_7 \cdot 10H_2O$。

（1）性状　无色或白色结晶，溶于水，不溶于乙醇。在水中的溶解度为11%，因水温升高而增溶，1%水溶液 pH 为 10，能与金属离子络合。

（2）毒性　ADI 为 0~70mg/kg 体重。

（3）应用　依照 GB 2760—2024《食品安全国家标准　食品添加剂使用标准》，焦磷酸钠在食品中的使用范围和最大使用量同磷酸二氢钠。

### 3. 三聚磷酸钠

三聚磷酸钠又名三磷酸五钠，分子式 $Na_5P_3O_{10}$。

（1）性状　三聚磷酸钠为白色颗粒或粉末，有潮解性，易溶于水。有无水盐和六水盐，水溶液呈碱性。三聚磷酸钠于水溶液中水解，其水解速度因温度和溶液的 pH 等而异。

（2）毒性　ADI 为 0~70mg/kg 体重。

（3）应用　依照 GB 2760—2024《食品安全国家标准　食品添加剂使用标准》，三聚磷酸钠在食品中的使用范围和最大使用量同磷酸二氢钠。

如火腿罐头中配合使用三聚磷酸，适当的条件下成品形态完整，色泽好，肉质柔嫩，容易切片，切面有光泽等；蚕豆罐头用三聚磷酸钠处理，可使豆皮软化等。

### 4. 磷酸三钙

磷酸三钙，分子式 $Ca_3(PO_4)_2$。

（1）性状　磷酸三钙为不同磷酸三钙组成的混合物，白色无定型粉末，无臭无味，于空气中稳定，不溶于乙醇，几乎不溶于水。

（2）毒性　ADI 为 0~70mg/kg 体重。

（3）应用　依照 GB 2760—2024《食品安全国家标准　食品添加剂使用标准》，磷酸三钙在食品中的使用范围和最大使用量同磷酸二氢钠。

## 三、复合磷酸盐

为充分发挥多种磷酸盐之间复合，或者与其他食品添加剂之间复合，产生协同增效，满足食品加工技术的发展需求，在实际应用中常常使用各种复合磷酸盐，常用复合磷酸盐配方如表 11-1 所示。

表 11-1　　　　　　　　　　　常用复合磷酸盐配方　　　　　　　单位:% (质量分数)

| 食品品种 | 配方 |
| --- | --- |
| 肉制品 | 聚磷酸钠：60，偏磷酸钠：22，偏磷酸钾：14，焦磷酸钠：2，焦磷酸钾：2 |
| 鱼肉制品 | 聚磷酸钠：44.4，偏磷酸钠：22.2，焦磷酸钠：11.1，磷酸二氢钠：16.7，碳酸钠：5.6 |
| 香肠 | 偏磷酸钾：10，偏磷酸钠：20，聚磷酸钠：40，焦磷酸钠：30 |
| 火腿 | 聚磷酸钠：77，焦磷酸钠：18，琥珀酸二钠：5 |
| 水产品加工 | 聚磷酸钠：37.5，焦磷酸钠：37.5，抗坏血酸钠：3，焦明矾：10，碳酸钠：12 |

以肉制品加工为例。在肉制品的制作中，复合磷酸盐的作用非常重要，它是一种能有效激活肉蛋白的肉制品水分保持剂。复合磷酸盐的作用对肉制品中肌肉蛋白的影响主要有以下三个方面。

### 1. 改变分子电荷

当电荷处于等电点时，蛋白分子间的空间小，此时的 pH 在 5 左右，肉制品的保水性低，通过复合磷酸盐调整 pH，使蛋白分子电荷偏离等电点，可以提高肉制品的保水性。

### 2. 螯合金属离子

二价金属离子更易与蛋白质结合，复合磷酸盐螯合金属离子后，蛋白质中的羧基被暴露出来，蛋白质分子空间变大，提高了与水的结合能力。

### 3. 提高肌球蛋白含量

复合磷酸盐会促使肌动球蛋白解离，转化为具有凝胶特性的肌球蛋白，从而提高保水性。

所以肉制品生产加工是离不开磷酸盐的。复合磷酸盐的研究与开发，是磷酸盐类食品添加剂开发与应用的发展方向。需要食品行业工作者共同努力，创新研究。

## 项目二

# 面粉处理剂

依据 GB 2760—2024《食品安全国家标准　食品添加剂使用标准》，面粉处理剂是促进面粉的熟化和提高制品质量的物质。

## 一、面粉处理剂的分类

我国许可使用的面粉处理剂包括面粉还原剂、面粉填充剂、面粉改良剂等。

### 1. 面粉还原剂

面粉还原剂用于发酵面制品，与面粉增筋剂配合使用时，主要在面筋的网状结构形成后发挥作用，其作用具有时间的滞后性，能够提高面团的持气性和延伸性，加速谷蛋白的形成，防止面团筋力过高引起的老化，从而缩短面制品的发酵时间。如 L-半胱氨酸盐。L-抗坏血酸也可被用作面粉还原剂，具有促进面包发酵的作用。

### 2. 面粉填充剂

面粉填充剂又称分散剂，是一种面粉处理剂的载体，如碳酸镁、碳酸钙等。除具有使微量面粉处理剂分散均匀的作用外，还有抗结剂、膨松剂、酵母养料、水质改良剂的作用。

### 3. 面粉改良剂

如木瓜蛋白酶是制造饼干时弱化面筋的主要酶。通过酶促反应，将面团的蛋白质水解成肽甚至氨基酸，从而调低并整理面团的湿筋，改良面团的可塑性及其他理化性质。木瓜蛋白酶能催化脂键，增强油脂和面团的亲和性，使油、糖和香料等配料在面团中的效用发挥得更加淋漓尽致。

## 二、常用的面粉处理剂

常用的面粉处理剂有 L-半胱氨酸盐酸盐、抗坏血酸、碳酸镁、木瓜蛋白酶等。过去有用溴酸钾、过氧化苯甲酰作面粉处理剂，现在已禁止使用。抗坏血酸可见模块三抗氧化剂项目三水溶性抗氧化剂。木瓜蛋白酶列于 GB 2760—2024《食品安全国家标准 食品添加剂使用标准》添加剂使用标准表 C.3。在模块十三食品用酶制剂中介绍。现以 L-半胱氨酸盐酸盐、碳酸镁作为代表介绍之。

### 1. L-半胱氨酸盐酸盐

L-半胱氨酸盐酸盐，分子式 $C_3H_7NO_2S \cdot HCl \cdot H_2O$。

（1）性状　L-半胱氨酸盐酸盐为无色至白色结晶或白色晶体粉末，有轻微的特殊气味。溶于水，水溶液呈酸性，且溶于乙酸。

（2）性能　L-半胱氨酸盐酸盐为非必需氨基酸，具有还原性、抗氧化和防止非酶性褐变作用。主要用作面包发酵促进剂，可加速谷蛋白的形成，防止老化。

（3）毒性　小鼠经口 $LD_{50}$ 为 3.46g/kg 体重。L-半胱氨酸盐酸盐进入体内，最终分解为硫酸盐和丙酸排出，无蓄积作用。一般公认安全。

（4）应用　依照 GB 2760—2024《食品安全国家标准 食品添加剂使用标准》，L-半胱氨酸盐酸盐在食品中的使用范围和最大使用量（g/kg）为：发酵面制品 0.06；生湿面制品（如面条、饺子皮、馄饨皮、烧卖皮，仅限拉面）0.3；冷冻米面制品 0.6。

### 2. 碳酸镁

（1）性状　碳酸镁为白色单斜结晶或无定形粉末。无毒，无味，在空气中稳定。微溶于水，水溶液呈弱碱性，在水中的溶解度为 0.02%（15℃）。易溶于酸和铵盐溶液。加热至 700℃产生二氧化碳，生成氧化镁。

因结晶时的条件不同，产品有轻质和重质之分，一般为轻质。包括：轻质 $MgCO_3 \cdot H_2O$；重质 $5MgCO_3 \cdot Mg(OH)_2 \cdot 3H_2O \cdot 5MgCO_3 \cdot 2Mg(OH)_2 \cdot 7H_2O$；$4MgCO_3 \cdot Mg(OH)_2$；及 $3MgCO_3 Mg(OH)_2 \cdot 4H_2O$。

（2）性能　在面粉改良剂的配方之中，碳酸镁是相当重要的原料成分，能够发挥非常大的辅助作用，极大程度地提高了面粉改良剂的流动性与分散性，并充当抗结块疏松剂。碳酸镁可作为面粉处理剂、膨松剂、稳定剂、抗结剂。

（3）毒性　ADI 不作特殊规定（FAO/WHO，1994）。对胃酸有抑制作用。

（4）应用　按 GB 2760—2024《食品安全国家标准 食品添加剂使用标准》，碳酸镁在食品中的使用范围和最大使用量（g/kg）为：小麦粉 1.5；固体饮料 10.0。

## 项目三

## 膨松剂

在焙烤食品的加工中,为了改善食品品质,常常会加入膨松剂。所谓膨松剂,是指在食品加工过程中加入的,能使产品发起形成致密多孔组织,从而使制品膨松、柔软或酥脆的物质,也称膨胀剂、疏松剂、发粉。一般为碳酸盐、磷酸盐、铵盐和矾类等,如碳酸氢钠、碳酸氢铵、酒石酸氢钾、硫酸铝钾(钾明矾)、硫酸铝铵(铵明矾)、碳酸钙等。

### 一、膨松剂的特点、功效和作用原理

1. 膨松剂的特点

膨松剂除了安全性、价格等方面的一般要求外,尚有其特点如下。
(1) 能以较低的使用量产生较多的气体。
(2) 在冷的面团里气体产生慢,而加热时均匀产生多量气体。
(3) 加热分解后的残留物不影响成品的风味和质量。
(4) 贮存方便。

2. 膨松剂的功效

膨松剂主要用于面包、蛋糕、饼干及发面食品。只要食品加工中有水,膨松剂即产生作用,一般是温度越高,反应越快。其功效如下。
(1) 增加食品体积。面包在焙烤过程中,除油脂和水分蒸发产生一部分气体外,绝大多数气体由膨松剂产生。它使面包体积增大 2~3 倍。
(2) 产生多孔结构,使食品具有松软酥脆的质感,提高了产品的咀嚼感和可口性。
(3) 膨松组织,可使各种消化液快速、畅通地进入食品组织,提高消化率。

3. 膨松剂的作用原理

通常是在和面时加入膨松剂,经过加热,膨松剂因化学反应产生二氧化碳,使面团变成有孔洞的海绵状组织,从而使面食变得柔软可口易咀嚼,增加其营养,使其容易消化吸收,并呈现特殊风味。

碱性膨松剂在使用中会因加热而分解、中和或发酵,产生大量气体,使食品体积增大,内部形成多孔组织。如:

$$2NaHCO_3 \rightleftharpoons Na_2CO_3 + CO_2\uparrow + H_2O;$$
$$NH_4HCO_3 \rightleftharpoons NH_3\uparrow + H_2O + CO_2\uparrow$$

而复合膨松剂则在碱性膨松剂的基础上,利用酸性盐及有机酸、加工助剂等来控制反应速度,防止失效及使气体产生均匀等。复合膨松剂一般是由以下三部分组成。
(1) 酸盐,用量占 20%~40%,作用是产生气体。
(2) 酸性盐或有机酸,用量约占 35%~50%,作用是碳酸盐反应,控制反应速度,调整食品酸碱度。主要反应如下:$NaHCO_3 +$酸性盐$\longrightarrow CO_2\uparrow +$中性盐$+H_2O$(酸性盐解离出氢离子后,才能与膨松剂作用,产生气体。而氢离子的分解速度与酸式盐的溶解特性、体系含水量、温度等有关,所以可利用酸式盐的分解特性来控制膨松剂的产气过程)。

(3) 加工助剂，有淀粉、脂肪酸等，约占 10%~40%，作用是改善膨松剂的保存性，防止吸潮，失效，调节气体产生速度或使气泡均匀产生。

有些焙烤食品的面团要经过调制、醒发和焙烤阶段，因此要求膨松剂具有"二次膨发特性"，如图 11-1 所示。

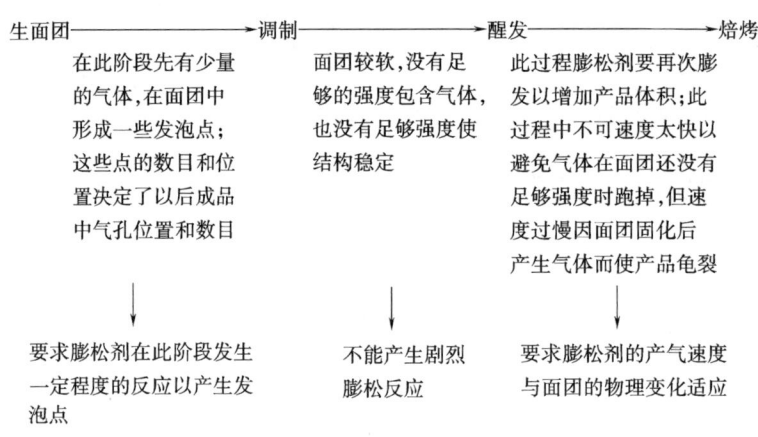

图 11-1 膨松剂的作用

## 二、常用膨松剂

### 1. 碳酸氢钠

碳酸氢钠又称食用小苏打、重碱，分子式 $NaHCO_3$，相对分子质量 84.01。

(1) 性状 碳酸氢钠为白色结晶性粉末，无臭，味咸，在潮湿和热空气中缓慢分解产生 $CO_2$，加热至 270℃ 失去全部 $CO_2$。遇酸即强烈分解而产生 $CO_2$，水溶液呈弱碱性，放置稍久或振摇，或加热，碱性即加强，易溶于水。碳酸氢钠分解后残留碳酸钠，使制品呈碱性，影响口味，使用不当还会使成品表面呈黄色斑点。

(2) 毒性 一般使用无毒，但过量摄取时有碱中毒及损害肝脏的危险，可因产生大量 $CO_2$ 而引起胃破裂。

(3) 使用 依照 GB 2760—2024《食品安全国家标准 食品添加剂使用标准》，碳酸氢钠可用作为膨松剂、酸度调节剂、稳定剂。在大米制品（仅限发酵大米制品）中可按生产需要适量使用。碳酸氢钠还可在各类食品（表 A.2 中编号为 1~56、58~68 的食品类别除外）中按生产需要适量使用。

如在饼干、糕点制作中，多与碳酸氢铵合并使用，使用时为方便均匀分散且防止出现黄色斑点，应先溶于冷水中添加。碳酸氢钠还可用于配置苏打汽水或盐汽水，作为 $CO_2$ 发生剂。碳酸氢钠还可作为酸度调节剂、稳定剂；在果蔬加工中，如烫漂、护色、浸碱除蜡、调整酸度等方面亦常常使用碳酸氢钠。

### 2. 碳酸氢铵

碳酸氢铵又称酸式碳酸铵，俗称食臭粉、臭碱等，分子式 $NH_4HCO_3$，相对分子质量 79.06。

(1) 性状 碳酸氢铵为白色结晶粉末，有氨臭，对热不稳定，在空气中易风化。固体在58℃，水溶液在70℃分解为氨及$CO_2$。稍有吸湿性，易溶于水，不溶于乙醇。

（2）毒性　碳酸氢铵在食品中残留很少，且氨及$CO_2$都是人体正常代谢产物，少量摄入，对健康无影响。ADI不需要特殊规定。

（3）使用　依照GB 2760—2024《食品安全国家标准　食品添加剂使用标准》，碳酸氢铵可作为膨松剂在各类食品（GB 2760—2024 表A.2中编号为1~56、58~68的食品类别除外）中按生产需要适量使用。

碳酸氢铵分解后产生气体的量比碳酸氢钠多，起发能力大，但易使成品过松，内部或表面出现大的空洞。此外加热时产生强烈刺激性的氨气，从而带来不良的风味。

实际中，碳酸氢铵多与碳酸氢钠或发酵粉配合使用，如饼干中膨松剂的配合使用量见表11-2。

表11-2　饼干中膨松剂的配合使用

| 面团类型 | 碳酸氢钠/% | 碳酸氢铵/% |
| --- | --- | --- |
| 韧性面团 | 0.5~1.0 | 0.3~0.6 |
| 酥性面团 | 0.4~0.8 | 0.2~0.5 |
| 甜酥面团 | 0.3~0.35 | 0.15~0.2 |

### 三、复合膨松剂

针对碱性膨松剂的各种不足，可用不同配方配制成复合膨松剂。

#### 1. 复合膨松剂的配制

复合膨松剂一般由三部分配制而成。它是在碱性膨松剂的基础上，通过加入酸性盐、有机酸及加工助剂等成分来控制反应速度，防止膨松剂失效并使气体均匀产生等。

（1）碳酸氢盐（如钠、铵盐）用量20%~40%，作用是产气。

（2）酸性盐（如酒石酸氢钾、磷酸二氢钙）或有机酸（如酒石酸、柠檬酸、乳酸）用量35%~50%，有时还加明矾（如钾明矾、铵明矾、烧明矾、烧铵明矾等），作用是与碳酸盐反应，利用酸式盐的分解特性控制膨松剂的产气速度、调节酸碱度。

主要反应如下：$NaHCO_3$+酸性盐$\longrightarrow CO_2\uparrow$+中性盐+$H_2O$（酸性盐解离出氢离子后，才能与膨松剂作用，产生气体。而氢离子的分解速度与酸式盐的溶解特性、体系含水量、温度等有关，所以可利用酸式盐的分解特性来控制膨松剂的产气过程）。

（3）加工助剂（如淀粉、脂肪酸等）用量10%~40%，作用是改善膨松剂的保存性，防止吸潮、失效，并且调节气体产生速度或使气体均匀产生；充分提高膨松剂的效力。

有些焙烤食品的面团要经过调制、醒发和焙烤阶段，因此要求膨松剂具有"二次膨发特性"，即：

配制复合膨松剂时，应将各种原料成分充分干燥。要粉碎过筛，使颗粒细微，以使混合均匀。碳酸盐与酸性物质混合时，碳酸盐的使用量要高于理论值，以防残留酸味。贮存时最好密闭于低温干燥的场所，以防分解失效。也可把酸性物质单独包装，使用时再将其与其他物质混合。

#### 2. 复合膨松剂配方

如饼干生产中的复合膨松剂配方有：

(1) 15%酸式磷酸钙、25%小苏打、3%酒石酸、38%淀粉等。

(2) 22%酸式磷酸钙、35%小苏打、3%钾明矾、15%淀粉等。

(3) 3%小苏打、44%酒石、3%酒石酸、30%淀粉等。

(4) 19%小苏打、30%酒石、5%酒石酸、46%淀粉。

### 3. 发酵粉

发酵粉是一种常用的复合膨松剂，又称焙粉。发酵粉中含有许多物质，主要成分为碳酸氢钠和酒石酸。通常是碳酸盐和固态酸的混合物。

(1) 性状　发酵粉一般为白色粉末，遇水加热产生 $CO_2$，2%水溶液产气后 pH 为 6.5~7.0。

(2) 毒性　各组分凡符合食品添加剂标准者，对人体无害。

(3) 应用　发酵粉根据需要制成快速发酵粉、慢速发酵粉和双重反应发酵粉。

发酵粉较单纯碱性盐产气量大，在凉面坯中产气缓慢，加热后产气多而均匀，分解后的残留物对食品的风味、品质影响较小。

我国目前市售的发酵粉加入量，一般糕点以面粉计为1%～3%，馒头、包子等面食等为0.7%～2%。

---

> **思考题**
>
> 1. 简述在食品中添加磷酸盐的持水作用机制。
> 2. 举例比较两种面粉处理剂的性能、毒性和应用。
> 3. 简述膨松剂的二次膨发特性。
> 4. 通过上网查阅资料，对磷酸盐类食品添加剂的开发与应用前景你有何看法？
> 5. 上网查阅资料，谈谈你对膨松剂发展方向的见解。

模块十一
在线测试

---

■ 实训内容

**实训一**　鸡肉糕中食品添加剂的使用

### 一、实训目的

了解鸡肉糕制品的生产工艺；掌握鸡肉糕制品中食品添加剂的作用。

### 二、实训材料

**1. 仪器**

真空包装机；斩拌机；真空包装机；绞肉机；冰箱；夹层锅等。

**2. 实训原料和配方**

(1) 材料　鸡肉；猪肥膘。

(2) 辅料　食盐；白糖；味精；亚硝酸钠；异抗坏血酸钠；复合磷酸盐；大豆分离蛋白；变性淀粉；β-环状糊精；复合香辛料等。

(3) 产品配方　原料肉中鸡肉与猪肥膘的比例为70∶30，辅料占原料肉重的比例为：食盐3%、白糖1.5%、味精0.1%、曲酒0.5%、亚硝酸钠0.01%、复合磷酸盐0.3%、大豆分离蛋白3%、变性淀粉7%、复合香辛料1%、β-环状糊精0.05%、异抗坏血酸钠0.05%。

(4) 包装材料　聚酯/铝箔/聚丙烯蒸煮袋。

### 三、实训步骤

#### 1. 操作步骤

(1) 原料肉选择及处理　选择健康无病、中上等膘情、体重2.5~3kg，经检疫合格的鸡为原料，从腹线正中开腹，取出内脏，除掉胴体各部位的结缔组织、腺体、大血管，用清水将鸡胴体内外漂洗干净，尤其是口腔内的脏物，剔除骨、筋膜、肌腱、淋巴结等，将肉块置于洁净的不锈钢容器内。

(2) 绞碎　用绞肉机将处理好的鸡肉绞成肉碎。

(3) 斩拌　斩拌时首先应确定斩拌顺序，其顺序为先将大豆分离蛋白放入斩拌机中，加4~5倍冰水斩拌1~2min；放入绞碎后的肉，并添加冰水，斩拌2~3min，加冰水后，最初肉会失去黏性，变成分散的细粒状，但不久黏着性就会不断增强，最终形成一个整体；然后加入各种调味料、复合香辛料、食品添加剂，继续斩拌1~2min；最后添加淀粉和猪肥膘斩拌1~2min；添加脂肪时，应一点点地添加，使脂肪均匀分布。

(4) 成型　将斩拌后的肉料，装入方形或圆形的不锈钢板模具中，制成肉糕，装模时应保持平整，并且压实。

(5) 蒸煮　将成型的肉糕料胚，放在夹层锅中，蒸汽蒸煮20~30min。

(6) 冷却、脱模　将蒸煮后的肉糕模具放入流动水中冷却至中心温度27℃以下，然后送入0~7℃冷却间内冷却至产品中心温度1~7℃，再脱模进行包装。

(7) 真空包装　将蒸煮冷却后的鸡肉糕，装入真空包装袋内进行真空包装，热封温度160~200℃，热封时间3~4s，真空度为0.1MPa。

#### 2. 注意事项

(1) 为提高产品质量，绞肉时一定要控制肉温在10℃以下（不能低于0℃）。

(2) 斩拌是肉糜的乳化工序，是肉糕生产中至关重要的过程。斩拌过程中，应严格控制斩拌温度，斩拌时，由于斩刀的高速旋转，肉料的升温不可避免，但肉料过度升温会导致肌肉蛋白质变性，降低其工艺特性，实际操作过程中我们采用添加冰屑降温的方法，斩拌终温控制在8~10℃，肉糕产品质量最佳。

要严格控制斩拌时间，整个斩拌操作应控制在6~8min。

(3) 鸡肉与猪肥膘比例为70∶30时，肉糕风味、弹性、组织状态最佳。

(4) 鸡肉具有腥味，直接影响肉糕的风味，β-环状糊精具有去除异味的作用。β-环状糊精添加量在0.04%~0.06%时有较好的祛除异味作用。

### 四、思考题

(1) 为什么要在肉制品中使用复合磷酸盐？

（2）上网查阅资料，复合磷酸盐的成分是什么？

## 实训二　蚕豆罐头中食品添加剂的使用

### 一、实训目的

了解蚕豆罐头的生产工艺，掌握蚕豆罐头中食品添加剂的作用。

### 二、实训材料

**1. 仪器**

夹层锅；真空封罐机；杀菌锅。

**2. 实训原料和配方**

原料：蚕豆；花生油。

汤汁配方：白砂糖 0.5%、三聚磷酸钠 0.05%、盐 3.5%、六偏磷酸钠 0.15%、味精 0.2%、水 95.6%。

### 三、实训步骤

（1）原料处理　蚕豆要求豆粒饱满，皮色黄或青黄，无病虫害。剔除虫蛀豆、黑斑豆、破皮豆、不完整的豆。除去泥沙杂质。

（2）浸泡挑选　蚕豆以流水漂洗干净，浸泡 24h，以蚕豆泡透但不发芽为宜。其间加以翻动和换水。浸泡至蚕豆增重 1~1.2 倍。整个处理过程防止与铁器接触，否则蚕豆极易变色。

（3）加水预煮　将蚕豆与水按 1∶1 的比例煮沸 20min，以蚕豆用手捏易碎为度。

（4）装罐　将水、白砂糖、盐置于夹层锅内加热煮沸，加入预先用少量热水溶解的三聚磷酸钠和六偏磷酸钠，再加入味精，过滤。蚕豆装罐，同一罐中蚕豆色泽、粒形大小应均匀一致；加入精炼花生油 4g，装罐。

（5）排气、密封　在 95℃排气 6~8min 即可达到中心温度 75℃以上。抽气密封应在 0.04MPa 的真空下进行。排气后立即密封。

（6）杀菌及冷却　杀菌条件 121℃，10min，反压冷却。杀菌后迅速冷却，以避免品质变坏、色泽发暗及"结晶"现象。

### 四、思考题

（1）为什么要在蚕豆罐头制品中使用磷酸盐？

（2）为什么使用复合磷酸盐？复合磷酸盐比单一磷酸盐效果更好吗？阐述理由。

## 实训三　牛奶馒头中食品添加剂的使用

### 一、实训目的

了解牛奶馒头的制作工艺；掌握馒头中食品添加剂的作用。

### 二、实训材料

**1. 仪器**

搅拌机；蒸锅。

**2. 实训配方**

面粉 500g、牛奶 250g、发酵粉 5g、白砂糖 10g、水 250~300g（视面粉的种类而增减）。

### 三、实训步骤

**1. 操作步骤**

（1）将白砂糖和发酵粉倒入温牛奶中，搅拌使其混合后静置 5min 左右。

（2）面粉放入盆中，在面粉中间挖一个小洞，逐渐加入有发酵粉的温牛奶并搅拌面粉至絮状。

（3）将和好的面揉光后放入盆中，用一块湿布或者保鲜膜盖住，放置温暖处（30℃左右）进行发酵。

（4）约 2h 后，面团发至两倍大，用手抓起一块面，内部组织呈蜂窝状，即醒发完成。

（5）将发好的面团放在案板上用力揉 10min 左右，揉至表面光滑，并尽量使面团内部无气泡。

（6）将揉好的面搓成圆柱形，用刀将其均匀切成小块，整理成形后放入蒸笼里，盖上盖子，再次让其醒发 20min，经过二次发酵后蒸出来的馒头会更松软。

（7）凉水上锅蒸 15min，时间到后关火，但不要立即打开锅盖，过 5min 后再打开锅盖。

**2. 注意事项**

（1）发酵细节

①发酵粉的用量，根据季节、温度还有发酵粉存放时间的长短可以增减用量。发酵粉存放时间长，冬季或温度低时，要适当增加用量。

②发酵的时间根据季节有长有短，醒发的时间至少要 2h 以上。具体判断方法：面团要发至原来的 2 倍大，否则视为发酵不完全，撕开后有均匀的蜂窝出现即为发好。冬季面团盆可以放置在暖气周围，但不要直接放在温度过高的暖气片上。

③水温。水的温度在 35~40℃ 最好，即伸手进去，有微烫的感觉。水温过高会使发酵粉失活，过低又会导致温度不足难以发酵，这一步很关键。夏季水温可以稍低一些。

④盖湿布。面团发酵时，要盖一块湿布，是为防止干燥而使面团表面龟裂，也可以用保鲜膜代替。

（2）面团和得要柔软，以利于面团的发酵，和好的面团要做到三光：盆光、面光、手光。

（3）蒸制时，一定要"冷水"上锅，否则会将做好的面坯"烫死"，使蒸制出的馒头呈死面状态。

### 四、思考题

（1）发酵粉有何作用？
（2）发酵粉的主要成分是什么？
（3）发酵时需要注意哪些细节？

# 模块十二

## 消泡剂、抗结剂和胶基糖果中基础剂物质

### 学习目标

**知识目标**

1. 了解消泡剂、抗结剂和胶基糖果中基础剂物质的种类、发展状况。
2. 掌握常用消泡剂、抗结剂和胶基糖果中基础剂物质的性能、作用。

**技能目标**

1. 能够分析消泡剂、抗结剂和胶基糖果中基础剂物质的安全性。
2. 按照产品感官要求及工艺特点,正确选用消泡剂、抗结剂和胶基糖果中基础剂物质。

**素质目标**

1. 认识消泡剂、抗结剂和胶基糖果中基础剂物质的发展历史及其对食品工业的促进作用,强化责任意识。
2. 掌握消泡剂、抗结剂和胶基糖果中基础剂物质的使用特性、方法,提升专业自信。
3. 探索消泡剂、抗结剂和胶基糖果中基础剂物质的创新研究,为人民群众提供更丰富的食品,更可靠的生活保障。

## 学习内容

## 项目一

# 消泡剂

### 一、消泡剂的作用、特点和分类

#### 1. 消泡剂的作用

泡沫是由液体薄膜或固体薄膜隔离开的气泡聚集体。啤酒、香槟、果汁、冷饮等产品需要泡沫的存在以保证其特殊的风味和质感。但在食品的加工中，并非所有的起泡作用都是受欢迎的。一些泡沫的产生往往会造成危害。在加工植物性原料时，一般先要洗涤根、茎、叶等；蔬菜在去皮、烹煮或煎炸前也要清洗，在此过程中会产生大量的泡沫（尤其是加工高淀粉、高糖分的食品原料时），物料会随泡沫溢出，造成浪费，同时也使加工车间和设备的卫生质量下降，因此必须设法消除泡沫。此外，煎炸用油很容易起泡，泡沫的溢出会造成经济损失及操作工人被伤害，在明火加热时还易引起火灾。在罐头、饮料加工（特别是生产蛋白质含量高的产品），调味品、啤酒、味精等发酵食品的生产过程中也会产生大量有害的泡沫。为了消除这些有害泡沫的不良影响，应当使用消泡剂。

依照 GB 2760—2024《食品安全国家标准　食品添加剂使用标准》，消泡剂是在食品加工过程中降低表面张力，消除泡沫的物质。

#### 2. 消泡剂的特点

消泡剂的作用机制主要是：消泡剂能够降低泡沫部分的表面张力，导致泡沫破裂，同时破坏液膜的弹性，使气泡破裂，并能促进液膜排液。从消泡剂的作用机制来看，有研究认为破泡剂、抑泡剂和脱泡剂可以统称为消泡剂。破泡：相对于泡沫（泡沫聚合体），从空气侧侵入气泡中，将气泡破坏。抑泡：从液体侧侵入气泡中，将气泡破坏，令泡沫难以产生。脱泡：从气泡的界面侵入泡中，令气泡合一浮出液面。

一般具有破泡能力的液体物质，其表面张力较低，且易于吸附、铺展于液膜上，使液膜的局部表面张力降低，同时带走液膜下层邻近液体，导致液膜变薄、破裂。因此，消泡剂在液面上铺展得越快，液膜变得越薄，破泡能力越强。

有效的消泡剂既要迅速破泡，又能在相当长的时间内防止泡沫生成。其应具备下述性质：①消泡力强，用量少；②加入发泡系统后不影响它的基本性质；③表面张力小；④与表面的平衡性好；⑤扩散性、渗透性好；⑥耐热性好；⑦化学性稳定，耐气化性强；⑧气体溶解性、透过性好；⑨在发泡系统中的溶解度小；⑩无生理活性，安全性好。

#### 3. 消泡剂的分类

消泡剂可分为破泡剂和抑泡剂两类。破泡剂是直接加到形成的泡沫上使之破灭的添加剂，如低级醇、山梨糖醇酐脂肪酸酯、聚氧乙烯山梨糖醇酐脂肪酸酯、天然油脂等。抑泡剂是在发泡前预先加入以阻止发泡的添加剂，如聚醚及有机硅等。目前，使用的消泡剂主要是聚二甲基硅氧烷、聚氧丙烯甘油醚、聚氧丙烯氧化乙烯甘油醚、聚氧乙烯聚氧丙烯季戊四醇醚、聚氧乙烯聚氧丙醇胺醚等。此外，一些脂肪酸、山梨醇酐脂肪酸酯、天然油脂等也是很好的食品消泡剂。如山梨醇酐脂肪酯可用于酵母生产中的发酵工艺，在酪素蒸发过程中防止发泡。实际应用的消泡剂种类很多，但在食品工业中应用的，除了考虑消泡能力，还必须考虑其毒性及安全性。这也是我们作为食品从业者应尽的社会责任。

## 二、常用消泡剂

### 1. 聚氧丙烯甘油醚

聚氧丙烯甘油醚又称甘油聚醚、GP型消泡剂。

（1）性状　聚氧丙烯甘油醚为无色至淡黄色非挥发性黏稠油状液体，有苦味。难溶于水，溶于乙醇等，热稳定性好。

（2）性能　聚氧丙烯甘油醚消泡能力强，是良好的食品消泡剂。用于酵母、味精等生产，消泡效率为食用油的数倍至数十倍。

（3）毒性　小鼠口服 $LD_{50}>10g/kg$ 体重。

（4）应用　依照 GB 2760—2024《食品安全国家标准　食品添加剂使用标准》，聚氧丙烯甘油醚作为消泡剂列入表 C.2 需要规定功能和使用范围的加工助剂名单，用于发酵工艺。如在味精生产时采用在基础料中一次加入的方法，加入量为 0.02%~0.03%。对制糖业浓缩工序，在泵口处预先加入，加入量为 0.03%~0.05%，勿过量，以免影响氧的传递。

### 2. 聚氧乙烯山梨醇酐单油酸酯

（1）性状、性能、毒性　聚氧乙烯山梨醇酐单油酸酯，商品名 Tween 80；其性状、性能、毒性见模块八乳化剂项目二常用乳化剂。

（2）应用　按 GB 2760—2024《食品安全国家标准　食品添加剂使用标准》，Tween 20、Tween 40、Tween 60、Tween 80 作为消泡剂列入表 C.2 需要规定功能和使用范围的加工助剂名单，用于制糖工艺、发酵工艺、提取工艺、果蔬汁（浆）饮料加工工艺（最大使用量为 0.75g/kg）、植物蛋白饮料加工工艺（最大使用量为 2.0g/kg）、豆类制品加工工艺（最大使用量为 0.05g/kg，最大使用量以每千克豆类的使用量计），还可作为分散剂、提取溶剂。

### 3. 蔗糖脂肪酸酯

蔗糖脂肪酸酯的性状、性能、毒性见模块八乳化剂项目二常用乳化剂。其应用依照 GB 2760—2024《食品安全国家标准　食品添加剂使用标准》，作为消泡剂列入表 C.2 需要规定功能和使用范围的加工助剂名单，用于制糖工艺、豆制品加工工艺。如在煮豆浆过程中，加入蔗糖脂肪酸酯，能有效分离豆腐渣，消除泡沫，防止溢锅，还能提高豆腐保水性和弹性，使豆腐的质地更加细腻，不易破碎，口味和口感更佳。

## 三、复合消泡剂

### 1. 组成

复合消泡剂主要是由高级脂肪酸类、食品用表面活性剂和天然油脂类等组成。如利用山梨醇酐脂肪酯、甘油单硬脂酸酯、蔗糖脂肪酸酯、大豆磷脂及硅树脂、丙二醇、甲基纤维素、碳酸钙、磷酸三钙等中的数种相互复配而成。一般用于软饮料、糖果、冷饮、焙烤食品及布丁等食品中。

### 2. 特点

复合消泡剂的特点主要是：消泡快速，抑泡时间长，添加量少，能提升产品质量。复合消泡剂扩散性、渗透性好，能与油性、水性溶液很好的相容。复合消泡剂耐热性好，化学性质稳定，应用范围广。

复合消泡剂是消泡剂在食品工业上应用的重要发展方向，近年来复合消泡剂的研究主要有：有机硅化合物与表面活性剂的复配、聚醚与有机硅的复配、水溶性或油溶性聚醚与含硅聚醚的复配等复合消泡剂。有研究认为聚醚类与有机硅类消泡剂的性能更优良。对这两类消泡剂的改性与新品种的开发研究也比较活跃。我们要勇往直前，不断努力研究、创新。

### 3. 应用举例

以 DSA-5 消泡剂为例。DSA-5 消泡剂是由十八醇硬脂酸酯、液体石蜡、硬脂酸三乙醇胺和硬脂酸铝组成的复配物。其主要成分为表面活性剂。

（1）性状　DSA-5 消泡剂为白色至淡黄色黏稠状液体，几乎无臭，化学性质稳定。不易燃易爆，不挥发，无腐蚀性，黏度高，流动性差。1%DSA-5 消泡剂水溶液的 pH 为 8~9。

（2）性能　DSA-5 消泡剂能显著降低泡沫液壁的局部表面张力，加速排液过程、使泡沫破裂。

（3）毒性　大鼠经口 $LD_{50}$>15g/kg 体重。

（4）应用　DSA-5 使用用量少，消泡效果好，消泡率可达 96%~98%，且成本低，可节约豆油和液体石蜡，经济效益良好。

## 项目二

# 抗结剂

## 一、抗结剂的特点、类型

依据 GB 2760—2024《食品安全国家标准　食品添加剂使用标准》，抗结剂是用于防止颗粒或粉状食品聚集结块，保持其松散或自由流动的物质。

### 1. 抗结剂的特点

抗结剂的作用原理通常是吸收多余水分或者附着在颗粒表面使其具有憎水性。抗结剂的特点是：颗粒细（2~9μm），表面积大（310~675$m^2$/g），比容高（80~465kg/$m^3$）。

### 2. 抗结剂作用机制

通常抗结剂微粒黏附在主基料颗粒的表面上，影响主基料颗粒的物性。抗结剂颗粒和主基料颗粒之间存在亲和力，形成有序混合物。

（1）提供物理阻隔作用。当主基料表面被抗结剂颗粒完全覆盖后，形成的抗结剂成了一种物理屏障。抗结剂阻隔了主基料表面的亲水性物质，抗结剂吸附在主成料的表面后，使其更光滑，从而降低了颗粒间的摩擦力，增加了颗粒的流动性。

（2）抗结剂自身具有很大的吸湿能力，从而减少主基料因吸湿性而导致的结块倾向。

（3）通过消除主基料表面的静电荷和分子作用力，提高流动性。

（4）通过改变主基料结晶体的晶格，形成一种易碎的晶体结构，使原本易形成坚硬团块的主基料的结团现象减少，改善其流动性。

3. 常用抗结剂类型

（1）硅酸盐类　常用二氧化硅和硅酸钙作为抗结剂，最大用量被规定≤2%，硅酸钙如用于烘烤方面，用量可≤5%；另外还有硅酸铝钠、硅酸镁、硅铝酸钠、硅铝酸钙钠等。

（2）硬脂酸盐类　主要有硬脂酸镁、硬脂酸钙、硬脂酸铝等。

（3）铁盐类　如柠檬酸铵铁、亚铁氰化钾、亚铁氰化钠。

（4）磷酸盐类（钙、钾、钠盐等）　磷酸钙和磷酸镁不光作为抗结剂用，还可作为一种营养成分。

（5）其他　其他种类的抗结剂有碳酸镁、微晶纤维素等。

4. 抗结剂应用

抗结剂已被广泛应用在香味物质、香料、人工甜味剂、蛋粉、盐、干胶浆和香基、可可粉、酱油、肉的干熏混合物以及粉末油脂制品如干酪粉、咖啡伴侣等食品中。

下面重点介绍两种。

1. 亚铁氰化钾

亚铁氰化钾亦称黄血盐钾，分子式 $K_4Fe(CN)_6 \cdot 3H_2O$。

（1）性状　亚铁氰化钾为单斜晶系浅黄色晶体颗粒或粉末，无臭，味咸。溶于水，不溶于乙醇。常温下稳定，加热至70℃开始失去结晶水，热至100℃完全失去结晶水而变为具有吸湿性的白色粉末，400℃高温下发生分解，释出氮气，产生氰化钾和碳化铁。遇酸生成氢氰酸，遇碱生成氰化钠。与过量 $Fe^{3+}$ 反应，生成普鲁士蓝颜料。

（2）性能　亚铁氰化钾可用于防止细粉、结晶性食品板结；它能使食盐的正六面体结晶转变为星状结晶，而不易发生结块。

（3）毒性　ADI 为 0~0.25mg/kg 体重。由于氰离子与铁结合得很牢，因此毒性极低。

（4）应用　依照 GB 2760—2024《食品安全国家标准　食品添加剂使用标准》，亚铁氰化钾（或亚铁氰化钠）用于盐及代盐制品，最大使用量为 0.01g/kg（以亚铁氰根计）。

目前我国主要使用亚铁氰化钾作为食盐的抗结剂。使用方法：将亚铁氰化钾 0.5g 溶于 100~200mL 水中，然后喷入 100kg 食盐中。

（5）使用注意点　根据世界卫生组织和国际粮农组织专家委员会的评估数据，亚铁氰化钾要造成人健康上的负面效应，至少每天每个成年人要摄入 1.5mg 亚铁氰化钾。就是说，如果想要亚铁氰化钾中毒，必须每天吃 150g 的食盐，才会对身体造成慢性伤害。我国营养学会的建议每人每日不超过 6g。并且亚铁氰化钾中的铁和氰化物之间结构稳定，只有在温度超过 400℃ 的情况下才可能分解，而我们日常烹调温度，一般低于 340℃。所以，尽管食用加入了亚铁氰化钾的食盐，但其安全性是有保障的。

2. 微晶纤维素

微晶纤维素成分为以 $\beta$-1,4-糖苷键结合的直链式多糖类。一般植物纤维中，微晶纤维约占70%，其余30%是无定型纤维素，经水解除去后，留下微小、耐用的微晶纤维素。

（1）性状　白色细小结晶性粉末，无臭无味，由可以自由流动的非纤维颗粒组成，并可由自身黏合作用而压缩成可在水中迅速分解的片剂。不溶于水，可吸水膨胀。

（2）毒性　ADI 不作限制性规定。

（3）应用　依照 GB 2760—2024《食品安全国家标准　食品添加剂使用标准》，微晶纤维素列入表 A2，可在各类食品（GB 2760—2024 表 A.2 中编号为 1~4、6~68 的食品类别除外）中按生产需要适量使用。如用于面包、蛋糕、面条类、通心面、罐头食品、调味酱、果酱、稀奶油、冰淇淋、冷冻食品、水产加工品等食品。例如微晶纤维素在冰淇淋中使用可提高整体乳化效果，防止冰碴形成，改善口感。微晶纤维素还可用作食品增稠剂、稳定剂。

## 二、复合抗结剂

例如，粉末起酥油配方复杂，常常采用二氧化硅、硅酸盐和磷酸盐的复合物作为抗结剂，用于粉末油脂制品中，改善它的流动性。

又如：一种用于食盐中的复合抗结剂，是由柠檬酸铁铵、磷酸三钙、硬脂酸钙组成。

还有如：一种用于食用级氯化钾的复合抗结剂，它是由 $D$-甘露醇、硬脂酸钾和磷酸二氢钙组成。

这些是复合抗结剂较新的研究、开发方向，有待于食品工作者努力开拓的一个研究创新点。

## 项目三

# 胶基糖果中基础剂物质

### 一、胶基糖果中基础剂物质的定义、分类和应用

#### 1. 定义

依照 GB 2760—2024《食品安全国家标准　食品添加剂使用标准》，胶基糖果中基础剂物质是指赋予胶基糖果起泡、增塑、耐咀嚼等作用的物质。

胶姆糖是一种特殊类型的糖果，是唯一经咀嚼而不吞咽的食品。其类型既有口香糖、也有能成泡的泡泡糖，并有非甜味的营养口嚼片等。胶姆糖是由胶基糖果中基础剂物质（简称胶基）、糖、香精等制成，胶基占胶姆糖的 18%~29%；糖包括砂糖、葡萄糖、饴糖、麦芽糊精等，占胶姆糖的 69%~81%；油脂占 2.1%~2.9%；香精占 0.6%~2.1%；还有少量的甜味剂、卵磷脂、色素、水等。

#### 2. 分类

胶基糖果中基础剂物质按来源可分为天然的和合成的两大类。天然的有各种树胶（糖胶树胶、小蜡烛树胶、达马树胶、马来树胶等）。合成的有各种树胶（丁苯树胶、丁基树胶）和松香脂（松香甘油酯、氢化松香酯、歧化松香酯、聚合松香酯）。各种天然树胶中的主要成分是天然树胶，有异味、口感差，基本已被淘汰。

#### 3. 应用

胶基糖果中基础剂物质目前主要采用松香甘油酯，又称酯胶。酯胶在咀嚼后略带苦味，因此往往通过歧化、聚合等手段进行改性，再与甘油酯化合成氢化（或部分氢化）松

香甘油酯、歧化松香甘油酯、聚合松香甘油酯，可使品质得到改善。尤其以氢化松香甘油酯的质量最好。氢化松香是松香改性产品，具有良好的口感和抗氧化性，用作胶基可延长成品保质期，并保持柔软、细腻的口感。而由松香甘油酯制成的胶姆糖，经 3~4 个月后，会有苦感。

胶基糖果中基础剂物质很少单独使用，多是相互配合使用以取长补短，如以酯胶为主，配以各种增塑剂（硬脂酸、脂肪酸甘油酯）、抗氧化剂（BHA、BHT）等组合而成。

胶基糖果中基础剂物质要求能长时间咀嚼而很少改变其柔韧性，并不致降解成为可溶性物质。一般以高分子胶状物质为主（如天然橡胶和合成橡胶），加上蜡类、软化剂、胶凝剂、抗氧化剂、防腐剂、填充剂等组成。胶基必须是惰性不溶物，不易溶于唾液，可制成的胶基有泡泡胶、香口胶等。

## 二、胶基糖果中基础剂物质的要求

### 1. 基本要求

（1）胶基应选择 GB 1886.359—2022《食品安全国家标准　食品添加剂　胶基及其配料》附录 A 中所列胶基配料配合制成。胶基配料是指用于生产胶基的天然橡胶、合成橡胶、树脂、蜡类、乳化剂、软化剂、抗氧化剂、防腐剂、填充剂以及可用作胶基配料的食品原料的总称。

（2）胶基配料中天然橡胶、合成橡胶、树脂、蜡类的质量规格应分别符合 GB 1886.359—2022 附录 B~附录 E 的相应规定。

（3）胶基配料中乳化剂和软化剂的质量规格应符合 GB 1886.359—2022 附录 F 的相应规定，或按相应食品安全国家标准执行。

（4）胶基配料中的抗氧化剂、防腐剂、填充剂的质量规格应按相应食品安全国家标准执行。

（5）用作胶基配料的食品原料应符合相应的标准。

### 2. 技术要求

（1）感官要求：无异味，无腐败及霉变现象，无正常视力可见的外来杂质。

（2）理化指标：总砷（以 As 计)/(mg/kg) ≤ 1.5；铅（Pb)/(mg/kg) ≤ 1.5。

### 3. 标识

（1）胶基配料表应标示胶基生产所用配料（包括食品原料）的类别名称，如天然橡胶、合成橡胶、树脂、蜡类、乳化剂、软化剂、抗氧化剂、防腐剂和填充剂，可不标示具体名称。

（2）除配料表外，胶基及胶基配料的标识应按 GB 29924—2013《食品安全国家标准　食品添加剂标识通则》的要求执行；胶基可不标示"食品添加剂"字样。

## 三、胶基允许使用的配料物质

### 1. 胶基允许使用的配料物质名单

GB 1886.539—2022《食品安全国家标准　食品添加剂　胶基及其配料》，附录 A.1 列出了胶基允许使用的配料物质名单，有①天然橡胶：如巴拉塔树胶、糖胶树胶等；②合成橡胶：如丁苯橡胶、丁基橡胶等；③树脂：如部分二聚松香甘油酯、聚醋酸乙烯酯、松香季戊四醇酯等；④蜡类：如巴西棕榈蜡、蜂蜡、石蜡等；⑤乳化剂、软化剂：如丙二醇、单甘油脂肪酸酯、甘油、果胶、蔗糖脂肪酸酯等；⑥抗氧化剂、防腐剂：如 BHA、BHT、山梨酸钾、竹叶抗氧化物等；⑦填充剂：如滑石粉、碳酸钙（包括轻质和重质碳酸钙）等。

现以聚醋酸乙烯酯为代表介绍之。

### 2. 聚醋酸乙烯酯

聚醋酸乙烯酯简称 PVAC，分子式 $(C_4H_6O_2)_n$。

（1）性状　透明水白色到浅黄色，粒状、片状等；无臭，无味，有韧性和塑性；易溶于苯、丙酮，不溶于水。

（2）性能　聚醋酸乙烯酯加热至250℃以上发生分解，产生乙酸，残留物为不溶性焦油状物。其具有适当的热可塑性，呈现良好的咀嚼性，为胶基糖果的良好原料。

（3）毒性　大鼠经口 $LD_{50}>25mg/kg$ 体重，小鼠经口 $LD_{50}>25mg/kg$ 体重；无急性中毒症状。对人 ADI 为20mg/kg 体重。由于不溶于水和油，即使因咀嚼而误入腹内，也不被人体吸收。

（4）应用　聚醋酸乙烯酯用于胶基糖果，最大使用量为60g/kg。聚醋酸乙烯酯还可用作苹果等水果的被膜剂。

---

> **思考题**
>
> 1. 什么是消泡剂？消泡剂的作用有哪些？
> 2. 消泡剂各具备哪些特性？举例说明其应用。
> 3. 什么是抗结剂？抗结剂的特点是什么？
> 4. 举例说明抗结剂的作用、特性和应用。
> 5. 简述胶基糖果中基础剂物质的定义、分类、来源和用途。
> 6. 胶基糖果中胶基及其配料允许使用的物质有哪些？举例说明。

模块十二
在线测试

---

■■ 实训内容

---

**实训一**　豆浆中消泡剂的作用

## 一、实训目的

了解消泡剂的作用、特性，豆浆的制作方法。

## 二、实训材料

黄豆；蔗糖脂肪酸酯。
不锈钢锅；加热器；磨机等。

## 三、实训步骤

### 1. 操作步骤

（1）将 1kg 黄豆在水中浸泡 5~10h。

（2）将浸泡充分的黄豆滤水、洗净，倒入不锈钢锅中。然后加入清水，至豆子完全浸没，盖上盖子，用大火煮至黄豆熟透，用手一捏很软即可。

（3）开盖，入磨机磨。过滤，得豆浆。

（4）豆浆中加入适量糖水，分成两份，其中一份加入蔗糖脂肪酸酯 0.1g。两份豆浆分别倒入两个不锈钢锅，再煮。观察两份豆浆煮制的现象。

### 2. 注意事项

黄豆浸泡时间随天气而定，常温下 6~8h。

## 四、思考题

（1）蔗糖脂肪酸酯有什么作用？

（2）蔗糖脂肪酸酯有什么特性？

# 实训二　冰淇淋中抗结剂的使用

## 一、实训目的

了解抗结剂的作用、特性，及冰淇淋的制作方法。

## 二、实训材料

澄面 10g；鸡蛋 1/4 只；乳粉 10g；羧甲基纤维素和微晶纤维素（两者之比为 12.5 : 87.5）5g；白砂糖 10g；水 70g。

不锈钢锅；打蛋器；电磁炉；冰箱。

## 三、实训步骤

（1）将鸡蛋用筷子打散、打透，制成鸡蛋液备用。

（2）用少量水将澄面、羧甲基纤维素和微晶纤维素调成稀糊。

（3）将乳粉倒入锅中，适量放入水，加入白砂糖，加热至沸。离火降温至 60℃ 左右，趁热缓缓冲入鸡蛋液中，边冲溶边搅拌，以免蛋液凝结成块。

（4）搅拌均匀后调入稀糊，边搅拌边加热，煮至微沸后离火晾凉，充分搅拌即制成浆料。

（5）混合好的浆料放入冰箱冷冻室中冷冻。

注意：在冷冻期间取出搅拌 2~3 次。

## 四、思考题

（1）微晶纤维素有什么作用？

（2）微晶纤维素有什么特性？

# 模块十三

# 食品用酶制剂

## 学习目标

### 知识目标

1. 了解食品用酶和酶制剂的品种、基本性质和发展状况。
2. 掌握几种主要食品用酶制剂的特征、使用性质。

### 技能目标

1. 能正确分析食品用酶制剂的安全性。
2. 能根据产品特点,设计出食品用酶制剂的选用方案。
3. 能依据国家标准按加工需求计算出食品用酶制剂的添加量并安全规范应用。
4. 能对食品用酶制剂的使用进行作用效果评价。

### 素质目标

1. 认识食品用酶制剂在食品工业中的作用,培养独立思考的能力,增强创新创业意识。
2. 探索新的食品用酶制剂研究,增强创新意识和专业精神。

## 学习内容

### 项目一

## 酶与酶制剂

### 一、酶

酶是活细胞产生的具有高度催化活性和高度专一性的生物催化剂。所有的生物体在一定条件下都可以合成多种多样的酶。生物体内的各种生化反应，几乎都是在酶的催化作用下进行的。因此，酶是生命活动的产物，又是维持正常生命活动必不可少的物质基础。

1. **酶的分类命名**

酶的分类与命名的基础是酶的专一性。国际酶学委员会提出了酶的分类与命名方案。比较科学的分类命名方法是系统命名法。

系统命名法根据所催化的反应类型，将酶分为6大类。即第1类，氧化还原酶；第2类，转移酶；第3类，水解酶；第4类，裂合酶；第5类，异构酶；第6类，合成酶（或称为连接酶）。每一种酶都有其一定的系统编号。系统编号采用四码编号方法。第1个号码表示该酶属于6大类中的某一类，第2个号码表示该酶属于该类中的某一亚类，第3个号码表示属于该亚类中的某一小类，第4个号码表示这一具体的酶在该小类中的序号。每个号码之间用圆点（·）分开。如，葡萄糖氧化酶的系统编号为［EC1.1.3.4］。其中EC表示国际酶学委员会；第1个号码"1"表示该酶属于氧化还原酶类；第2个号码"1"表示属于氧化还原酶类中的第一亚类，该亚类所催化的反应系在供体的CH—OH基团上进行；第3个号码"3"表示该酶属于第一亚类中的第3小类，该小类的酶所催化的反应系以氧为氢受体的；第4个号码"4"就是该酶在小类中的特定序号。

2. **酶的特点**

酶作为生物催化剂，它与化学催化剂存在共性，即在一定条件下仅能影响化学反应速度，而不改变化学反应的平衡点，并在反应前后本身不发生变化。而酶与一般催化剂相比又具有如下几个特点。

（1）专一性强　酶的专一性是酶最重要的特性。酶的专一性是指一种酶只能催化一种或一类结构相似的底物进行某种类型的反应。而一般催化剂对底物专一性比较差，如金属镍和铂可催化一般的还原反应，对作用物无严格要求。

如果没有酶的专一性，在细胞中有秩序的物质代谢将不复存在，而且酶的应用将如同其他催化剂那样受到局限。酶的专一性对酶工程的发展具有重要意义。

如胰蛋白酶［EC3.4.31.4］选择性地水解含有赖氨酸或精氨酸羧基的键。故此，凡是含有赖氨酸或精氨酸羧基的酰胺、酯和肽都能被该酶迅速地水解。

（2）催化效率高　酶的催化效率是一般无机催化剂的$10^6 \sim 10^{13}$倍。如，在$2H_2O_2 \longrightarrow 2H_2O+O_2$反应中，1mol过氧化氢酶在一定条件上可催化$5×10^6$mol过氧化氢分解为水和氧，在同样的条件下，1mol的Fe只能水解$6×10^{-4}$mol过氧化氢，因此，这个酶的催化效率是Fe的$10^{10}$倍。

（3）反应条件温和　酶催化反应不像一般催化剂需要高温、高压、强酸、强碱等剧烈条件，可在常温、常压下进行催化。

（4）酶的活性是受调节控制的　在生物体内，酶的调节和控制方式是多种多样的。生物体内在不同水平上调节和控制酶的生成和降解；通过激素水平调节修饰某些酶的共价结构，从而影响酶的活性；通过酶原的激活调节酶的活性；还有通过同工酶、多酶体系等进行调节控制。

3. **酶的活力测定**

在酶的生产及应用过程中，经常要进行酶的活力测定，以确定酶量的多少及其变化情况。酶活力是指在一定条件下，酶所催化的反应速度。反应速度越快，表明酶活力越高。

国际生化联合会规定：在特定条件下（温度可采用25℃或其他选用的温度；pH等条件均采用最适条件），每1min催化1μmol的底物转化为产物的酶量定义为1个活力单位。这个单位称为酶的国际单位（IU）。如，糖化酶活力测定时，在pH4.6，温度为40℃的条件下，每1min催化可溶性淀粉水解生成1μmol葡萄糖的酶量定义为1个活力单位。

为了比较酶制剂的纯度和活力的高低，常常采用比活力这一概念。酶的比活力指在特定的条件下，每1mg酶蛋白所具有的酶活力单位数。即：

$$酶的比活力 = 酶活力（单位）/mg 酶蛋白$$

有时也采用每1mL酶液或每1g酶制剂的活力单位数表示酶的比活力。

酶活力测定方法多种多样。总的要求是快速、简便、准确。酶活力测定一般采用如下步骤。

（1）根据酶的专一性，选择适宜的底物，并配制成一定浓度的底物溶液。要求所使用的底物均匀一致，达到一定的纯度。

（2）确定酶促反应的温度、pH等条件。温度可选在室温（25℃），体温（37℃），酶反应最适温度。pH应是酶促反应的最适pH。反应条件一经确定，在反应过程中应尽量保持反应条件恒定不变。有些酶促反应，要求激活剂等其他条件，应适量添加。

（3）在一定的条件下，将一定量的酶液与底物溶液混合均匀，适时记下反应开始的时间。

（4）反应达到一定的时间，取出适量的反应液运用各种生化检测技术，测定产物的生产量或底物的减少量。为了准确地反映酶促反应的结果，应尽量采用快速、简便的方法，立即测出结果。若不能立即测出结果的，要及时终止酶反应，然后再测定。

## 二、酶制剂

依据GB 2760—2024《食品安全国家标准 食品添加剂使用标准》，酶制剂是由动物或植物的可食或非可食部分直接提取，或由传统或通过基因修饰的微生物（包括但不限于细菌、放线菌、真菌菌种）发酵、提取制得，用于食品加工，具有特殊催化功能的生物制品。可用于食品加工中回收副产品、制造新的食品、提高提取的速度和产量、改进风味和食品质量等。

按生物化学的标准来衡量，食品加工中所用的酶制剂是一种粗制品，大多数酶制剂含有一种主要的酶和几种其他的酶。如木瓜蛋白酶制剂，除木瓜蛋白酶外，尚有木瓜凝乳蛋白酶、溶菌酶及纤维素酶等。

**1. 酶应用于食品工业时的注意事项**

对多数酶来说，它是一类具有专一性生物催化能力的蛋白质。对于酶的实际应用要注意以下几点。

（1）要针对其应用目的选用正确的酶品种和剂型。

（2）还要根据各种酶与作用底物的特性，尽可能地创造能发挥酶最佳效能的条件，如适宜的酶添加量、底物浓度、作用温度、pH环境以及避免抑制剂、添加激活剂、进行适当的搅拌等。

（3）当酶应用于食品工业时，除了要创造上述的一些基本作用条件外，还存在一些有别于应用于其他行业的特殊要求。主要表现在以下一些方面。

食品用酶制剂要达到食品添加剂的安全性要求。由于用于食品加工的酶类是直接添加到食品或食品原料中，或者与它们直接接触（如固化酶），因此食品用酶制剂本身的卫生安全性尤为重要。用于食品加工的酶制剂要遵循食品添加剂安全评价程序进行毒理学评估，通常需 FAO/WHO 食品添加剂委员会或 FDA 的认可。联合国食品添加剂专家委员会于第 21 届大会上作出如下规定：①凡从动植物可食部位的组织，或用食品加工传统使用菌种生产的酶制剂，可作为食品对待，不需进行毒理学试验，只需建立有关酶化学和微生物学的规格即可应用；②凡由非致病微生物生产的酶，除制定化学规格外，需作短期毒性试验，以确保无害，并分别评价，制定 ADI；③对于非常见微生物制取的酶，不仅要有规格，还要作广泛的毒性试验。得自于动植物的酶制剂一般不存在毒性问题。得自于酵母、乳杆菌、乳酸链球菌、黑曲霉、米曲霉等属，以及得自于非致病菌如大肠杆菌、枯草杆菌的酶制剂，一般也认为是安全的。FAO/WHO 在制定每种酶制剂的 ADI 时，也规定该酶制剂的来源，如只有得自于米曲霉、黑曲霉、根曲霉、枯草杆菌和地衣形芽孢杆菌的酶制剂才可作为食品加工用酶制剂。

食品用酶制剂在生产使用时要遵循以下规定：①按照良好的制造技术生产酶制剂，必须达到食品级；②根据各种食品的微生物卫生标准，用酶制剂加工的食品必须不引起微生物总量的增加；③用酶制剂加工的食品必须不带入或不增加危害健康的杂质；④用于生产食品用酶制剂的工业菌种，必须是非致病性的，不产生毒素、抗生素、激素等生理活性物质，必须通过安全性试验，才能使用。

要做到以上规定，要注意以下几个方面：①用于制备食品用酶制剂的原料或培养基无污染。用于生产酶的原料或培养基不能被农药、除草剂、重金属等有毒物质所污染，否则可能污染酶制剂，最终进入食品中。此外，在生产过程中选择合理的酶提取工艺，尽量降低有毒物质的含量。注意酶提取工艺中尽量避免使用有毒的提取有机溶剂、吸附剂、沉淀剂等，同时减少生产设备可能带来的重金属污染；②酶制剂一般需用稳定剂稳定，粉末状酶制剂需用填充剂进行稀释，这些外加物质要卫生安全，同样达到食品添加剂的要求；③酶制剂是属于蛋白类物质，可能会受到致病菌的污染，因此其包装、保存要按食品添加剂的一些特殊要求进行。

### 2. 食品用酶制剂通用质量指标

对于大多数食品用酶制剂，由于主要用作对食品原料的降解，因此其酶的纯度并不是主要的，并不要求达到生化标准。

依据 GB 1886.174—2016《食品安全国家标准 食品添加剂 食品工业用酶制剂》，食品用酶制剂理化指标和微生物指标：砷（As）≤3mg/kg；铅（Pb）≤5mg/kg；菌落总数≤50000CFU/g；大肠菌群≤30CFU/g；沙门氏菌（25g）不得检出。由基因重组技术的微生物生产的酶制剂不应检出生产菌。微生物来源的酶制剂不得检出抗菌活性。

### 3. 酶制剂工业发展趋势

我国人民在 8000 年前就开始利用酶生产食品，如酒（淀粉糖化）、饴糖、酱等。

由于生物技术应用研究的深入、酶的应用面不断拓展，以及世界经济全球化的不断渗透，当前食品用酶制剂的发展趋势可归纳为以下几个方面。

（1）大力研制新酶种和开发酶的新用途。以往酶制剂的应用领域集中在淀粉加工、食品加工和洗涤剂工业，目前已拓展到淀粉改良、植物油脂加工、焙烤食品、保健食品、调味品等领域。

（2）酶制剂的剂型趋向多样化。酶制剂的剂型不断向多品种、多剂型、功能性、专用性和复合性的方向发展。如以果胶酶为主，与纤维素酶、半纤维素酶、木聚糖酶等复配，可以开发出各种专用酶、复合酶，广泛用于果汁、果浆、果酒等的生产。以中性蛋白酶和碱性蛋白酶为主，与其他酶一起复配，开发出用于蛋白质水解、焙烤食品、酒精和啤酒等领域的酶制剂。

（3）高新技术应用于酶制剂生产的含量不断提高。如目前，世界上用于酶制剂生产的菌株约有60%是经过基因重组技术改造的。需要食品行业人员共同努力，研究、创新发展。

## 项目二

## 常用食品用酶制剂

### 一、常用食品用酶制剂的分类、性质与应用

食品用酶制剂及其来源名单列于 GB 2760—2024《食品安全国家标准 食品添加剂使用标准》表 C.3 中。

#### 1. 常用食品用酶制剂主要类型

国际酶学委员会（I.E.C）规定，按酶促反应的性质，可把酶分成六大类。

（1）氧化还原酶类 指催化底物进行氧化还原反应的酶类。例如，乳酸脱氢酶、琥珀酸脱氢酶、细胞色素氧化酶、过氧化氢酶、过氧化物酶等。

（2）转移酶类 指催化底物之间进行某些基团的转移或交换的酶类。例如，转甲基酶、转氨酸、己糖激酶、磷酸化酶等。

（3）水解酶类 指催化底物发生水解反应的酶类。例如，淀粉酶、蛋白酶、脂肪酶、磷酸酶等。

（4）裂解酶类 指催化一个底物分解为两个化合物或两个化合物合成为一个化合物的酶类。例如，柠檬酸合成酶、醛缩酶等。

（5）异构酶类 指催化各种同分异构体之间相互转化的酶类。例如，葡萄糖异构酶、磷酸丙糖异构酶、消旋酶等。

（6）合成酶类（连接酶类） 指催化两分子底物合成为一分子化合物，同时还必须偶联有 ATP 的磷酸键断裂的酶类。例如，谷氨酰胺合成酶、氨基酸 tRNA 连接酶等。

#### 2. 常用食品用酶制剂的主要性质与应用

常用食品用酶制剂的主要性质与应用见表 13-1。

### 二、主要的食品用酶制剂

#### 1. 木瓜蛋白酶

木瓜蛋白酶亦称木瓜酶，属于植物性来源的酶。可由未成熟的木瓜果实，提取出乳液，经凝固、干燥得粗制品。

表13-1　常用食品用酶制剂的主要性质与应用

| 种类 | 来源 | 最适pH | 最适温度/°C | 其他性质 | 应用举例 | 参考用量范围/% |
|---|---|---|---|---|---|---|
| α-淀粉酶 | 谷类 | 5.0~6.0 | 50~65 | 钙离子能激活,受氧化剂抑制 | 制造饴糖、葡萄糖、各类粉末糊精；可增加体积,缩短发酵时间；酿造发酵液淀粉分解（如啤酒、含氨酸发酵等）；果汁中淀粉分解,中速过滤等 | 0.002~0.006 |
|  | 黑曲霉 | 4.0 | 50 | 钙离子有保护活性,受氧化剂抑制 |  |  |
|  | 枯草杆菌 | 5.0~7.0 | 60~70 | 钙离子能提高活性 |  |  |
|  | 大麦芽 | 4.0~5.8 | 50~65 | 钙离子有保护活性作用 |  |  |
| β-淀粉酶 | 谷类 | 5.5 | 55 | 还原剂能提高活性 | 生产麦芽糖；糕点防老化；啤酒前发酵等 |  |
|  | 大麦芽 | 5.0~5.5 | 40~55 |  |  |  |
|  | 细菌性 | 5.0~7.0 | 60 |  |  |  |
| 花青素酶 | 黑曲霉 | 30~9.0 | 50 |  | 水果罐头脱色 | 0.1~0.3 |
| 过氧化氢酶 | 黑曲霉 | 50~8.0 | 35 | 低酸稳定 | 稳定柑橘萜烯类物质；干酪、牛乳和蛋制品生产时除去过氧化氢等 | — |
|  | 牛肝 | 7.0 | 45 | 碱性抑制 |  |  |
| 纤维素酶 | 黑曲霉 | 5.0 | 45 |  | 啤酒酿造时水解细胞壁物质以助滤；咖啡干燥时裂解纤维素,保证果蔬汁抽取 | 0.0002~0.1 |
|  | 根霉 | 4.0 | 45 |  |  |  |
|  | 木霉 | 5.0 | 55 |  |  |  |
| 葡聚糖酶 | 青霉 | 5.0 | 55 | 产生异麦芽糖和异麦芽三糖 | 啤酒酿造时帮助过滤或澄清,提供补充糖 | ~0.1 |
| α-葡糖苷酶 | 黑曲霉 | 4.5 | 65 |  |  | 0.05~0.1 |
|  | 酵母 | 5.0 | 50 |  | 生产葡萄糖 |  |
| β-葡糖苷酶 | 黑曲霉 | 4.5 | 55 |  |  |  |
|  | 米曲霉 | 4.5 | 55 |  |  |  |
|  | 酵母 | 6.5 | 40 |  |  |  |
| β-葡聚糖酶 | 黑曲霉 | 5.0 | 60 |  | 啤酒酿造时帮助过滤或澄清,提供补充糖 | ~0.1 |
|  | 枯草杆菌 | 7.0 | 50~60 |  |  |  |

续表

| 种类 | 来源 | 最适 pH | 最适温度/℃ | 其他性质 | 应用举例 | 参考用量范围/% |
|---|---|---|---|---|---|---|
| 葡萄糖淀粉酶 | 泡盛曲霉 | 4~5 | 60 | | 生产葡萄糖；葡萄酒酿造时清除混浊，改善过滤等 | 0.002 |
| | 黑曲霉 | 4~5 | 55~65 | | | 0.015~0.15 |
| | 枯草杆菌 | 6~7 | 70~80 | 钙离子激活，螯合抑制 | | |
| | 凝结芽孢杆菌 | 8.0 | 60 | | | |
| 葡萄糖异构酶 | 链球菌 | 8.0 | 63 | 镁、钴可激活 | 生产果葡糖浆时葡萄糖异构成果糖 | 10~200葡萄糖单位/L |
| | 白链球菌 | 6.0~7.0 | 60~75 | | | |
| 葡萄糖氧化酶 | 黑曲霉 | 4.5 | 50 | | 葡萄酒生产时除氧；软饮料生产时稳定柑橘萜烯类物质，果汁生产时除氧，蛋白制品除糖 | 1~2（以糖干重计） |
| | 点青霉 | 3.0~7.0 | 50 | | | |
| 蔗糖酶 | 假丝酵母 | 4.5 | 50 | | 转化糖生产；或除去蔗糖 | ~2（以干重计） |
| | 酵母菌属 | 4.5 | 55 | | | |
| 三甘油酯酯解酶 | 黑曲霉 | 5.0 | 40 | | 制备游离脂肪酸 | — |
| 柚柑酶 | 青霉 | 3~5 | 40 | | 柑橘产品脱苦 | — |
| 果胶酶 | 曲霉 | 2.5~6.0 | 40~60 | 氧化剂抑制，还原剂激活 | 葡萄酒净化，提高过滤效率，果汁净化澄清；提高果汁萃取率；蔬菜水解物制备等 | 0.01~0.1 |
| | 根霉 | 2.5~5.0 | 30~50 | | | |
| 胰凝乳蛋白酶 | 胰腺 | 8.0~9.0 | 35 | | 干酪凝结 | 0.01~0.15 |
| 胰蛋白酶 | 胰腺 | 8.0~9.0 | 45 | | 干酪凝结 | 0.015~0.15 |
| 木瓜蛋白酶 | 木瓜 | 5.0~7.0 | 65 | 受脂肪醇等抑制 | 啤酒澄清，肉的嫩化，饼干，糕点生产等 | 0.001~0.004 |
| 无花果蛋白酶 | 无花果 | 5.0~7.0 | 65 | | | |
| 菠萝蛋白酶 | 菠萝 | 5.0~8.0 | 55 | | | |
| 胃蛋白酶 | 猪胃 | 1.8~2.0 | 40~60 | | 鱼粉，水解蛋白，干酪生产等 | — |
| 凝乳酶 | 牛的皱胃 | 4.8~6.0 | 30~40 | | 干酪凝结 | 0.015~0.15 |
| | 黑曲霉 | 4.5 | 55 | | | |
| 单宁酶 | 米曲霉 | 3.0~5.0 | 45 | | 果汁脱色 | — |

（1）性状　白色至浅棕黄色无定形粉末，有一定吸湿性，或为液体。溶于水和甘油，水溶液无色至淡黄色，有时呈乳白色，几乎不溶于乙醇。由木瓜制得的商品酶制剂中，含有木瓜蛋白酶、木瓜凝乳蛋白酶和溶菌酶。

木瓜蛋白酶活性部位中存在三个氨基酸残基：Cys25、His159 和 Asp25。当 Cys25 被氧化或与重金属离子结合时，酶的活性被抑制，而还原剂如半胱氨酸或亚硫酸，以及或 EDTA 能恢复其活力。

（2）性能　木瓜蛋白酶的主要作用是对蛋白质有极强的加水分解能力。最适作用温度和最适作用 pH 见表 13-1。另最适 pH 还会随底物的不同而变动，如以明胶作底物时为 5，以蛋清蛋白和酪蛋白为底物时则为 7。耐热性强，可在 50~80℃时使用，90℃时也不易失活。

除蛋白质外，木瓜蛋白酶对酯和酰胺类底物也表现很高的活力。它还有从蛋白质的水解物再合成蛋白质类物质的能力。这种活力有可能被用来改善植物蛋白质的营养价值或功能性质，如将蛋氨酸并入大豆蛋白质中。

（3）毒性　ADI 不作限制性规定。一般公认安全。

（4）应用　木瓜蛋白酶在食品工业中的应用见表 13-1。主要用于啤酒和其他酒类的澄清，肉类的嫩化，饼干、糕点的松化，水解蛋白质的生产等。

如啤酒在低温下（10℃以下）贮存时经常出现混浊现象，在啤酒中加 0.0001%~0.0004% 木瓜蛋白酶（巴氏杀菌前加入）可减少混浊。利用木瓜蛋白酶可控制蛋白的水解，使啤酒中保留部分蛋白，对稳定啤酒泡沫十分有利。

在肉制品加工中为了减少粗纤维和胶原蛋白对制品口感的影响，常用木瓜蛋白酶作为肉的嫩化剂，它可使蛋白纤维变短、加快胶原蛋白的溶解，使肉质松化、嫩滑。一般肉类嫩化剂由 2%的木瓜蛋白酶、15%的葡萄糖、2%谷氨酸单钠和食盐（余量）组成。用量为 0.00005%~0.0005%。

在饼干、糕点生产中使用木瓜蛋白酶，可以使饼干成形性好，不收缩、花纹清晰、碎饼率降低，成品光泽度增加，饼干质地疏松。用量为 0.0001%~0.0004%。

**2. $\alpha$-淀粉酶**

$\alpha$-淀粉酶为液化型淀粉酶。我国大多是使用枯草杆菌 BF-7658 菌株用深层发酵生产。

（1）性状　$\alpha$-淀粉酶为黄色粉末，含水量 5%~8%。在高浓度淀粉保护下 $\alpha$-淀粉酶的耐热性很强，在适量的钙盐和食盐存在下，pH 为 5.3~7.0 时，温度提高到 93~95℃仍保持足够高的活力。为便于保藏，常加入适量的碳酸钙等作为抗结剂。

（2）性能　不同来源的 $\alpha$-淀粉酶性能有所差异，见表 13-1 和表 13-2。$\alpha$-淀粉酶作用于淀粉的 $\alpha$-1,4-糖苷键，不能作用于支链淀粉的 $\alpha$-1,6-糖苷键，因此分解淀粉时产生麦芽糖、葡萄糖和异麦芽糖。$\alpha$-淀粉酶作用开始阶段，迅速地将淀粉分子切断成短链的寡糖，使淀粉液黏度迅速下降，淀粉与碘呈色反应消失，这种作用称为淀粉液的液化作用，故又称其为液化淀粉酶。

$\alpha$-淀粉酶分子中含有一个结合得相当牢固的钙离子，这个钙离子不直接参与酶-底物络合物的形成，其功能是保持酶的结构，使酶具有最大的稳定性和活性。工业生产的耐热性 $\alpha$-淀粉酶通常指最适反应温度为 90~95℃，热稳定性在 90℃以上的 $\alpha$-淀粉酶比中等耐热性 $\alpha$-淀粉酶高 10~20℃，与一般 $\alpha$-淀粉酶相比具有以下优点：①在 90℃以上高温液化淀粉，反应快，液化彻底，可避免淀粉分子胶束重排形成难溶性的团粒，因此易过滤，且节省能源;②对钙离子依赖性小,液化时不需添加钙离子,减少精制费用,降低成本;③酶的稳定性好,因此在淀粉糖生产及发酵工业中,一般细菌淀粉酶逐步被耐热性淀粉酶所取代。各种耐热性 α-淀粉酶的特性见表 13-3。

表 13-2　　　　　　　　　　　α-淀粉酶的其他性质

| 来源 | 淀粉水解限度/% | 主要水解产物 | 碘反应消失时的水解度/% | 热稳定性(15min)/℃ | 钙离子保护作用 | 淀粉吸附性 |
| --- | --- | --- | --- | --- | --- | --- |
| 麦芽 | 40 | $G_2$ | 13 | ≤70 | + | - |
| 淀粉液化芽孢杆菌 | 35 | $G_5$、$G_2$（13%）$G_6$、$G_3$ | 13 | 65~80 | + | + |
| 地衣芽孢杆菌 | 35 | $G_6$、$G_7$、$G_2$、$G_5$ | 13 | 95~110 | + | + |
| 米曲霉 | 48 | $G_2$（50%）、$G_3$ | 16 | 55~70 | + | + |
| 黑曲霉 | 48 | $G_2$（50%）、$G_3$ | 16 | 55~70 | + | - |

注：$G_2$、$G_3$、$G_5$、$G_6$、$G_7$ 表示葡萄糖的聚合度。

表 13-3　　　　　　　　　　　各种耐热性 α-淀粉酶的特性

| 来源 | 最适温度/℃ | 最适 pH | pH 稳定性 | 相对分子质量 | 备注 |
| --- | --- | --- | --- | --- | --- |
| 脂肪嗜热芽孢杆菌 | 65~73 | 5~6 | 6~11 | 48000 | 超离心法 |
| 地衣芽孢杆菌 | 90 | 7~9 | 7~11 | 62650 | SDS-PAGE 法 |
| 枯草杆菌 | 95~98 | 6~8 | 5~11 | — | |
| 嗜热芽孢杆菌 | 70 | 3.5 | 4~5.5 | 66000 | SDS-PAGE 法 |
| 梭状芽孢杆菌 | 80 | 4.0 | 2~7 | — | |

（3）毒性　ADI 无限制性规定。一般公认安全。

（4）应用　α-淀粉酶是酶制剂中用途最广、消费量最大的一种。主要应用见表 13-1,例如,用于面包生产中的面团改良,可降低面团黏度、加速发酵、增加糖含量、缓和面包老化等;用于水解淀粉制造饴糖、葡萄糖和果葡糖浆等;用于生产糊精、啤酒、黄酒、酒精、酱油、醋、果汁和味精等;婴儿食品中用于谷类原料预处理;此外还用于蔬菜加工中。添加量以枯草杆菌 α-淀粉酶 6000U/g 计,约为 0.1%或按生产实际的需要添加。

### 3. 固定化葡萄糖异构酶

固定化葡萄糖异构酶也称不溶性葡萄糖异构酶。由密苏里放线菌、锈棕色链霉菌、橄榄色链霉菌、紫黑链霉菌、凝结芽孢杆菌等微生物中的一种受控发酵后所生成的酶经固定化而成。

（1）性状　粒状固体,不结块,无臭味。不溶于水。最适作用温度和 pH 与葡萄糖异构酶有些差异,但比较接近。

（2）性能　商品固定化葡萄糖异构酶酶活力≥2000U/g,其酶活力一般要低于葡萄糖异构酶。但固定化葡萄糖异构酶生产效率、使用周期和操作方便性均优于葡萄糖异构酶。

如常见固定化葡萄糖异构酶在果葡糖浆生产中，1kg 酶制剂可生产 3~11t 的果葡糖浆产品，酶活半衰期为 20~165 天。

（3）毒性　由紫黑链霉菌和凝结芽孢杆菌生产的 ADI 未作规定，由制法中其他菌生产的规定为允许使用。一般公认安全。

（4）应用　固定化葡萄糖异构酶主要应用见表 13-1，如用于果葡糖浆生产中将葡萄糖异构为果糖。酶柱可连续使用约 800h。

4. 糖化酶

糖化酶亦称葡萄糖淀粉酶、1,4-α-D-葡聚糖-葡糖水解酶。由黑曲霉变种受控发酵后的培养基中分离而得。

（1）性状　近白色至浅棕色无定形粉末，或为浅棕色至深棕色液体，可分散于食用级稀释剂或载体中，也可含有稳定剂和防腐剂。溶于水，几乎不溶于乙醇。

（2）性能　它除了能从淀粉链的非还原性末端切开 α-1,4-糖苷键外，也能切开 α-1,6-糖苷键和 α-1,3-糖苷键，但三种键的水解速度不同。因此，它常与液化淀粉酶配合使用于将直链淀粉和支链淀粉转化成葡萄糖。其他特性请参见表 13-1。

（3）毒性　ADI 无限制性规定。

（4）应用　糖化酶的使用请参见表 13-1。

糖化酶常用于淀粉糖浆、葡萄糖、酒精、果汁和干酪的制造，还常与 α-淀粉酶一起用于谷氨酸等发酵工艺中。

作为淀粉糖化剂，使用量为 100U/g 干淀粉，也可根据生产需要添加。在白酒、酒精生产中，若为液态法酿酒时，可将糖化酶直接加入。而在固态法酿酒中，则将糖化酶与成熟酒母混匀后加入。白酒、酒精生产中，酶用量为 180U/g 原料。

5. 果胶酶

果胶酶一般用霉菌，如镰刀霉菌属、宇佐美曲霉或黑曲霉在含有豆粕、苹果渣、橘皮、蔗糖等的固体培养基中培养，然后用水抽提，用有机溶剂使之沉淀、分离、干燥、粉碎而成。

（1）性状　果胶酶为灰白色或微黄色粉末，也可以棕黄色液体存在。存在于高等植物和微生物中。其主要性质见表 13-1。

（2）性能　果胶酶制剂中主要有 3 种有效成分酶：一种是果胶甲酯酶（简称 PE），主要作用为催化甲酯果胶以脱去甲酯基，产生聚半乳糖醛酸苷键和甲醇；一种是聚半乳糖醛酸酶（简称 PG），其作用是使果胶中以 α-1,4-键结合的半乳糖醛基水解成为还原糖；另一种是果胶裂解酶（简称 PL），可使果胶断裂而得寡糖。

（3）毒性　ADI 不作特殊规定（由黑曲霉制成）。一般公认安全。

（4）应用　果胶酶使用请参见表 13-1。

果胶酶主要用于果汁澄清、提高果汁得率、提高果汁过滤速率、降低果汁黏度、防止果泥和浓缩果汁胶凝化，以及用于果蔬脱内皮、内膜和囊衣等。

如在澄清苹果汁生产时使用果胶酶，便于果汁的提取和果汁中悬浮物的分离。苹果汁加果胶酶澄清过程，是将果胶酶溶于水或果汁后加于混浊果汁中，不断搅拌，其黏度逐渐下降，果汁中的细小颗粒聚结成絮凝物而沉淀下来，进行分离。苹果汁澄清，果胶酶用量最高可达 3%。

果汁澄清时果胶酶的用量和作用条件,因果实的种类、品种、成熟程度,以及酶制剂的种类和活力不同而不同。葡萄汁用 0.2% 的果胶酶在 40~42℃ 放置 3h,即可完全澄清。

使用果胶酶脱除莲子内皮、蒜内膜、橘子囊衣时,通常将其放入 pH3 的酶液中,在温度低于 50℃ 下搅拌 1h 左右即可。橘子经脱囊衣后果味浓郁,品质提高。

### 6. β-葡聚糖酶

β-葡聚糖酶可由青霉、曲霉、轮霉、黑曲霉、双歧杆菌等制得。

(1) 性状　β-葡聚糖酶为灰白色无定形粉末或液体,可加有载体和稀释剂。溶于水,基本不溶于乙醇。

(2) 性能　β-葡聚糖酶使高分子的黏性葡聚糖分解成低黏度的异麦芽糖和异麦芽三糖。使 β-D-葡聚糖中的 β-1,3-和 β-1,4-糖苷键水解为寡糖和葡萄糖。作用的适宜 pH 和温度等性质请参见表 13-1。

(3) 毒性　ADI 为 0~0.5mg/kg 体重(木霉制得者);0~1mg/kg 体重(由黑霉制得者)。

(4) 应用　β-葡聚糖酶的使用参见表 13-1。木霉制得品可用于葡萄酒的制备,黑曲霉制得品可用于果汁、啤酒和干酪的制备。

---

> **思考题**
>
> 1. 酶作为生物催化剂,它与化学催化剂有哪些异同点?
> 2. 食用酶制剂有哪些理化指标和微生物指标?
> 3. 简述国内外酶制剂工业品种、在食品工业的应用和发展概况。
> 4. 简述木瓜蛋白酶的作用特性及使用。
> 5. 简述 α-淀粉酶和 β-葡聚糖酶的作用特性及应用。
> 6. 简述果胶酶的作用特性及应用。
> 7. 固定化葡萄糖异构酶在实际应用中有何优缺点?

模块十三
在线测试

### 实训内容

## 实训一　不同浓度果胶酶澄清效果的比较

### 一、实训目的

掌握食品用酶制剂的作用特性,加强食品用酶制剂在果汁澄清中应用的感性认识。

### 二、实训材料

果胶酶;硅藻土;碳酸氢钠;柠檬酸(均为食用级);苹果;草莓。
榨汁机;恒温水浴箱;真空抽滤装置;721 分光光度计;不锈钢煮锅;电炉。

pH 试纸；滤纸等。

## 三、实训步骤

### 1. 粗果汁制备

（1）粗苹果汁　将苹果洗净，去皮、核，切成小块，于不锈钢煮锅中沸水热烫 2~5min，冷却后于榨汁机中取汁，取少量清水洗果渣，用纱布取汁，与原果汁会合，用 pH 试纸测定其酸度（合适 pH3.5~5.0），必要时用柠檬酸、碳酸氢钠将其 pH 调整到合适范围，待用。至少制备 2L 粗苹果汁。

（2）草莓果汁　将草莓洗净，取净果可食部分于榨汁机中取汁，用少量清水洗果渣，用纱布取汁，与原果汁会合，用 pH 试纸测定其酸度（合适 pH3.5~5.0），必要时用柠檬酸、碳酸氢钠将其 pH 调整到合适范围，待用。至少制备 2L 草莓果汁。

### 2. 酶解净化处理

分别将两种粗果汁分成四份，每份 500mL，于两种粗果汁中分别添加 0、0.2%、0.3%、0.5%的果胶酶制剂，于 45~50℃恒温保温酶解 2h，其间要适当搅拌。结束后于冷水浴中冷却。

### 3. 澄清处理

分别在酶解后的果汁样品中添加 0.5%的硅藻土，搅拌均匀，分别进行抽滤，抽滤过程中控制相同抽滤真空度，记录每个样品抽滤所用的时间。然后，用 721 分光光度计将每份抽滤后的果汁测定其 660nm 处的 $E$ 值（以蒸馏水为参比）。

### 4. 结果分析

将实训结果填入表 13-4，并对结果进行效果分析。

表 13-4　　　　　　　　　　　　实训结果

| 测定指标 | 粗苹果汁果胶酶添加量/% | | | | 草莓果汁果胶酶添加量/% | | | |
| --- | --- | --- | --- | --- | --- | --- | --- | --- |
| $E$ 值（660nm） | 0 | 0.2 | 0.3 | 0.5 | 0 | 0.2 | 0.3 | 0.5 |
| 抽滤时间/min | | | | | | | | |
| 澄清效果 | | | | | | | | |

## 四、思考题

（1）酶制剂的作用特性有哪些？
（2）对实训结果进行效果分析。

## 实训二　澄清芹菜汁中酶制剂的使用

### 一、实训目的

进一步掌握食品用酶制剂的作用特性，加强食品用酶制剂在食品工业中应用的感性认识。

## 二、实训材料

果胶酶；碳酸氢钠；柠檬酸；抗坏血酸（均为食用级）；芹菜。

榨汁机；恒温水浴箱；真空抽滤装置；721 分光光度计；不锈钢煮锅；电炉。

pH 试纸；滤纸等。

## 三、实训步骤

(1) 粗芹菜汁制备　选择新鲜、无变色、健壮的市售芹菜，去除根与杂物，保留芹菜叶，用流动的清水冲洗，将芹菜清洗干净，切成小段，于不锈钢煮锅中沸水热烫 2~5min，冷却后加入 0.1%抗坏血酸于打浆机中打浆。于榨汁机中取汁，取少量清水洗果渣，用纱布取汁，与原汁会合，用 pH 试纸测定其酸度（合适 pH3.5~5.0），必要时用柠檬酸、碳酸氢钠将其 pH 调整到合适范围，待用。至少制备 2L 粗芹菜汁。

(2) 酶解澄清处理　分别将粗芹菜汁分成 4 份，每份 500mL，于两种粗果汁中分别添加 0、0.02%、0.05%、0.1%的果胶酶制剂，于 45℃恒温保温酶解 80 min，其间要适当搅拌。结束后于冷水浴中冷却。酶解后的芹菜汁样分别进行抽滤。

(3) 测定 $E$ 值　用 721 分光光度计将每份抽滤后的芹菜汁测定其 660nm 处的 $E$ 值（以蒸馏水为参比）。

(4) 结果分析　对结果进行效果分析。

## 四、思考题

(1) 加入果胶酶对芹菜汁有什么作用？

(2) 对实训结果进行效果分析。

# 模块十四

# 加工助剂

## 学习目标

### 知识目标

1. 了解加工助剂的种类。
2. 掌握脱皮剂、脱色剂、溶剂等加工助剂的性能、作用。

### 能力目标

1. 能够正确分析加工助剂的安全性。
2. 能够根据产品特点,设计出加工助剂的选用方案。
3. 能依据国家标准按加工需求计算出加工助剂使用量并安全规范应用。
4. 能对加工助剂的使用进行作用效果评价。

### 素质目标

1. 认识加工助剂在食品工业中的作用,用辩证思维看待食品添加剂的两面性。
2. 探索加工助剂的研究,激发创新精神。提高发现和解决问题的兴趣和热情。

## 学习内容

### 项目一

## 加工助剂种类和使用

### 一、加工助剂种类

除上述各模块介绍的食品添加剂外,在食品加工中还使用一些食品工业用加工助剂。

依据 GB 2760—2024《食品安全国家标准 食品添加剂使用标准》，食品工业用加工助剂是有助于食品加工能顺利进行的各种物质，与食品本身无关。如助滤、澄清、吸附、脱模、脱色、脱皮、提取溶剂等。

食品加工助剂的种类有：助滤剂、澄清剂、吸附剂、脱模剂、脱色剂、脱皮剂、溶剂等。

助滤剂如硅藻土在精糖生产中常用。澄清剂如在红酒生产中使用的明胶。吸附剂如活性炭是一种应用广泛的吸附剂，酸改性黏土和柱撑黏土用于处理可食用油和矿物质油。脱模剂如在蛋糕烘焙领域中使用的脱模剂，有以下几种：白油、色拉油、棕榈油、起酥油、固体黄油等。脱色剂如活性炭用于糖脱色。脱皮剂如氢氧化钠用于桃去皮。溶剂如丙二醇用于啤酒加工工艺等。

## 二、加工助剂的使用

按 GB 2760—2024《食品安全国家标准 食品添加剂使用标准》，食品工业用加工助剂（简称"加工助剂"）使用规定列在 GB 2760—2024 附录 C。

**1. 加工助剂的使用原则**

（1）加工助剂应在食品加工过程中使用，使用时应具有工艺必要性，在达到预期目的前提下应尽可能降低使用量。

（2）加工助剂一般应在制成最终成品之前除去，无法完全除去的，应尽可能降低其残留量，其残留量不应对健康产生危害，不应在最终食品中发挥功能作用。

（3）加工助剂应该符合相应的质量规格要求。

**2. 食品加工助剂的使用规定**

（1）可在各类食品加工过程中使用，残留量不需限定的加工助剂　GB 2760—2024 附录表 C.1 列出规定了可在各类食品加工过程中使用，残留量不需限定的加工助剂有：氨水、甘油（又名丙三醇）、丙酮、丙烷、单，双甘油脂肪酸酯、氮气、二氧化硅、二氧化碳、硅藻土、过氧化氢、活性炭、磷脂、硫酸钙、硫酸镁、硫酸钠、氯化铵、氯化钙、氯化钾、柠檬酸、氢气、氢氧化钙、氢氧化钾、氢氧化钠、乳酸、硅酸镁、碳酸钙（包括轻质和重质碳酸钙）、碳酸钾、碳酸镁（包括轻质和重质碳酸镁）、碳酸钠、碳酸氢钾、碳酸氢钠、纤维素、盐酸、氧化钙、氧化镁（包括重质和轻质）、乙醇、乙酸、冰乙酸（又名冰醋酸）、植物活性炭。

（2）需要规定功能和使用范围的加工助剂　GB 2760—2024 附录表 C.2 列出规定了需要规定功能和使用范围的加工助剂，如阿拉伯胶为葡萄酒加工工艺用的澄清剂；凹凸棒黏土为油脂加工工艺用脱色剂；巴西棕榈蜡为焙烤食品加工工艺；钯为催化剂，发酵工艺用的脱模剂；白油（液体石蜡）为薯片的加工工艺、油脂加工工艺、糖果的加工工艺、粮食加工工艺（用于防尘）用的消泡剂、脱模剂；不溶性聚乙烯聚吡咯烷酮（PVPP）为啤酒、葡萄酒、果酒、黄酒、配制酒的加工工艺和发酵工艺用的吸附剂；丁烷为提取工艺用的提取溶剂；高岭土为葡萄酒、果酒、黄酒、配制酒的加工工艺和发酵工艺用的澄清剂、助滤剂；乙醚为配制酒的加工工艺用的提取溶剂等。

## 项目二

# 常用加工助剂

### 一、溶剂

溶剂又称溶媒，能溶解其他物质的物质称为溶剂。食品工业中常用的溶剂有丙二醇、甘油、乙醇、溶剂油等。下面举两例说明之。

**1. 丙二醇**

丙二醇是 1，2-丙二醇的别名，分子式 $C_3H_8O_2$。

（1）性状　丙二醇为无色透明状黏稠液体，无臭，有微苦感的甜味。能与水、乙醇混溶。对光、热稳定，有燃性。150℃以上易氧化，常温下稳定。

（2）性能　丙二醇可溶解水溶性香料、色素、防腐剂、维生素、树脂及其他难溶于水的有机物。

（3）毒性　小鼠经口 $LD_{50}$ 为 22~23.9mg/kg 体重。ADI 为 0~25mg/kg 体重。一般公认安全。

（4）应用　依照 GB 2760—2024《食品安全国家标准　食品添加剂使用标准》，丙二醇列在附录表 C.2 中，需要规定功能和使用范围的加工助剂，可作为冷却剂、消泡剂、提取溶剂，用于啤酒加工工艺、提取工艺。对于防腐剂、色素、抗氧化剂、食品用香精等食品添加剂中难溶于水的物质可先用少量丙二醇将其溶解，然后再添加到食品中。

丙二醇滥用的警示案例（课程思政）

丙二醇列在表 A.1 中，可作为稳定剂和凝固剂、乳化剂、水分保持剂、增稠剂。其使用范围和最大使用量（g/kg）为：生湿面制品（如面条、饺子皮、馄饨皮、烧卖皮）1.5；糕点 3.0。

**2. 甘油**

甘油又名丙三醇，分子式 $C_3H_8O_3$。

（1）性状　无色透明或微黄色的糖浆状液体。无臭，有甜味。

（2）性能　甘油可与水、乙醇混溶。甘油具有吸湿性，易吸收空气中的水分，其水溶液呈中性，与强氧化剂接触可能爆炸。

（3）毒性　小白鼠经口 $LD_{50}$ 为 32000mg/kg 体重。一般公认安全。

（4）应用　依照 GB 2760—2024《食品安全国家标准　食品添加剂使用标准》，甘油列在附录表 C.1，可在各类食品加工过程中使用，残留量不需限定的加工助剂。甘油列在表 A.1，用作水分保持剂、乳化剂，可在各类食品（表 A.2 中编号为 1~68 的食品类别除外）中按生产需要适量使用。

如对于难溶于水的防腐剂、抗氧化剂、色素等，在添加于食品前，使用甘油作为溶剂。食品用香精，除用乙醇作香精原料的溶剂外，有时也配合使用甘油，一些食用水溶性香精中约配用 5% 的甘油。

## 二、果蔬脱皮剂

### 1. 常用的果蔬脱皮剂

在食品加工中还使用一些加工助剂：脱皮剂，有助于果蔬脱皮。即果蔬脱皮剂。

常用的脱皮剂如月桂酸、氢氧化钠等，其中使用较多的是氢氧化钠。还有采用氢氧化钠、氯化钠、硼砂混合作脱皮剂。也有研究和应用一种以表面活性物为加工助剂的果蔬脱皮剂，它不能取代氢氧化钠，却可降低氢氧化钠的用量与脱皮时的温度，提高脱皮液反复使用的能力。

如有一种山楂脱皮剂的制作方法的专利。发明一种山楂脱皮剂，由氢氧化钠、食用纯碱和食用小苏打组成。其特征是，氢氧化钠、食用纯碱、食用小苏打，三者的质量比例为20∶60∶20。既可以降低酸度，又可以中和氢氧化钠的残留，减少冲洗次数，节约用水。获得视觉效果好，口感佳的罐头食品。

又如上海一公司研究的果蔬脱皮剂。外观为白色粉状。主要成分是单双甘油脂肪酸酯、聚甘油脂肪酸酯、蔗糖脂肪酸酯、盐等。产品为白色固体粉末，用量低、碱度低、效率高、出品率高，脱皮后的果肉光滑亮泽。适用于梨、桃、猕猴桃等水果，核桃、荸荠等。高温脱皮，不伤组织，用量低、碱度低、效率高、出品率高，脱皮后的果肉光泽亮丽。例如，梨脱皮，处理槽中加水100kg，脱皮剂200~300g（先用热水溶解后加入），加热至90℃以上，将梨放入槽内6~8min，视果皮发黑起泡，即捞出，用高压水冲洗并辅以毛刷等机械搓动即可去全皮。脱皮后先用0.2%溶液护色10~20min。在切块挖芯过程中用0.8%食盐和0.2%柠檬酸的水溶液进行护色。

果蔬脱皮剂还有待于广大食品行业工作者多多探索、研究、创新。

### 2. 氢氧化钠

氢氧化钠亦称苛性钠、烧碱，分子式NaOH。

（1）性状　氢氧化钠的纯品为无色透明结晶，无臭。工业品为白色不透明固体，有块状、片状、棒状和粉末状等。易吸湿而潮解，暴露于空气中吸收二氧化碳和水分逐渐转变为碳酸钠。易溶于水且放出强热，水溶液呈强碱性。可溶于甘油、乙醇。

（2）性能　氢氧化钠呈强碱性，对有机物有腐蚀作用，能使大多数金属盐形成氢氧化物或氧化物而沉淀。

（3）毒性　兔经口$LD_{50}$为0.5g/kg体重。ADI不作限制性规定。一般公认安全。但是氢氧化钠对皮肤有强腐蚀性，入眼有失明的危险。

（4）应用　依照GB 2760—2024《食品安全国家标准　食品添加剂使用标准规定》，氢氧化钠作为食品加工助剂，列在附录表C.1，可在各类食品加工过程中使用，残留量不需限定。如用于中和、去皮、脱色、脱臭和洗涤等工序中，又如用于柑橘、桃去皮。在生产谷氨酸和化学酱油时也有使用氢氧化钠。

## 三、脱色剂

### 1. 食品加工常用脱色方法

（1）根据色素在不同溶剂中的溶解度差别脱色　如水提醇沉：可去除小部分水溶性色素。还有醇提水沉：可除去大部分油溶性着色剂。也可以两种方法交替使用。又如酸碱沉淀法：当杂质色素是一些黄酮、蒽醌等酚酸性成分时，可调节 pH 至 3 以下，令其析出。

（2）根据色素在两相溶剂中的分配比不同进行脱色　例如，当杂质色素是一些黄酮、蒽醌等酚酸性成分时，可采取调节 pH 为 12 以上，用有机溶剂萃取的方法脱色。这时由于色素都以解离形式存在，不宜被萃出。

（3）根据色素与有效成分吸附性差别进行脱色

①物理吸附（吸附力是分子间力）。极性吸附剂：如硅胶、氧化铝。可去除亲水性色素。非极性吸附剂：如活性炭、纸浆、滑石粉、硅藻土。可去除亲脂性色素。

活性炭是一种优良的吸附剂，它对色素、细菌、热原等杂质有很强的吸附能力，并且其还有助滤作用。其内部有大量的微孔和空隙，表面积可达 $200\sim500m^2/g$。吸附原理：由于大多数色素具有共轭双键结构，易吸附。使用方法：冷吸附法，热吸附法，炭层助滤法，柱层析吸附法。

②化学吸附。例如可用碱性氧化铝去除一些黄酮、蒽醌等酚酸性色素。离子交换树脂法，使用黄酮、蒽醌等酚酸性色素可以用阴离子交换树脂除去。

③半化学吸附。聚酰胺与大孔树脂。吸附原理为氢键作用，大孔树脂还有部分范德华力作用。聚酰胺可通过分子中的酰胺羰基与酚类、黄酮类的酚羟基形成氢键。也可以通过酰胺键上的游离胺基与醌类、脂肪羧酸上的羰基形成氢键。

（4）沉淀法除去色素　代表物质：石灰乳。常用浓度：20%~30%。脱色原理：石灰乳中钙离子能与部分成分结合成钙螯合物、钙盐沉淀。而沉淀在硫酸作用下，黄酮、蒽醌、酚类、皂苷、部分生物碱与钙离子形成的钙盐可以被分解出来，再溶解到水中。但是鞣质、部分蛋白质、有机酸、极性色素、多糖等不能分解出来。

（5）絮凝剂法除去色素　食品行业常用的絮凝剂及应用范围如聚丙烯酰胺，常用于饮料工艺、制糖工艺、发酵工艺。磷酸氢二钠、磷酸三钠，常用于饮料工艺、发酵工艺。硫酸，常用于啤酒工艺、发酵工艺、淀粉工艺、乳制品加工工艺。硫酸锌常用于皮蛋工艺、啤酒工艺、发酵工艺。硫酸亚铁，常用于饮料和啤酒工艺。

在食品加工中还需要使用一些加工助剂进行脱色，脱色剂如活性炭、凹凸棒黏土、膨润土、活性白土、离子交换树脂、食用单宁等。下面以活性炭为例介绍。

**2. 活性炭**

一切含碳物质都可以用来制造粉状活性炭，常用的原材料有煤、果壳、木材、石油焦、合成树脂、纸浆等。

（1）性状　活性炭为暗黑色，化学稳定性好，耐酸碱，不溶于水和有机溶剂，能经受水浸、高温和高压的作用，失效后可以再生。

（2）性能　活性炭是有良好吸附性能的吸附剂。活性炭有孔隙结构和很大的比表面积，因此，使它具有很大的吸附能力。随原材料的不同和加工工艺的不同使粉状活性炭的性能有一定差异，果壳炭有发达的微孔容积，灰分低，且灰分中有害物质较少。木质炭有较多的中孔，对较大分子有很好的吸附能力。

焦糖吸附值（或称焦糖脱色率、糖蜜吸附率）是反映活性炭对具有较高相对分子质量的有色物质的吸附性能。性能良好的活性炭，此值达到 100~110。

有一类称为"糖用活性炭"的产品，它可用于糖厂，也可以用在其他类似的行业，如葡萄糖溶液及味精溶液的精制脱色等。这种活性炭的焦糖吸附值比较高。

（3）毒性　一般公认安全。尤其是植物活性炭。

（4）应用　依照 GB 2760—2024《食品安全国家标准　食品添加剂使用标准》，植物活性炭作为食品加工助剂，列在附录表 C.1，可在各类食品加工过程中使用，残留量不需限定。例如活性炭在食用油中的作用，是把从植物或者动物体取得的油脂进行除杂、脱色和去异味来提高食用油的品质。还有比如用活性炭帮助蔗糖脱色等。

### 四、二氧化碳

二氧化碳，分子式 $CO_2$。

（1）性状　二氧化碳为无色、无臭、无味、无毒气体。溶于水，水溶液呈酸性。在 20℃时将二氧化碳加压至 5978.175kPa，即可液化。液体二氧化碳冷却至 -21.1℃，压力为 415kPa 形成固体。固体二氧化碳又称为干冰，干冰吸热可直接升华为气体，溶于乙醇。

（2）性能　饮用含二氧化碳的饮料，可使体内的热量随二氧化碳气体排出，产生清凉爽快的感觉，还能刺激口感。降低 pH，有防腐功能。

（3）毒性　ADI 不作特殊规定。一般公认安全。但亦有胃溃疡病人因饮用二氧化碳水而导致胃穿孔的报道。吸入二氧化碳气体量达 5%～6% 时因刺激呼吸中枢，使呼吸深而快；吸入量达 10% 以上时，发生头昏、出汗、呼吸困难、痉挛乃至死亡。

（4）应用　依照 GB 2760—2024《食品安全国家标准　食品添加剂使用标准》，二氧化碳是列在附录表 C.1，可在各类食品加工过程中使用，残留量不需限定的加工助剂。

如碳酸饮料，$CO_2$ 赋予含气饮料特殊口味，提高其保存性，并给饮用者带来清凉舒爽的感觉。汽水、可乐、啤酒、汽酒等是畅销全球的含 $CO_2$ 饮料产品。还有现场制作冰镇饮料等。

二氧化碳在现代食品领域中的其他应用：

①二氧化碳还列在表 A.1，可作为防腐剂，用于风味发酵乳、除胶基糖果以外的其他糖果、饮料类［饮用纯净水、其他类饮用水、果蔬汁（浆）、浓缩果蔬汁（浆）除外］、配制酒、其他发酵酒类（充气型），按生产需要适量使用。

②食品保鲜。如 $CO_2$ 在果蔬、粮食保鲜中的应用。以调控 $O_2$ 和 $CO_2$ 浓度来抑制新鲜果蔬的呼吸强度，减少水分扩散，延缓品质劣变。又如引起鲜肉腐败的常见菌——假单胞菌、变形杆菌、无色杆菌等在 20%～30% 的 $CO_2$ 中受到明显抑制。还有果汁半成品保存，罐装果汁充 $CO_2$ 保存法，实践证明，在长达数月的贮藏期间，果汁感官品质良好，营养成分基本保持不变，污染菌得到有效控制。效果明显优于常温加防腐剂处理。

③柿子脱涩保脆。据报道采用高浓度 $CO_2$（80%），在 -1～1℃ 下密闭约 11 天，不仅脱涩好，而且果实硬度与脱涩前基本相同。

④食品生产防止氧化时，常采用 $CO_2$ 充填、置换，以此实施惰性保护。利用 $CO_2$ 生产充气糖果等。

食品工业门类繁多，$CO_2$ 的应用正向多方面发展。有待处于食品行业的我们加倍努力、不断进取、不断创新。

### 五、盐酸

盐酸又名氢氯酸，分子式 HCl。

(1) 性状　盐酸为无色或微黄色发烟的澄明液体，有强烈的刺激性气味，用大量水稀释后仍显酸性反应。易溶于水、乙醇等。浓盐酸为38%氯化氢水溶液，3.6%盐酸pH为0.1。

(2) 性能　盐酸具有调节pH和改善淀粉的性能。能与多种金属、金属氧化物作用，生成盐；能中和碱，生成盐。对植物纤维、皮肤有强腐蚀作用。

(3) 毒性　兔经口$LD_{50}$为0.9g/kg。ADI不作限制性规定。一般公认安全。盐酸为机体正常成分，其浓度接近消化液中的盐酸浓度时是无毒的。服用浓溶液时会出现胃痛、口渴、灼热等症状。

(4) 应用　见GB 2760—2024表C.1盐酸是可在各类食品加工过程中使用，残留量不需限定的加工助剂。例如在制造柑橘罐头时，盐酸用于脱去橘子囊衣；加工化学酱油时，用约20%的盐酸水解脱脂大豆粕（水解大豆蛋白质）；用盐酸水解淀粉制造淀粉糖浆。用于制造淀粉糖浆时，通常将淀粉精制后加水，使成20~21°Bé的淀粉乳，再加盐酸，使之成为pH1.9~2.0的酸性淀粉乳，加热煮沸使淀粉水解。水解完毕后用5%碳酸钠中和，经过滤、脱色、浓缩即得。盐酸用量按无水淀粉计为0.3%~0.35%。

依照GB 2760—2024《食品安全国家标准　食品添加剂使用标准》，盐酸作为酸度调节剂用于蛋黄酱、沙拉酱，按生产需要适量使用。实际上盐酸一般不直接添加于食品中，多作为食品工业加工助剂。

> **思考题**
>
> 1. 食品工业用加工助剂的使用原则有哪些？
> 2. 举例说明可在各类食品加工过程中使用，残留量不需限定的加工助剂。
> 3. 举例说明溶剂的性能和在食品中的应用。
> 4. 举例说明脱皮剂的性能和在食品中的应用。
> 5. 举例说明脱色剂的性能和在食品中的应用。
> 6. 简述二氧化碳的性能，举例说明其在食品中的应用。

模块十四
在线测试

### 实训内容

**实训一**　无花果干加工中食品添加剂的使用

## 一、实训目的

了解漂白剂漂白机制，熟悉漂白剂、脱皮剂在无花果干加工中的应用。

## 二、实训材料

4%氢氧化钠；1%盐酸；0.1%亚硫酸氢钠；无花果。
电炉；烘箱等。

## 三、实训步骤

### 1. 工艺流程

鲜果→脱皮→护色→烘制→包装→成品

### 2. 操作步骤

（1）脱皮　采用个大、肉厚、刚熟而不过熟的无花果，用碱液脱皮，用不锈钢锅把无花果放于4%氢氧化钠溶液中加热到90℃保持1min，捞起无花果于水槽中用大量清水冲洗，并不断揉搓滚动，果皮脱落，并加入1%盐酸中和碱性，脱皮的无花果沥干水待用。

（2）护色　脱皮后无花果用0.1%亚硫酸氢钠浸果6~8h。

（3）烘制　护色后无花果于烘箱中进行鼓风干燥，温度60~65℃，时间16~18h。烘制到含水量14%~15%。室温1~2天覆盖回软。

（4）包装　采用塑料袋密封包装。

### 3. 注意事项

脱皮操作过程中要戴手套，避免碱液腐蚀皮肤。

## 四、思考题

（1）阐述漂白剂漂白机制。
（2）实训中使用了哪种食品漂白剂？其最大使用量为多少？
（3）实训中使用了哪种脱皮剂？在什么条件下进行水果脱皮？

## 实训二　肉桂油的提取

### 一、实训目的

了解用水蒸气蒸馏法从肉桂皮中提取肉桂油中溶剂的作用。

### 二、实训材料

肉桂皮（食用级）；乙醚；无水硫酸钠。
水蒸气蒸馏装置；台式天平等。

### 三、实训步骤

（1）在250mL的二颈（或三颈）烧瓶上分别接上水蒸气导入管（其另一端接水蒸气发生器）和蒸馏装置，成为一套水蒸气蒸馏装置。

（2）置10g磨碎的肉桂皮于二颈烧瓶中，加入60mL热水。加热水至蒸汽发生器使蒸汽平稳地输入烧瓶中，注意管道的堵塞和蒸汽进入的量，收集白色乳液至馏出液澄清为止，大约收集 40mL 馏出液。

（3）将馏出液转移至分液漏斗中，用 10mL 乙醚萃取 2 次，弃去下层水相，有机相用少量无水硫酸钠干燥，将溶液滤出，在 60℃ 热水浴蒸馏回收大部分溶剂至蒸不出为止。

（4）将精油的乙醚溶液转移至事先称重的试管中，将试管放于水浴中小心加热浓缩至无溶剂为止，揩干试管外壁，称重，计算提取得率。

### 四、思考题

（1）实训中使用了哪种溶剂？起什么作用？
（2）适合采用水蒸气蒸馏进行分离的有机物要求具备什么条件？

## 实训三　橘子碳酸饮料的制作

### 一、实训目的

了解碳酸饮料的制作方法，二氧化碳的作用。

### 二、实训材料

白砂糖；柑橘原汁粉；苯甲酸钠；柠檬酸；碳酸水。
天平；碳酸化仪器；饮料玻璃瓶；等压罐装机；压盖机等。

### 三、实训步骤

**1. 配制糖浆**

配方（%）：白砂糖 10、柠檬酸 0.13、柑橘原汁粉 2、苯甲酸钠 0.02、水 87.85。

**2. 工艺流程**

采用现调式，即：配好调好糖浆后，将其灌入包装容器，再灌装碳酸水。

**3. 一次灌装法流程示意图**

```
饮用水→水处理→冷却→气水混合←二氧化碳
                        ↓
糖浆→调配→冷却→混合→灌装→密封→检验→成品饮料
                ↑
        容器→清洗→检验
```

**4. 操作要点**

（1）洗瓶　瓶子清洗干净。如果清洗不彻底，残留有细菌，细菌会利用饮料中的营养繁殖而形成糊状。

（2）糖浆的制备　原辅料称量准确，配制溶液要使用蒸馏水或冷开水，尽可能不用金属器皿。添加时边加边搅拌。配制好的糖浆应立即进行装瓶，糖浆贮存时间过长，会发生分层。

（3）灌浆　灌浆是把冷却后的糖浆定量灌入饮料瓶子（一般是玻璃瓶 250mL）中，气水混合灌水是把含 $CO_2$ 的碳酸水灌入上述的玻璃瓶中。密封是玻璃瓶的密封。

注：现在的设备大部分是一体的，把灌浆、灌水、密封称之为灌装系统或设备。

## 四、思考题

（1）实训中使用了哪种加工助剂？它有什么性能、作用？

（2）上网查找自制简易碳酸饮料方法，做一做看看效果如何？

# 模块十五 营养强化剂

## 学习目标

### 知识目标
1. 了解营养强化剂的使用意义和特点。
2. 掌握各种营养强化剂的性能、作用。

### 技能目标
1. 能够正确认识和使用营养强化剂。
2. 能根据产品特点,设计出营养强化剂的选用方案。
3. 能依据国家标准按需求计算出营养强化剂的添加量并安全规范应用。

### 素质目标
1. 认识各种营养强化剂在食品工业中的作用,增强法治意识,培养良好的法治思维。
2. 认识各种营养强化剂的强化措施和方法。强化培养服务人民的爱国热情,增强责任感。
3. 探索各种营养强化剂的研究,增强投身食品产业的职业情怀。

## 学习内容

### 项目一

## 营养强化剂的使用特点

依照 GB 2760—2024《食品安全国家标准 食品添加剂使用标准》,营养强化剂其含义符合 GB 14880—2012《食品安全国家标准 食品营养强化剂使用标准》中的规定。按照现行使用的 GB 14880—2012《食品安全国家标准 食品营养强化剂使用标准》，营养强化剂是为了增加食品的营养成分而加入到食品中的天然或人工合成的营养素和其他营养成分。

营养素是指食物中具有特定生理作用，能维持机体生长、发育、活动、繁殖以及正常代谢所需的物质，包括蛋白质、脂肪、碳水化合物、矿物质、维生素等。

其他营养成分是指除营养素以外的具有营养和（或）生理功能的其他食物成分。

保健功能食品的主要功效成分之一是营养强化剂。保健功能食品代表了当代食品发展新潮流。世界各国都投了大量人力物力，运用现代科学技术研究开发，食品科学和公共卫生领域的热点之一是保健功能食品。营养学家、食品科学家和食品经营者正在寻求怎样使用今天的传统食品和食品新配方带给人们更加健康的明天。

## 一、营养强化剂的使用意义和要求

### 1. 营养强化剂的使用意义

（1）弥补食品在正常加工、贮存时造成的营养素损失。

（2）在一定的地域范围内，有相当规模的人群出现某些营养素摄入水平低或缺乏，通过强化可以改善其摄入水平低或缺乏导致的健康影响。

（3）某些人群由于饮食习惯和（或）其他原因可能出现某些营养素摄入量水平低或缺乏，通过强化可以改善其摄入水平低或缺乏导致的健康影响。

（4）补充和调整特殊膳食用食品中营养素和（或）其他营养成分的含量。

### 2. 使用营养强化剂的要求

（1）营养强化剂的使用不应导致人群食用后营养素及其他营养成分摄入过量或不均衡，不应导致任何营养素及其他营养成分的代谢异常。

（2）营养强化剂的使用不应鼓励和引导与国家营养政策相悖的食品消费模式。

（3）添加到食品中的营养强化剂应能在特定的贮存、运输和食用条件下保持质量的稳定。

（4）添加到食品中的营养强化剂不应导致食品一般特性如色泽、滋味、气味、烹调特性等发生明显不良改变。

（5）不应通过使用营养强化剂夸大食品中某一营养成分的含量或作用误导和欺骗消费者。

### 3. 可强化食品类别的选择要求

（1）应选择目标人群普遍消费且容易获得的食品进行强化。

（2）作为强化载体的食品消费量应相对比较稳定。

（3）我国居民膳食指南中提倡减少食用的食品不宜作为强化的载体。

### 4. 营养强化剂的使用规定

（1）营养强化剂在食品中的使用范围、使用量应符合 GB 14880—2012《食品安全国家标准 食品营养强化剂使用标准》附录 A 的要求，允许使用的化合物来源应符合 GB 14880—2012 附录 B 的规定。对大多数营养素而言，均提供了一种以上的化合物来源供生产单位选择。

（2）特殊膳食用食品中营养素及其他营养成分的含量按相应的食品安全国家标准执行，允许使用的营养强化剂及化合物来源应符合 GB 14880—2012《食品安全国家标准 食品营养强化剂使用标准》附录 C 和（或）相应产品标准的要求。

## 二、营养强化剂采取的强化措施和方法

### 1. 采取合理的强化措施

有些强化剂极不稳定，如维生素 C 及氨基酸等遇光、热等易被氧化，被破坏损失。而有些强化剂会与食品中的其他成分结合，导致强化剂的损失。因此应选择合适的添加方法和强化载体，采取合理的强化措施以保证强化的有效性和稳定性。一般可采用以下几种方法。

（1）强化剂的改性　在不影响营养价值的前提下对强化剂进行适度的物理、化学和生物改性以提高强化剂的稳定性。如改性大豆卵磷脂是通过羟基化反应改性的，用于冰淇淋的生产，提高乳化性，防止冰晶的生成。

（2）添加各种稳定剂　用螯合剂、抗氧化剂等作为保护剂来减少强化剂的损失，例如血红素铁是卟啉铁的形式，其吸收率比离子铁高，可在面粉制品中应用。

（3）加强食品的食用指导　对于添加了强化剂的食品，应组织相应的指导以避免由于饮食习惯的不当造成的损失，如添加碘盐的食盐应在起锅后添加，添加了水溶性维生素的挂面应以食用汤面为宜。

### 2. 采取适宜的强化方法

食品的营养强化，除应根据不同的食品选取适当的营养强化剂之外，还应根据食品种类的不同，采取不同的强化方法。通常有以下三种方法。

（1）在食品原料中添加　如对大米及小麦面粉进行强化，预先将部分大米或少量面粉（或淀粉）用强化剂制成强化米（面粉），然后按一定比例与普通米（面粉）进行混合，制成强化米或强化面粉。这种方法操作简单，但强化剂在食品加工、贮存期间易于损失，如在淘米或蒸煮过程中造成损失。因此，需对强化工艺进行改进如强化米涂膜等。

（2）在加工过程中添加　这是最普遍采用的方法，其易使所添加的营养素分布均匀，但由于食品加工多离不开热、光及与金属接触，因而不可避免地使强化剂受到一定的损失，特别是对热敏感的强化剂维生素 C 等。因此应注意添加的时机及工艺，并适当增大强化剂量，以保证成品中留存所需一定量的强化剂。

（3）在成品中添加　为减少强化剂在加工过程中被破坏，对于某些产品可以采用在加工的最后工序或在成品中混入的方法。这种方法对强化剂的保存最为有效。例如奶粉、冲调食品等。但由于各种食品加工方法各异，如罐装食品和某些糖果、糕点等，则只能在杀菌、焙烤之前加入，因而并非所有的强化食品均能采用此法。

各种营养素为生命所必需，但切不可滥用，过量可能有副作用。一定要以 GB 14880—2012《食品安全国家标准 食品营养强化剂使用标准》为依据。

## 项目二

# 氨基酸类强化剂

### 一、氨基酸类强化剂特性

人体摄食蛋白质是为取得所需的各种氨基酸，然后利用它们作为原料合成机体所需的各种蛋白质和生命活性物质。因此，氨基酸是肌肉、皮肤、血液以及酶、激素等机体组成不可缺少的物质。

**1. 氨基酸分类**

氨基酸是组成蛋白质的基本单位，也是蛋白质消化后的最终产物。氨基酸具有碱性，又具有酸性。氨基酸根据营养学作用可分为两大类：一类是必需氨基酸，一类是非必需氨基酸。

非必需氨基酸是指有一部分氨基酸能在人体内合成或者可以由其他氨基酸转变而成的氨基酸。非必需氨基酸包括甘氨酸、丙氨酸、谷氨酸、组氨酸、酪氨酸、天冬酰胺、丝氨酸、半胱氨酸、脯氨酸、谷氨酰胺、天冬氨酸、精氨酸等。

必需氨基酸是指人体内不能合成或合成的速度不能满足需要，必须从膳食中供给的一类氨基酸。成年人的必需氨基酸有 8 种，如异亮氨酸、亮氨酸、赖氨酸、甲硫氨酸（蛋氨酸）、苯丙氨酸、苏氨酸、色氨酸和缬氨酸。此外，对于儿童，组氨酸、精氨酸也是必需氨基酸。8 种必需氨基酸中，色氨酸、赖氨酸和蛋氨酸在食物中含量最少，最不易达到人体的需要，因而称作限制氨基酸。

**2. 限制氨基酸**

食物蛋白质中，按照人体的需要及其比例关系相对不足的氨基酸称为限制氨基酸，这些氨基酸限制着机体对蛋白的利用，并决定了蛋白质的质量。一般限制氨基酸的分析值与标准组成的氨基酸值相比，其百分率在 100% 以下，限制氨基酸中百分率最小的称为第一限制氨基酸。食物中最主要的限制氨基酸为赖氨酸和蛋氨酸。赖氨酸在谷类蛋白质及一些其他植物蛋白质中含量很少，蛋氨酸在大豆、牛乳、花生及肉类蛋白质中含量相对较低。因此，在一些焙烤食品，特别是以谷类为基础的婴、幼儿食品中常常添加适量的赖氨酸予以强化，提高营养价值。此外，小麦、大麦、燕麦和大米还缺乏苏氨酸，玉米缺乏色氨酸。对食品进行氨基酸强化，对于充分利用蛋白质和提高食品质量有着重要作用，并且对人体健康有着直接关系。

**3. 氨基酸的特性**

在氨基酸的强化过程中，必须以营养要求和氨基酸相互间的平衡比值增添氨基酸；在添加过程中，需考虑氨基酸的特性，主要是它的稳定性。表 15-1 所示为部分氨基酸的稳定性。

表 15-1　　　　　　　　　　部分氨基酸的稳定性

| 种类 | 因素 | | | | | | 烹调加工损失/% |
|---|---|---|---|---|---|---|---|
| | pH=7 | 酸性 | 碱性 | 氧气 | 光 | 热 | |
| 异亮氨基酸 | s | s | s | s | s | s | 0~10 |

续表

| 种类 | 因素 | | | | | | 烹调加工损失/% |
|------|------|------|------|------|------|------|------|
| | pH=7 | 酸性 | 碱性 | 氧气 | 光 | 热 | |
| 亮氨酸 | s | s | s | s | s | s | 0~10 |
| 赖氨酸 | s | s | s | s | s | u | 0~40 |
| 蛋氨酸 | s | s | s | s | s | s | 0~10 |
| 苯丙氨酸 | s | s | s | s | s | s | 0~5 |
| 苏氨酸 | s | u | u | s | s | u | 0~20 |
| 色氨酸 | s | u | s | s | u | u | 0~15 |
| 缬氨酸 | s | s | s | s | s | s | 0~10 |

注：s—稳定；u—不稳定。

## 二、常用氨基酸类强化剂

### 1. L-赖氨酸

赖氨酸是蛋白质的重要组分之一，为成年人8种必需氨基酸之一，人体内不能合成，是谷类食物中的第一限制氨基酸。常用的赖氨酸强化剂为L-赖氨酸，分子式$C_6H_{14}N_2O_2$。

游离的L-赖氨酸极易潮解，因而具有游离氨基酸而易发黄变质，并有刺激性腥味，难于长期保存。允许使用的营养强化剂L-赖氨酸的化合物来源是L-盐酸赖氨酸和L-赖氨酸天门冬氨酸盐。L-盐酸赖氨酸则比较稳定，不易潮解，便于保存，故一般商品都是以L-盐酸赖氨酸形式出售。用L-赖氨酸天门冬氨酸盐须经折算，L-赖氨酸天门冬氨酸盐1.529g相当于L-盐酸赖氨酸1g。

（1）性状　L-盐酸赖氨酸为无色结晶，几乎无臭，性质稳定，在高湿度下易结块，并稍有着色，水分活性在60%以下时稳定，在60%以上时形成二水合物易溶于水和甘油，几乎不溶于乙醇。与维生素C或维生素K共存时易着色，在碱性及有还原糖存在时，加热易分解为戊二胺和二氧化碳，人体摄入残留在食品中的戊二胺有不适感觉。

（2）性能　L-盐酸赖氨酸具有增强胃液分泌和造血机能，使白细胞、血红细胞和丙种球蛋白增加，有提高蛋白质利用率、保持代谢平衡、增强抗病能力等作用。人体缺乏L-赖氨酸，容易发生蛋白质代谢障碍和机能障碍，成人每日最低需要量约为0.8g。如在谷类中添加可提高蛋白质效价。

（3）毒性　大鼠$LD_{50}$为10.75g/kg体重。一般公认安全。摄入过多赖氨酸除引起其他必需氨基酸失调外，大量赖氨酸分解还造成尿素增加，引起氨中毒。

（4）应用　依照GB 14880—2012《食品安全国家标准　食品营养强化剂使用标准》，L-赖氨酸的使用范围和使用量（g/kg）为：大米及其制品、小麦粉及其制品、杂粮粉及其制品、面包1~2。

L-赖氨酸用于罐头中还有除臭保鲜的作用。

### 2. 牛磺酸

牛磺酸即氨基乙基磺酸，别名牛胆碱、牛胆素，分子式$C_2H_7NO_3S$。

(1) 性状　牛磺酸为白色结晶粉末，无臭味。微酸，对热稳定。溶于水，不溶于乙醇和乙醚。

(2) 性能　牛磺酸具有清热、镇静、解毒和消炎作用，牛磺酸与婴儿发育关系密切，它可促进人脑神经细胞的成熟和分化过程，维持脊椎动物视网膜正常形态和生理功能，通过维持淋巴细胞活力而提高机体的免疫力，并通过调整心肌细胞膜离子通透性，对抗心律失常等作用，也有清除体内过氧化物的作用。作为营养强化剂，在使牛乳和乳粉母乳化方面发挥着重要作用。

(3) 毒性　无毒副作用。

(4) 应用　依照 GB 14880—2012《食品安全国家标准　食品营养强化剂使用标准》规定，牛磺酸使用范围和使用量（g/kg）为：调制乳粉、豆粉、豆浆粉、果冻 0.3~0.5；豆浆 0.06~0.1；含乳饮料、特殊用途饮料 0.1~0.5；风味饮料 0.4~0.6；固体饮料类 1.1~1.4。

## 项目三

# 矿物质类强化剂

矿物质又称无机盐，是人体内无机物的总称；一般多指钙、镁、钾、磷、硫、氯等元素构成的、重要的营养物质。它们维持着体内的酸碱平衡、细胞渗透压，调节神经兴奋和肌肉的运动，维持机体的某些特殊的生理功能。在人体内主要以离子形式存在。

## 一、矿物质类强化剂

矿物质在食物中的分布很广，一般可满足机体需要，只有少数如婴幼儿、青少年、孕妇和乳母，钙、铁、碘比较缺乏。在食品中强化矿物质，一般采用把其均匀混合于原料中的方法。这类强化剂比较稳定，一般加工条件对它们的特性影响不大。

### 1. 利用矿物质强化时应注意的问题

(1) 实际效果　在食品强化过程中要考虑是否真正使消费者获益。例如在国外用铁质强化面包、谷物和面粉已有 40 年历史，但仍有很多人患缺铁性贫血。

(2) 强化剂对食品风味、色泽的影响　添加矿物质往往会影响食品的风味和色泽，因此应注意矿物质对强化食品的各种影响。例如葱头含有一种物质称作黄酮素，黄酮素遇铁铝等金属会生成棕色、蓝色、黑色等络合物，使加工的葱头不透亮，影响色泽。凡使用抗氧化剂的食品最好不用铁强化剂，因为抗氧化剂可与铁离子反应而着色。镁盐和钙盐可能会使食品产生涩味，钾盐可能会使食品产生苦味。

(3) 强化剂对产品形态的影响　强化剂的添加可能会导致食品发生凝固、pH 改变、溶解性降低等不足。可溶性盐类可能使流质食品发生凝固结块，而不溶性盐类在加工和贮存时可能产生沉淀；钙和镁可能和蛋白质作用使制品出现形状变化；钙与食品中的植酸形成不溶性的植酸钙。

(4) 添加量和摄入量　食品中的矿物质对人体虽然非常重要，但含量超过一定范围后会发生毒害作用。例如儿童发生慢性锌缺乏时，主要表现为生长停滞，青少年除生长停滞外还会出现性器官及第二性征发育不全为特征的性幼稚型。缺锌还会使伤口愈合慢，机体免疫力降低。但是大量地服用锌补品，超过人体的负载能力，会导致锌中毒。过量的锌会阻断人体对铜的吸收，降低体内铜的含量，导致心肌变性。高剂量锌可能还会降低血液中对人体有益的 HDL 的浓度。过多的锌还可以抑制肠道对铁的吸收。

（5）确定强化的食品　在食品的强化中，要注意食品中的成分对强化剂的影响，同时选择定量食用的食品作为载体，以避免出现过多摄入或不足的缺点。如添加碘的食盐。

2. 常用的矿物质类强化剂

常用的矿物质类强化剂有钙、铁、碘、锌、硒强化剂等。

## 二、钙强化剂

1. 钙强化剂分类

目前市场上的钙强化剂主要可以分为三种类型即无机钙强化剂、生物钙强化剂和有机钙强化剂，此外还有钙酸复合物。

（1）无机钙强化剂　无机钙强化剂有：碳酸钙、磷酸氢钙、氯化钙等。其主要特点是：价廉、含钙量高。缺点是溶解性差，在机体内需消耗胃酸，吸收利用率低。其中钙元素含量：如碳酸钙 40%，磷酸氢钙（含 2 结晶水）23%，磷酸氢钙（含 5 结晶水）17.7%。

（2）生物钙强化剂　生物钙强化剂的成分本质是碳酸钙与活性钙（如贝壳粉、珍珠粉）或磷酸钙与磷酸氢钙（如动物骨粉）。这类钙强化剂主要特点是：价廉、含钙量较高，同样具有溶解度较低和难于吸收利用的缺点，而且卫生安全性也较低。由于动物自身的饮食卫生差，导致动物从食物中摄取的重金属量增加，由于重金属几乎不能被机体代谢出体外而最终富集在动物的骨骼中，同时由于海洋污染日趋严重，许多重金属离子同样可以富集、沉积在贝壳和珍珠上，造成生物钙强化剂中的重金属超标。这些生物体的骨骼和贝壳中的钙主要以无机盐的形式存在，不具有真正的生物活性（生物活性必须具备生物吸收和生物利用的选择性）。

（3）有机钙强化剂　有机钙强化剂有：乳酸钙、醋酸钙、葡萄糖酸钙、柠檬酸钙、甘油磷酸钙等。有机钙强化剂主要特点是：溶解性较好，较易吸收利用；但价贵，含钙量低。其中钙元素含量：如葡萄糖酸钙 9%，柠檬酸钙（含 4 结晶水）21%，乳酸钙 13%，乙酸钙 22.2%。也有认为醋酸钙（$LD_{50}$<5g/kg 体重）容易发生肾结石和心脏痉挛。

因此在采用钙制剂对食品进行强化时要考虑钙制剂的特点及其与食品的相互作用。

（4）钙酸复合物　如柠檬酸苹果酸钙（简写 CCM）是钙、柠檬酸和苹果酸按一定比例反应的复合物的总称。其组成成分柠檬酸和苹果酸是体内三羧酸循环（TCA 循环）的中间代谢产物，可以随其在体内的氧化而缓慢释放出钙离子。CCM 作为钙强化剂具有如下特点：高溶解性，高吸收利用性，减轻铁吸收阻碍的影响，良好的风味。

2. 对钙强化剂的要求

从钙的吸收机制和食物成分等角度考虑，一种好的钙强化剂应具有如下特点：①保证钙离子在溶液中主要以络合状态存在，不易形成难溶性化合物，能够缓慢地释放钙离子；②有较好的水溶性，这是钙能够在肠道吸收的前提；③有适中的脂溶性，以保证较容易地穿透细胞膜。

依据 GB 14880—2012《食品安全国家标准　食品营养强化剂使用标准》，钙的使用范围和使用量（mg/kg）为：豆粉、豆浆粉 1600~8000；大米及其制品、小麦粉及其制品、杂粮粉及其制品、面包 1600~3200；藕粉 2400~3200；即食谷物，包括碾轧燕麦（片）2000~7000；西式糕点、饼干 2670~5330；其他焙烤食品 3000~15000；肉灌肠类 850~1700；肉松类 2500~5000；肉干类 1700~2550；脱水蛋制品 190~650；醋 6000~8000；饮料类 160~1350，但是果蔬汁（肉）饮料（包括发酵型产品等）1000~1800，固体饮料类 2500~10000；果冻 390~800。

依据 GB 14880—2012，允许使用的营养强化剂钙的化合物来源是：碳酸钙、葡萄糖酸钙、柠檬酸钙、乳酸钙、L-乳酸钙、磷酸氢钙、L-苏糖酸钙、甘氨酸钙、天门冬氨酸钙、柠檬酸苹果酸钙、醋酸钙（乙酸钙）、氯化钙、磷酸三钙（磷酸钙）、维生素 E 琥珀酸钙、甘油磷酸钙、氧化钙、硫酸钙、骨粉（超细鲜骨粉）。

### 3. 常用钙强化剂

（1）乳酸钙  分子式 $C_6H_{10}O_6Ca \cdot 5H_2O$。

①性状：白色颗粒或粉末，几乎无臭，基本无味。在水中缓慢溶解为透明或微混浊的溶液，易溶于热水，几乎不溶于乙醇，在空气中稍风化，加热到 150℃ 则成无水物。

②性能：由于人体对乳酸钙的吸收率较好，因此适合作幼儿和学龄儿童的营养强化剂。

③毒性：小鼠静脉 $LD_{50}$ 为 140mg/kg 体重。无毒副作用。但乳酸钙在补钙同时会给体内引入使人体容易疲劳的乳酸，所以不宜长期服用。

④应用：乳酸钙广泛应用于乳制品、饮料、食品保健品等领域。

依据 GB 2760—2024《食品安全国家标准 食品添加剂使用标准》，乳酸钙除作钙强化剂外，还可用作酸度调节剂、抗氧化剂、乳化剂、稳定剂和凝固剂、增稠剂。其使用范围和最大使用量（g/kg）为：加工水果、糖果按生产需要适量使用；蔬菜罐头（仅限酸黄瓜产品）1.5；果冻（如用于果冻粉，以冲调倍数增加使用量）6.0；复合调味料（仅限油炸薯片调味料）10.0；固体饮料类 21.6。

（2）葡萄糖酸钙  分子式 $(C_6H_{11}O_7)_2Ca \cdot H_2O$。

①性状：葡萄糖酸钙为白色结晶或颗粒粉末，无臭，无味，在空气中稳定，在水中缓缓溶解。易溶于热水，水溶液的 pH 为 6~7。不溶于乙醇。其含钙量低（理论含钙量为 9.16%）。一般可与乳酸钙混合使用，这种混合物溶解度高且风味平和。

②性能：葡萄糖酸钙是婴儿补钙的常用钙源，能降低毛细血管渗透性，增加毛细血管壁的致密度、改善组织细胞膜的通透性。但葡萄糖酸钙不宜于糖尿病患者服用。

③毒性：无毒，但不宜于糖尿病患者。

④应用：葡萄糖酸钙溶解度高，可用于强化儿童食品和运动饮料，同样因为溶解度高，可配制成果味、高钙浓缩液，用于制造酸乳。制作油炸食品或糕点时，添加适量，除有营养强化作用外还可防止油脂氧化及食品发色。例如做豆花，是向豆浆中投入葡萄糖酸钙粉末来制成的，豆浆会变成半液半固态的豆花，有时也称作热豆腐。

## 三、铁强化剂

### 1. 铁强化剂的使用

（1）铁强化剂的作用  铁是人体中最丰富的微量元素，在体内参与氧的运转，交换和组织呼吸过程，人体如果缺铁，则产生缺铁性贫血和营养性贫血。

（2）性能　一般，凡容易在胃肠道中转变为离子状态的铁易于吸收，二价铁比三价铁易于吸收，而植酸盐和磷酸盐可降低铁的吸收，抗坏血酸和肉类可增加铁的吸收。铁的良好来源为动物肝脏、蛋黄、豆类及某些蔬菜。铁化合物一般对光不稳定，抗氧化剂可与铁离子反应而着色，使用时应注意。

（3）应用　依据 GB 14880—2012《食品安全国家标准　食品营养强化剂使用标准》，铁的使用范围和使用量（mg/kg）为：调制乳 10~20；调制乳粉（儿童用乳粉和孕产妇用乳粉除外）60~200；调制乳粉（仅限儿童用乳粉）25~135；调制乳粉（仅限孕产妇用乳粉）50~280；豆粉、豆浆粉 46~80；除胶基糖果以外的其他糖果 600~1200；大米及其制品、小麦粉及其制品、杂粮粉及其制品、面包 14~26；即食谷物，包括碾轧燕麦（片）35~80；西式糕点 40~60；饼干 40~80；其他焙烤食品 50~200；酱油 180~260；果冻、饮料类 10~20，但是固体饮料类 95~220。

（4）来源　允许使用的营养强化剂铁的化合物来源是：硫酸亚铁、葡萄糖酸亚铁、柠檬酸铁铵、富马酸亚铁、柠檬酸铁、乳酸亚铁、氯化高铁血红素、焦磷酸铁、铁卟啉、甘氨酸亚铁、还原铁、乙二胺四乙酸铁钠、羰基铁粉、碳酸亚铁、柠檬酸亚铁、延胡索酸亚铁、琥珀酸亚铁、血红素铁、电解铁。

常用的铁强化剂下面举两例介绍。

### 2. 柠檬酸铁

柠檬酸铁又名枸橼酸铁，分子式 $FeC_6H_5O_7$。

（1）性状　红褐色透明小片或褐色粉末。在冷水中逐渐溶解，极易溶于热水，水溶液呈酸性。不溶于乙醇，可被光或热还原。

（2）性能　铁元素含量：16.5%~18.5%。

（3）毒性　无毒。

（4）应用　如用于饼干、钙质奶粉等。

### 3. 葡萄糖酸亚铁

葡萄糖酸亚铁，分子式 $C_{12}H_{22}O_{14}Fe$。

（1）性状　黄灰色或浅绿黄色细粉或颗粒。稍有焦糖似的气味。水溶液加葡萄糖可使其稳定。易溶于水，5%水溶液呈酸性，几乎不溶于乙醇。

（2）性能　葡萄糖酸亚铁生物利用率高，在水中溶解性好，风味平和，无涩味。

（3）毒性　无毒。

（4）应用　广泛应用于谷物制品、乳制品、婴幼儿食品、饮料、保健食品等。

## 四、锌强化剂

### 1. 锌强化剂的使用

（1）作用　锌参与多种酶的组成和各种细胞代谢，具有重要的生理功能。鉴于营养性缺锌对人体健康的影响，可在食品中强化锌，防治缺锌症的发生。选择锌强化剂必须从生物利用率、加入后食物的色香味和稳定性以及添加成本等几方面来考虑。一般认为，小分子有机锌络合物具有易吸收、生物利用率高等特点。

（2）性能　食品强化锌必须进行锌剂的适当选择，另外，锌强化的载体也应进行选择，在面粉、食盐、酱油等主副食品中进行，可取得良好的强化效果。

（3）应用　依据 GB 14880—2012《食品安全国家标准　食品营养强化剂使用标准》，锌的使用范围和使用量（mg/kg）为：调制乳 5~10；调制乳粉（儿童用乳粉和孕产妇用乳粉除外）30~60；调制乳粉（仅限儿童用乳粉）50~175；调制乳粉（仅限孕产妇用乳粉）30~140；豆粉、豆浆粉 29~55.5；大米及其制品 10~40；小麦粉及其制品、面包、杂粮粉及其制品 10~40；即食谷物，包括碾轧燕麦（片）37.5~112.5；西式糕点、饼干 45~80；饮料类 3~20，但是固体饮料类 60~180；果冻 10~20。

（4）来源　允许使用的营养强化剂锌的化合物来源是：硫酸锌、葡萄糖酸锌、甘氨酸锌、氧化锌、乳酸锌、柠檬酸锌、氯化锌、乙酸锌、碳酸锌。各种锌盐中锌元素含量如：硫酸锌 22.7%、葡萄糖酸锌 14%、乳酸锌（含 3 结晶水）22.2%，还可采用氯化锌 48%、氧化锌 80%、乙酸锌 29.8%，强化时均以元素锌计。

### 2. 葡萄糖酸锌

葡萄糖酸锌，分子式 $C_{12}H_{22}O_{14}Zn$。

（1）性状　白色或类似白色颗粒或结晶粉末，含有三分子结晶水或无水物。易溶于水，极难溶于乙醇。

（2）性能　葡萄糖酸锌在体内易被吸收，且吸收率高，溶解性好，对胃、肠刺激小。

（3）毒性　无毒。

（4）应用　依照 GB 14880—2012《食品安全国家标准　食品营养强化剂使用标准》，如用于谷类粉、乳制品、固体饮料等。

### 3. 乳酸锌

乳酸锌，分子式 $C_6H_{10}O_6Zn \cdot 3H_2O$。

（1）性状　白色颗粒或结晶粉末，无味，易溶于热水，水溶性好，性能稳定。

（2）性能　乳酸锌易被人体吸收，且吸收率高，不受植酸盐和植酸的影响。

（3）毒性　无毒。

（4）应用　依照 GB 14880—2012《食品安全国家标准　食品营养强化剂使用标准》，如用于果汁、软饮料等。

## 五、硒强化剂

### 1. 硒强化剂的使用

（1）作用　硒是人体所必需的微量元素，有很重要的生理功能，与人类的健康密切相关。硒有一定的预防和抑制肿瘤、抗衰老、维持心血管系统正常、预防动脉硬化和冠心病的功能。

全世界有 40 余国家缺硒，我国有约 70% 的人口在缺硒地区生活。微量元素硒的缺乏已严重危害人们的健康，如与癌症发病率有关，缺硒导致肌肉营养不良，还有以心肌坏死为重要症状的特异性心脏病——克山病。因此，生活在低硒地区的人应补硒。

（2）应用　依据 GB 14880—2012《食品安全国家标准　食品营养强化剂使用标准》，硒的使用范围和使用量（μg/kg）为：大米及其制品、小麦粉及其制品、杂粮粉及其制品、面包 140~280；饼干 30~110；含乳饮料 50~200。

（3）来源　允许使用的营养强化剂硒的化合物来源是：亚硒酸钠、硒酸钠、硒蛋白、富硒食用菌粉、L-硒-甲基硒代半胱氨酸、硒化卡拉胶（仅限用于含乳饮料）、富硒酵母

（仅限用于含乳饮料）。

### 2. 富硒酵母

酵母是人类利用最广的微生物，其蛋白质含量高达50%以上，还含有丰富的B族维生素和多种矿物质，被称为优质营养之源。

人类食用啤酒酵母已有上千年历史，啤酒酵母中所含的硒与富硒酵母中所含的硒完全相同。

（1）性状　富硒酵母是淡黄色粉末；一般含硒300~1000mg/kg，其中有机硒含量在95%以上。

（2）性能　与蛋白质（胱胺酸）结合的占有机硒量的83%，非常适合人体吸收利用。富硒酵母作为硒源还具有以下优点：富硒酵母中的硒的生物效力是无机硒的10~20倍；富硒酵母本身富含蛋白质、糖类和18种维生素，除可作为硒源使用外，还同时提供多种有益营养素；富硒酵母具有高度的富集硒能力和将无机硒转化为有机硒的能力。

（3）毒性　毒性低。富硒酵母就是在培养酵母的过程中加入硒元素，酵母生长时吸收利用了硒，使硒与酵母体内的蛋白质和多糖有机结合转化为生物硒，从而消除了化学硒（如亚硒酸钠）对人体的毒副作用和肠胃刺激，使硒能够更高效、更安全地被人体吸收利用。富硒酵母的毒性大大低于亚硒酸钠，动物毒性试验表明富硒酵母没有致畸和致突变方面的毒性。对重金属还有拮抗解毒作用。富硒酵母也是迄今为止国内最高效、最安全、营养最均衡的补硒制剂。

（4）应用　常用于如乳粉、饼干、方便面、饮料等食品。

富硒酵母还可应用于以下几个方面：①防治克山病。服用富硒酵母片后患者心肌梗死面积缩小。②防治大骨节病。服用富硒酵母能稳定软骨细胞膜，保护软骨细胞。③保护心脏、心血管。服用富硒酵母有利于维持心血管系统正常的结构与功能，预防动脉硬化与冠心病的出现。④抗衰老。富硒酵母抑制细胞膜的脂质过氧化，延缓组织细胞的衰老进程。⑤辅助治疗癌症。富硒酵母可抑制癌细胞中DNA、RNA和蛋白质的合成，干扰致癌物质的代谢。⑥天然解毒剂。富硒酵母中的硒对金属有很强的亲和力，形成复合物，对汞、镉、铅等都有一定的解毒作用。⑦辅助治疗糖尿病。定期服用富硒酵母，可保护胰脏功能，利于改善糖尿病的代谢调节。

因此，富硒酵母是一种非常理想的功能性食品基料，其发展前景十分广阔。

## 项目四

# 维生素类强化剂

## 一、维生素类的强化作用

维生素是调节人体各种新陈代谢过程必不可少的营养素，它几乎不能在人体内产生，必须从体外不断摄取。当膳食中长期缺乏某种维生素时会引起代谢失调，生长停滞，以致进入病理阶段，因此维生素强化剂在强化食品中占有重要地位。其中维生素C由于用途不断拓宽，增长较快。天然提取的维生素E生物活性优于合成维生素。

## 1. 食品中强化维生素的方法

一般是采用纯维生素或含维生素丰富的物质对食品进行强化。如乳粉、饮料等可直接添加，这样可避免维生素在加工过程中的损失。一般说来，在谷类食品中添加维生素 $B_1$、维生素 $B_2$、维生素 $B_6$、维生素 $B_{12}$、烟酸、叶酸等，在婴儿食品中配用维生素 A、维生素 D、维生素 K 及维生素 E，在果蔬制品中维生素的强化主要是维生素 C，可加入抗氧化剂作保护，还可同时强化 B 族维生素和维生素 A，在调味品中强化维生素 $B_1$ 和维生素 $B_2$。

## 2. 维生素的强化稳定性

维生素的强化要注意其稳定性，影响维生素稳定性的主要因素是水、氧化、加热、酶作用、酸、碱、金属盐类、高压等。对不耐热的维生素应在加工的最后阶段用喷、涂、浸的方法来强化。表 15-2 列出了各种因素对维生素的影响情况。

表 15-2 各种因素对维生素的影响情况

| 维生素 | 热 | 氧 | 光 | 酸 | 碱 | 附注 |
| --- | --- | --- | --- | --- | --- | --- |
| 维生素 A | + | ++ | ++ | ++ | − | 对热敏感，尤其有氧存在 |
| 维生素 D | − | + | + | + | − | |
| 维生素 E | − | ++ | ++ | − | − | |
| 维生素 K | + | ++ | ++ | ++ | ++ | |
| 维生素 $B_1$ | ++ | ++ | − | − | ++ | |
| 维生素 $B_2$ | + | + | ++ | − | − | 存在氧和碱时对热敏感 |
| 烟酸 | − | − | − | − | − | |
| 维生素 $B_6$ | − | − | ++ | − | − | 加热时对氧和碱敏感 |
| 泛酸 | − | − | − | ++ | ++ | |
| 叶酸 | ++ | − | − | − | − | 在酸溶液中对热敏感 |
| 维生素 $B_{12}$ | − | ++ | ++ | − | − | |
| 维生素 C | ++ | ++ | ++ | − | ++ | 有氧时对热敏感，有重金属时可氧化，对酸较稳定 |

注：++敏感；+有些敏感；−稳定。

## 3. 维生素的强化剂量

维生素虽然重要，但对维生素强化的品种和剂量应慎重选择和判定。维生素按其效果可分为生理剂量、药理剂量和中毒剂量。生理剂量为满足绝大多数人生理需要且不缺乏的量，药理剂量为生理剂量的 10 倍，可用来治疗缺乏症，中毒剂量为生理剂量的 100 倍，可引起不适或中毒。

## 二、常用维生素类强化剂

### （一）维生素 A

维生素 A 的化学名为视黄醇，包括维生素 $A_1$（全反式视黄醇）和维生素 $A_2$（3-脱氢视黄醇）两种，维生素 $A_1$，分子式 $C_{20}H_{30}O$，相对分子质量为 286。维生素 $A_2$，分子式 $C_{20}H_{28}O$，相对分子质量为 284。维生素 $A_1$ 主要存在于海产鱼类肝脏中，维生素 $A_2$ 主要存在淡水鱼肝脏中。维生素 A 的基本形式是维生素 $A_1$，维生素 $A_2$ 的生理活性仅为维生素 $A_1$ 的 40%。

（1）来源　根据 GB 14880—2012《食品安全国家标准　食品营养强化剂使用标准》，允许使用的营养强化剂维生素 A 的化合物来源是：醋酸视黄酯（醋酸维生素 A）、棕榈酸视黄酯（棕榈酸维生素 A）、全反式视黄醇；β-胡萝卜素。

（2）性状　维生素 A 为淡黄色片状结晶或粉末，不溶于水，易溶于油脂或有机溶剂，易受紫外线与空气中的氧所破坏而失去效力，对热比较稳定，在碱性条件下亦稳定，但在酸性条件下不稳定。

还有维生素 A 油（油性维生素 A 脂肪酸酯），为微黄色至微红橙色的液体，或微黄色结晶与油的混合物，有特异的鱼腥臭，不溶于水，微溶于乙醇，可与脂肪等任意混合，在空气中易氧化，遇光易变质。

（3）毒性　无毒。但是如果长期、大量、连续使用维生素 A 则可在体内蓄积引起过剩症，可能有肌肉和骨骼系统疼痛和疲劳的现象发生。

（4）应用　依照 GB 14880—2012《食品安全国家标准　食品营养强化剂使用标准》，维生素 A 的使用范围和使用量（μg/kg）为：调制乳、果冻 600~1000；调制乳粉（儿童用乳粉和孕产妇用乳粉除外）3000~9000；调制乳粉（仅限儿童用乳粉）1200~7000；调制乳粉（仅限孕产妇用乳粉）2000~10000；植物油 4000~8000；人造黄油及其类似制品 4000~8000；冰淇淋类、雪糕类、大米、小麦粉 600~1200；豆粉、豆浆粉 3000~7000；豆浆 600~1400；即食谷物，包括碾轧燕麦（片）2000~6000；西式糕点、饼干 2330~4000；含乳饮料 300~1000；固体饮料类 4000~17000；膨化食品 600~1500。

β-胡萝卜素：固体饮料类 3~6mg/kg。

允许使用的营养强化剂维生素 A 的化合物来源是：醋酸视黄酯（醋酸维生素 A）、棕榈酸视黄酯（棕榈酸维生素 A）、全反式视黄醇；β-胡萝卜素。

维生素 A 添加量可以视黄醇当量计算，2.1μg 视黄醇当量 = 1μg 视黄醇 = 3.33IU 维生素 A。如用 β-胡萝卜素强化可折成维生素 A 来表示，4.1μg β-胡萝卜素 = 0.167μg 视黄醇。如长期、大量、连续使用维生素 A 则可在体内蓄积引起过剩症。

### （二）B 族维生素

通常用于强化的 B 族维生素包括维生素 $B_1$、维生素 $B_2$、维生素 $B_6$ 和维生素 $B_{12}$。

#### 1. 盐酸硫胺素

盐酸硫胺素又称维生素 $B_1$，分子式 $C_{12}H_{17}ON_4ClS \cdot HCl$。

（1）来源　依照 GB 14880—2012《食品安全国家标准　食品营养强化剂使用标准》，维生素 $B_1$ 的化合物来源有两种：盐酸硫胺素、硝酸硫胺素。

（2）性状　白色针状结晶或结晶性粉末，味苦，干燥品在空气中易吸湿，极易溶于水，略溶于乙醇。在酸性条件下对热较稳定，而在中性及碱性溶液中则易分解。氧化或还原作用均可使其失去活性。

（3）毒性　安全。但长期大量服用维生素 $B_1$ 可能会导致头痛、烦躁、眼花、心律失常以及神经衰弱。

（4）应用　依照 GB 14880—2012《食品安全国家标准　食品营养强化剂使用标准》，维生素 $B_1$ 的使用范围和使用量（mg/kg）为：调制乳粉（仅限儿童用乳粉）1.5~14；调制乳粉（仅限孕产妇用乳粉）3~17；豆粉、豆浆粉 6~15；豆浆 1~3；胶基糖果 16~33；大米及其制品、小麦粉及其制品、杂粮粉及其制品、面包 3~5；即食谷物，包括碾轧燕麦（片）7.5~17.5；西式糕点、饼干 3~6；含乳饮料 1~2；风味饮料 2~3；固体饮料类 9~22；果冻 1~7。

制面包、饼干时可在和面时加入，使之分散均匀。使用于酱类时可在制曲米时添加，或混在盐中加入，也可溶于菌种水中加入。

允许使用的营养强化剂维生素 $B_1$ 的化合物来源是：盐酸硫胺素、硝酸硫胺素。

盐酸硫胺素稳定性较差，损失亦较大且可被亚硫酸盐与硫胺分解酶所破坏。而硝酸硫胺素的稳定性比盐酸硫胺素高，添加于面包等食品中效果比盐酸硫胺素好。而丙酸硫胺素效果持久，排泄慢，口服吸收良好，作用比盐酸硫胺素强 1 倍，且不会受到硫胺分解酶的破坏，不足是风味稍差。因此在对食品进行强化时应按食品的形态选用适宜的维生素 $B_1$ 衍生物。

### 2. 核黄素

核黄素又称维生素 $B_2$，分子式 $C_{17}H_{20}O_6N_4$。

（1）来源　允许使用的营养强化剂维生素 $B_2$ 的化合物来源是：核黄素、核黄素-5′-磷酸钠。

（2）性状　核黄素为黄至黄橙色的结晶性粉末，微臭，味微苦，仅微溶于水，略溶于乙醇。对酸和热比较稳定但在碱性溶液中则易被破坏，特别是易受紫外线所破坏，对还原剂也不稳定。

（3）毒性　安全。过量吸收的维生素 $B_2$ 也能很快随尿液排出体外。

（4）应用　依照 GB 14880—2012《食品安全国家标准　食品营养强化剂使用标准》，维生素 $B_2$ 的使用范围和使用量（mg/kg）为：调制乳粉（仅限儿童用乳粉）8~14；调制乳粉（仅限孕产妇用乳粉）4~22；豆粉、豆浆粉 6~15；豆浆 1~3；胶基糖果 16~33；大米及其制品、小麦粉及其制品、杂粮粉及其制品、面包 3~5；即食谷物，包括碾轧燕麦（片）7.5~17.5；西式糕点、饼干 3.3~7.0；含乳饮料 1~2；固体饮料类 9~22；果冻 1~7。

### 3. 烟酸

烟酸又称尼克酸、维生素 PP、维生素 $B_3$，分子式 $C_6H_5NO_2$；烟酰胺又称尼克酰胺，分子式 $C_6H_5N_2O$。

（1）来源　依照 GB 14880—2012《食品安全国家标准　食品营养强化剂使用标准》，附录表 B.1 允许使用的营养强化剂化合物来源名单，烟酸来源为烟酸和烟酰胺。

（2）性状　烟酸为白色或淡黄色的结晶或结晶性粉末，无臭或稍有微臭，味微酸，易溶于热水、热乙醇及碱水中，有升华性，无吸湿性，对酸、碱及热稳定。

烟酰胺为白色结晶粉末，无臭或几乎无臭，味苦，易溶于水和乙醇，溶解于甘油，对热、光及空气极稳定，在碱性溶液中加热则成烟酸。

（3）毒性　安全。但是成人一日摄入烟酸超过 75mg 则有颜面潮红、发汗、头晕等暂发性副作用。

（4）应用　依照 GB 14880—2012《食品安全国家标准　食品营养强化剂使用标准》，

维生素 $B_2$ 的使用范围和使用量（mg/kg）为：调制乳粉（仅限儿童用乳粉）23~47；调制乳粉（仅限孕产妇用乳粉）42~100；豆粉、豆浆粉 60~120；豆浆 10~30；大米及其制品、小麦粉及其制品、杂粮粉及其制品、面包 40~50；即食谷物，包括碾轧燕麦（片）75~218；饼干 30~60；饮料类 3~18，但是固体饮料类 110~330。

### （三）维生素 C

（1）来源　依照 GB 14880—2012《食品安全国家标准　食品营养强化剂使用标准》，附录表 B.1 允许使用的营养强化剂维生素 C 的化合物来源是：L-抗坏血酸、L-抗坏血酸钙、维生素 C 磷酸酯镁、L-抗坏血酸钠、L-抗坏血酸钾、L-抗坏血酸-6-棕榈酸盐（抗坏血酸棕榈酸酯）。

（2）性状　维生素 C 其性状等，参见模块三抗氧化剂项目三水溶性抗氧化剂。

（3）应用　依据 GB 14880—2012《食品安全国家标准　食品营养强化剂使用标准》，维生素 C 的使用范围和使用量（mg/kg）为：风味发酵乳 120~240；调制乳粉（儿童用乳粉和孕产妇用乳粉除外）300~1000；调制乳粉（仅限儿童用乳粉）140~800；调制乳粉（仅限孕产妇用乳粉）1000~1600；水果罐头 200~400；果泥 50~100 豆粉、豆浆粉 400~700；胶基糖果 630~13000；除胶基糖果以外的其他糖果 1000~6000；即食谷物，包括碾轧燕麦（片）300~750；果蔬汁（肉）饮料（包括发酵型产品等）250~500；含乳饮料 120~240；水基调味饮料类 250~500；固体饮料类 1000~2250；果冻 120~240。

### （四）维生素 D

（1）来源　依照 GB 14880—2012《食品安全国家标准　食品营养强化剂使用标准》，允许使用的营养强化剂维生素 D 的化合物来源是：麦角钙化醇（维生素 $D_2$）、胆钙化醇（维生素 $D_3$）。

人体内的 7-脱氢胆固醇经紫外线照射即可转变为维生素 $D_3$，但因接触阳光不足，合成不够，则必须予以补充。

（2）性状　维生素 $D_2$ 又名麦角钙化醇，分子式 $C_{28}H_{44}O$，为白色针状结晶或白色结晶性粉末，无臭，无味，不溶于水，略溶于植物油但易溶于乙醇。在空气中易氧化，对光不稳定，对热稳定，溶于植物油时相当稳定，但有无机盐存在时迅速分解。

维生素 $D_3$，又名胆钙化醇，分子式 $C_{27}H_{44}O$，为无色针状结晶或白色结晶性粉末，无臭，无味，在空气或日光下均发生变化，在乙醇中极易溶解，在植物油中略溶，在水中不溶。

（3）毒性　安全。但是若大量连续摄取维生素 D 则可造成过剩症，可引起食欲缺乏、呕吐、腹泻以及高血钙等症状。

（4）应用　一般常与维生素 A 并用。依照 GB 14880—2012《食品安全国家标准　食品营养强化剂使用标准》，维生素 D 的使用范围和使用量（μg/kg）为：果蔬汁（肉）饮料（包括发酵型产品等）2~10；含乳饮料、果冻 10~40；风味饮料 2~10；固体饮料类 10~20；膨化食品 10~60。

允许使用的营养强化剂维生素 D 的化合物来源是：麦角钙化醇（维生素 $D_2$）、胆钙化醇（维生素 $D_3$）。

若大量连续摄取维生素 D 则可造成过剩症，可引起食欲缺乏、呕吐、腹泻以及高血钙等症状。在食品中常与维生素 A 并用。

## 思考题

1. 使用营养强化剂的主要目的和使用要求有哪些？
2. 如何采取合理的食品营养强化剂强化措施和方法？
3. 结合所学知识，谈谈强化钙应注意些什么？几种不同的钙制剂各有什么特点？
4. 利用矿物质强化时应注意哪些问题？
5. 维生素类强化剂的稳定性如何？举例说明。
6. 应用氨基酸类强化剂时应注意什么？举例说明。

模块十五
在线测试

## 实训内容

### 实训一　运动饮料中营养强化剂的使用

#### 一、实训目的

了解运动饮料的作用及制作方法。

#### 二、实训材料

**1. 仪器**

酸度计；不锈钢槽；溶糖锅；灭菌机；过滤器；灌装机；喷淋冷却机。

**2. 实训材料和配方**

（1）水果运动饮料　龙眼汁30%、三华李汁20%、蔗糖2%、果葡糖浆、柠檬酸、氯化钠适量（均为食品级）。

（2）氨基酸运动饮料　白砂糖25g，限制氨基酸10g，卵磷脂8g，B族维生素、维生素C各0.5g，氯化钾、氯化钠、葡萄糖酸钙、硫酸镁等矿物质各0.5g，钠酪蛋白35g（均为食品级）。

#### 三、实训步骤

**1. 水果运动饮料的制作**

（1）溶解、过滤　将蔗糖在溶糖锅中溶解，按比例加入柠檬酸、氯化钠等辅料搅拌均匀并用过滤器过滤除去辅料中的杂质后泵入贮液罐。

（2）调配　将"配方1"辅料溶液、混合果汁、饮料用水泵入调配缸搅拌均匀。

（3）灭菌　将调配好的饮料泵入灭菌机进行灭菌，灭菌温度为121℃，灭菌时间为3~6s。

（4）灌装、封口　灭菌好的饮料导入灌装机，灌装、封口。

（5）倒瓶杀菌　对灌装密封后的饮料倒瓶1min，利用饮料的高温对瓶盖进行杀菌。

(6)喷淋冷却 经倒瓶杀菌后的饮料,立即经过喷淋冷却设备进行三级冷却,温度分别为 70℃—50℃—30℃。

### 2. 氨基酸运动饮料的制作

将上述"配方 2"物料混合,用纯水配成 1L 溶液,加入柠檬酸调整 pH 至 6.4~7.0,置于 121℃蒸馏缸中杀菌 4min,装瓶即可。

## 四、思考题

(1)请选择你认为可制作运动饮料的其他水果等,说明理由,并可在教师指导下进行创新试验。

(2)在你制作的运动饮料中包含有哪些营养强化剂?有什么保健功能?

## 实训二 儿童饮料中营养强化剂的使用

## 一、实训目的

了解儿童饮料的效用及制作方法。

## 二、实训材料

### 1. 仪器

不锈钢锅,捣碎机,加热器。

### 2. 实训材料和配方

(1)鲜藕梨汁 鲜藕 250g、鸭梨 200g、冰糖 25g、营养强化剂适量、水 200mL。

(2)苹果胡萝卜菠菜汁 苹果 1 个(约 200g)、胡萝卜 1 根(约 80g)、菠菜 50g、蜂蜜 1 调羹(约 25g)、营养强化剂适量、水 150mL。

### 3. 实训用品

筛网等。

## 三、实训步骤

### 1. 鲜藕梨汁

去掉鲜藕和鸭梨不可食的部分,把两种原料用捣碎机捣碎。用干净的筛网过滤,得到鲜汁,放入锅中,加入水,小火炖煮 2min 左右,加入适量冰糖,营养强化剂适量。即可取汤饮用。

### 2. 苹果胡萝卜菠菜汁

将苹果、胡萝卜、菠菜洗净,去掉不可食的部分,切碎。菠菜先用开水烫 1min。再将苹果、胡萝卜、菠菜放入锅中,小火炖、煮开 1min 左右,和水一起,用捣碎机捣碎,取汁,稍冷后加入蜂蜜、适量营养强化剂,搅拌,即可饮用。

## 四、思考题

(1)请选择你认为可制作儿童饮料的其他水果、蔬菜,说明理由。并可在教师指导下进行创新试验。

（2）在你制作的儿童饮料中可以加入哪些营养强化剂？说明理由。并在教师指导下进行试验。

### 实训三　南瓜糕中营养强化剂的使用

#### 一、实训目的

加深对食品制作、营养强化剂知识的了解。

#### 二、实训仪器

捣碎机；杀菌锅；电子天平；电炉；烤盘；干燥箱；电热锅。

#### 三、实训材料和配方

蒸熟南瓜 200g、维生素 C 5g、赖氨酸 1g、果胶 20g、明胶 10g、海藻酸钠 10g、水 160mL、白砂糖 300g、麦芽糖 200g、柠檬酸 2g、山梨酸钾 0.2g。

#### 四、工艺流程

混合胶→混合胶加水→浸泡→沸水浴至胶溶＋熬糖←称糖

原料→挑选→清洗→去籽、皮→切块→蒸熟→打浆→调配→冷凝→切分→烘干→包装成品
　　　　　　　　　　　　　　　　　　　　　　　　↑
　　　　　　　　　　　　　　　　　　　　　　配、辅料

#### 五、实训步骤

（1）挑选色泽金黄、无病虫害、无污染的成熟南瓜。采用流动水清洗，去除表面的泥沙及杂质。

（2）将南瓜分成四瓣，掏净瓜籽，清洗干净。将南瓜皮削去，再清洗干净。将去好皮的南瓜切成大小适中的瓜片。

（3）将南瓜片放入电热锅中蒸熟，将蒸熟的南瓜片送进捣碎机中捣碎。

（4）将白砂糖和麦芽糖置于多功能电热锅中，在电炉上加热，并伴随搅拌，直至糖液温度升至110℃左右，控制其温度，再熬糖约15min。

（5）将果胶、明胶、海藻酸钠，混胶冷水浸泡0.5h后，置于沸水锅中加热溶胶，并搅拌之，使其充分溶融。

（6）捣碎后的南瓜泥、溶胶、维生素 C、赖氨酸、柠檬酸、山梨酸钾混匀后，再倒入刷好油的烤盘中，并使其厚薄均匀；将调制好的南瓜泥冷凝数分钟。

（7）南瓜泥送干燥箱中，66℃下灭菌1h，把温度调到55℃烘干24h。

（8）用不锈钢小刀将南瓜泥切成长3cm、宽2cm的长方形形状。

(9) 将南瓜糕包装。

## 六、思考题

1. 制作的南瓜糕加入了什么营养强化剂？它们有什么作用？
2. 你认为还可以在南瓜糕中加入什么营养强化剂？说明理由。

# 模块十六

# 其他食品添加剂

## 学习目标

### 知识目标

1. 了解主要的其他食品添加剂以及呈味剂、杀菌剂、除氧剂的种类。
2. 掌握常用的其他食品添加剂以及呈味剂、杀菌剂、除氧剂的性能、作用。

### 技能目标

1. 能正确分析其他食品添加剂以及呈味剂、杀菌剂、除氧剂的安全性。
2. 能根据产品特点，设计出其他食品添加剂以及呈味剂、杀菌剂、除氧剂的选用方案。
3. 能对其他食品添加剂以及呈味剂、杀菌剂、除氧剂的使用进行作用效果评价。

### 素质目标

1. 认识主要的其他食品添加剂以及呈味剂、杀菌剂、除氧剂在食品工业中的作用，增强诚实守信和爱岗敬业意识。
2. 探索其他食品添加剂以及呈味剂、杀菌剂、除氧剂的研究，强化培养服务人民的爱国热情，增强责任感。

## 学习内容

### 项目一

**主要的其他食品添加剂**

依照 GB 2760—2024《食品安全国家标准 食品添加剂使用标准》，附录 D 食品添加剂功能类别有 23 种：酸度调节剂、抗结剂、消泡剂、抗氧化剂、漂白剂、膨松剂、胶基糖果中基础剂物质、着色剂、护色剂、乳化剂、酶制剂、增味剂、面粉处理剂、被膜剂、水分保持剂、营养强化剂、防腐剂、稳定剂和凝固剂、甜味剂、增稠剂、食品用香料、食品工业用加工助剂、其他。

其他食品添加剂是指上述功能类别中没能涵盖的有其他功能的食品添加剂。其他食品添加剂主要有异构化乳糖液、咖啡因、氯化钾等，现作简要介绍。

**1. 异构化乳糖液**

异构化乳糖液亦称乳酮糖液和乳果糖液，分子式 $C_{12}H_{22}O_{11}$。

（1）性状　异构化乳糖液为浅黄色透明糖浆液。具有令人舒适的甜味，甜度为砂糖的 48%～62%。长期放置或连续高温加热，颜色变深，加入山梨醇等醇糖，可防止颜色变深。易溶于水。

（2）性能　异构化乳糖液是双歧杆菌的增殖因子，能促进机体内有益的双歧乳酸杆菌繁殖，具有帮助消化吸收蛋白质、乳糖，产生 B 族维生素，促进生长发育等功能。

（3）毒性　小鼠经口 $LD_{50}$ 为 21.5g/kg。对人体安全。

（4）应用　依照 GB 2760—2024《食品安全国家标准　食品添加剂使用标准》，异构化乳糖液的使用范围和最大使用量（g/kg）为：调制乳粉和调制奶油粉、婴儿配方食品 15.0；饼干 2.0；饮料类［包装饮用水、果蔬汁（浆）、浓缩果蔬汁（浆）除外］（以即饮状态计，相应的固体饮料按冲调倍数增加使用量）1.5。

**2. 咖啡因**

咖啡因亦称茶素，学名为 1，3，7-三甲基黄嘌呤，分子式 $C_8H_{10}N_4O_2$。存在于茶叶、咖啡、可可果中。

（1）性状　咖啡因为无色至白色针状结晶。或白色晶体粉末，柔韧有绢丝光泽，可为无水物或一分子水合物。水合物在空气中风化，80℃时失去结晶水。无臭，味苦，易溶于热水，热乙醇。1%水溶液的 pH 为 6.9。

（2）性能　味苦。

（3）毒性　小鼠经口 $LD_{50}$ 为 0.127g/kg，一般公认安全。咖啡因既可作苦味剂，也可作兴奋剂，对大脑皮层具有选择性兴奋作用，饮之易上瘾。

（4）应用　依照 GB 2760—2024《食品安全国家标准　食品添加剂使用标准》，咖啡因用于可乐型碳酸饮料，最大使用量为 0.15g/kg（以即饮状态计）。

**3. 氯化钾**

氯化钾，分子式 KCl。

（1）性状　氯化钾为无色细长菱形或立方结晶，或白色晶体粉末，无嗅，味咸，pH 为 7.0。氯化钾在空气中稳定，易溶于水，微溶于乙醇。

（2）性能　咸味纯正，可代替食盐作咸味剂。

（3）毒性　小鼠腹腔注射 $LD_{50}$ 为 0.552g/kg。ADI 未作规定。

（4）应用　氯化钾主要用于低钠盐酱油、运动员饮料等等低钠食品。依照 GB 2760—2024《食品安全国家标准　食品添加剂使用标准》，氯化钾的使用范围和最大用量（g/kg）为：盐及代盐制品 350；各类食品（GB 2760—2024 附录表 A.2 中编号为 1~60、62~68 的食品类别除外，自然来源饮用水不能使用）按生产需要适量使用。

## 项目二

# 呈味剂

依照 GB 2760—2024《食品安全国家标准 食品添加剂使用标准》，食品添加剂不包括食盐、食糖、食醋、可可碱等呈味剂。但是这些呈味剂在食品加工中具有重要作用，故在此介绍之。

### 一、食盐

食盐是食品用氯化钠。氯化钠，分子式 NaCl。

#### 1. 食盐的分类

按其生产和加工方法可分为精制盐、粉碎洗涤盐、日晒盐。

精制盐指原盐经净化、加工提炼精制的盐。精制盐技术要求较高，氯化钠含量一级不得少于 99.30%，二级不得少于 98.50%。

#### 2. 食盐的特性和应用

（1）性状　氯化钠为无色至白色立方体结晶。纯品氯化钠的吸湿性很小，若含杂质氯化镁，吸湿性则较大。易溶于水，水溶液呈中性，微溶于乙醇。普通食盐可含 2% 的食用抗结剂、自由流动剂和改性剂，如亚铁氰化钠≤0.00013% 或柠檬酸铁铵≤25g/100g。如是碘化食盐，则可含碘化钾 0.006%~0.010%。

（2）性能　食盐咸味纯正。如其中含有 $KCl$、$MgCl_2$、$MgSO_4$ 等其他盐类，这种食盐除有咸味外，还带有苦味。食盐经精制，苦味降低。一般食盐中含有微量杂质，有益于食用。

（3）毒性　大鼠经口 $LD_{50}$ 为 5.25g/kg。无毒。

（4）应用　目前我国食品添加剂使用标准中还未将咸味剂氯化钠等列入，但是食盐广泛用于各种食品加工和烹饪。如在酱油中加 18%~20%；普通汤汁中加 0.8%~1.2%；腌渍菜中食盐含量 8%~10%；奶油中食盐含量 1.0%~1.5%；腌制鱼、肉中食盐含量 15%~30%；普通炖煮的食物中食盐含量 1.5%~2.0%。

用作咸味剂的物质主要是食盐。此外，氯化钾、苹果酸钠和葡萄糖酸钠等也用作某些特殊食品的咸味剂。

### 二、食糖

食糖是人们日常生活中的重要食品，是人类重要的热能来源，食糖是天然甜味剂，有营养价值。在维持人体健康方面起着重要的物理和生理作用。食糖也是食品工业的主要原辅料。

#### 1. 食糖的分类

我国的食糖根据制糖原料不同，可分为甘蔗糖、甜菜糖。如白糖主要是以甘蔗、甜菜或粗糖为原料，经提取糖汁、净处理、煮炼结晶等工序加工制成。

根据制造设备不同可分为机制糖和土糖。机制糖多为大中型糖厂的产品，品种有白砂糖、绵白糖、机制赤砂糖等。土糖为小型甘蔗糖厂的产品，多为红糖。

在商业经营中则根据食糖的颜色和外形不同分为白糖、赤砂糖、土红糖、冰糖等。白糖亦分为白砂糖和绵白糖两种。白砂糖是以甘蔗为原料加工而成的晶状食糖；绵白糖是以甜菜为原料加工而成的细小颗粒状食糖。冰糖是将白砂糖溶化成液体，经过烧制、去杂质，然后蒸发水分，使其在40℃左右的条件下自然结晶而成，亦可冷冻结晶而成。赤砂糖是从甘蔗中提取的、工业化生产白砂糖的附属产品，是红糖的一种，晶粒较大。土红糖是指用传统土法工艺熬糖技术熬制的红糖，呈现小块状，与颗粒状的赤砂糖有明显区别。

### 2. 食糖的特性和应用

（1）性状　白砂糖是品质纯净的蔗糖，晶粒均匀，干燥松散，颜色洁白，富有光泽，晶面明显，松散而不粘手。

绵白糖晶粒细小，均匀，色泽雪白，质地绵软。

冰糖晶粒均匀，色泽清白，半透明，有结晶体光泽。

赤砂糖未经脱色精制，机制的赤砂糖呈黄褐色或红褐色；土制赤砂糖有红褐、青褐、黄褐和赤红等颜色，且深浅不一；色泽浅的质量较好，呈均匀的清白色，半透明，有结晶体光泽，干燥、松散。

（2）性能　糖的甜度与糖的成分、颗粒状态和人的味觉有关。如白糖口感纯正、滋味鲜甜可口；溶解后溶液清澈透明。赤砂糖味甜而略带糖蜜味。土红糖保留了对人体有益的多种天然成分和微量元素。

（3）毒性　安全。

（4）应用　食糖在用作食品辅料时不受任何限制。食糖在食品中的作用主要是改善食品制品的色、香、味、形。例如，糖在焙烤中遇热分解而产生焦糖，焦糖为黄褐色，使制品呈金黄色或棕黄色，并且有好的风味。另外，加糖制品经冷却后可以保持外形美观，并有脆感，这就改善了烘烤食品的色、香、味、形。在方便面、方便馄饨、方便米粉等汤味料中，适量地添加白砂糖可增强甜度，使汤料的口感更加淳厚、柔和。

## 三、食醋

### 1. 食醋的分类

食醋是一种酸味调味剂。按生产方法的不同可分为酿造食醋和人工合成食醋。酿造食醋是用含淀粉多的粮食原料、糖类原料、食用酒精等经过微生物发酵制成的。人工合成食醋是以冰乙酸为主要原料勾兑而成的。

按食醋酿造工艺、原料、风味的不同，又可分为"陈醋""香醋""米醋""熏醋""特醋""糖醋""麸醋""酒醋""白醋"等。

食醋的品种不同，酸度也有高有低，一般在2%~9%之间。

我国酿造醋有两千多年的历史，品种繁多，由于酿造的地理环境、原料与工艺不同，也就出现许多不同地区及不同风味的食醋。

### 2. 食醋的特性和应用

（1）性状　食醋呈琥珀色、红棕色。能溶于水，澄清，浓度适中。

（2）性能　食醋具有特有的醇香，酸味柔和。食醋酸味的主要成分是醋酸（乙酸），是一种弱酸，其酸味远不及无机酸强烈。食醋酸味，给人以爽快的刺激，增进食欲，提高食品品质。还能除去腥臭味。食醋能参与人体正常的代谢；它还可用来帮助消化食物，防止风寒感冒。

（3）毒性　安全。

（4）应用　食醋已成了我国人民独特口味的调制品；烹调、佐餐不可缺少。

随着人们对醋的认识，食醋已从单纯的调味品发展成为烹调型、佐餐型、保健型和饮料型等系列。

### 四、可可碱

#### 1. 可可碱的来源

可可碱是一种生物碱，学名 3，7-二甲基黄嘌呤，分子式 $C_7H_8N_4O_2$。存在于茶叶和可可豆中。甲基化后即为咖啡因。

#### 2. 可可碱的特性和应用

（1）性状　白色针状结晶或晶体粉末，易溶于热水，难溶于冷水、乙醇。

（2）性能　可可碱具有特异的苦味，为巧克力的主要苦味成分。可可粉中含有可可碱、咖啡因，带有令人愉快的苦味。

（3）毒性　一般公认安全。

（4）应用　可可粉用于制造许多食品，如饼干，巧克力，饮料，布丁，奶油夹心糖，巧克力冰淇淋等，但90%以上用于制造巧克力。

可可碱的添加量，建议在焙烤食品中添加 0.1%，糖果中添加 0.4%，布丁类中添加 0.08%，乳制品中添加 0.1%。

## 项目三

# 杀菌剂

依照 GB 2760—2024《食品安全国家标准　食品添加剂使用标准》，食品添加剂不包括杀菌剂，但是在食品加工过程中常常会使用，故在此予以介绍。

### 一、杀菌剂的分类

杀菌剂分为还原型杀菌剂和氧化型杀菌剂两类。

#### 1. 还原型杀菌剂

还原型杀菌剂是由于它具有还原能力而起杀菌作用，如亚硫酸及其盐类。在模块六护色剂和漂白剂里已经加以讨论。

#### 2. 氧化型杀菌剂

氧化型杀菌剂是借助于氧化能力而起杀菌作用的。这类杀菌剂通常有强杀菌消毒能力，但化学性质较不稳定，易分解，故作用不持久，且有异臭。因此，它们主要是用来对设备、容器、水进行杀菌消毒。

常用的有漂白粉、漂粉精、次氯酸及其盐类、过醋酸等。在此作为重点介绍之。

## 二、常用杀菌剂

### 1. 漂白粉

漂白粉是氢氧化钙、氯化钙和次氯酸钙的混合物,主要成分是次氯酸钙,有效氯为 28%~38%。

(1) 性状　漂白粉为白色或灰白色粉末或颗粒,有强烈的氯臭味,很不稳定,易受光、热、水、乙醇等作用而分解,有强吸湿性。它溶于水,遇空气中的二氧化碳可游离出次氯酸,遇稀盐酸则产生大量的氧气。

(2) 性能　漂白粉水溶液能释放出游离氯,有很强的杀菌、漂白能力。这种游离氯称为"有效氯",它侵入微生物细胞的酶蛋白中,或破坏核蛋白的巯基,或抑制其他对氧化作用敏感的酶类,导致微生物死亡。

漂白粉对细菌的繁殖型细胞、芽孢、病毒、酵母和霉菌等均有杀灭能力,且杀菌力随作用时间、浓度和温度成正比增高。pH 低时杀菌效果好。对白色葡萄球菌、大肠杆菌、沙门氏菌、甲型副伤寒杆菌等均有杀菌效果,2% 的水溶液在 5min 内即可杀死生长细菌。20% 的水溶液在 10min 内可杀死破伤风菌芽孢。

(3) 毒性　漂白粉粉尘对眼有严重刺激性,能引起角膜溃疡;对呼吸道有强刺激性,能引起鼻黏膜溃疡、咳嗽;可引起手湿疹。漂白粉水溶液进入口内对胃肠黏膜有强刺激性。

(4) 应用　通常使用漂白粉作为杀菌消毒剂,如用于饮用水和果蔬的杀菌消毒。使用前先将漂白粉溶于约 10 倍量的水,搅拌溶解,静置澄清,取其上部溶液备用。对饮料水,其使用量应掌握在有效氯为 0.00004%~0.0001%;用于水果、蔬菜消毒时,有效氯应为 0.005%~0.01%;用于食用器皿消毒时,有效氯需在 0.01%~0.02% 范围内。

### 2. 漂粉精

漂粉精亦即高度漂白粉,又称高效漂白粉,主要成分为次氯酸钙。

(1) 性状　依照 GB/T 10666—2019《次氯酸钙(漂粉精)》,漂粉精为白色或微灰色的固体,其有效氯在 62% 以上,带有氯气臭味,比较稳定。它吸湿而分解,遇高温、火和光发生激烈分解,甚至爆炸。漂粉精溶于水(12.8g/100mL)。

(2) 性能　漂粉精的杀菌性能与漂白粉相同,但其有效氯比一般漂白粉高 1 倍多,故杀菌力更强。

(3) 毒性　漂粉精的毒性与漂白粉相似,但毒性作用更强。

(4) 应用　漂粉精的用途与漂白粉相同。使用前将其溶于水,取上部澄清液。由于漂粉精不溶性残渣少,稳定性和有效氯含量高,更适用于湿热地区,故有取代漂白粉的趋势。

### 3. 次氯酸

次氯酸,分子式 HClO。

(1) 性状　次氯酸通常以水溶液的形式存在,为浅黄色透明状液体,带有氯臭味。次氯酸水溶液不稳定,分解放出氧并生成盐酸,而起强氧化作用。

(2) 性能　次氯酸水溶液的杀菌能力与 pH 有关,pH 越低,次氯酸分子数目越多,杀菌能力越大。

(3) 毒性　次氯酸进入血液中会引起全身中毒,进入口内能激烈地刺激胃。

（4）应用　用于水、果蔬、餐具、炊具等消毒。

### 4. 次氯酸钠

次氯酸钠，分子式 NaClO。

（1）性状　次氯酸钠为无色至浅黄绿色液体，有强烈的氯气味，有效氯在 4% 以上。它溶于冷水，在热水中分解，若混有氢氧化钠在空气中也不稳定。

（2）性能　次氯酸钠利用其氯的杀菌能力，可用作广谱性杀菌剂；利用其氧化能力，可用于脱臭、脱色、废水处理，其杀菌力随 pH 减小而增大。

（3）毒性　对皮肤黏膜有腐蚀作用，局部出现红肿、瘙痒等。

（4）应用　次氯酸钠用于饮用水、果蔬消毒，以及食品生产设备、器皿的消毒。

### 5. 过醋酸

过醋酸亦称过氧乙酸，分子式 $C_2H_4O_3$。

（1）性状　过醋酸为无色液体，有很强的醋酸气味，不稳定。它易溶于水、醇，水溶液呈酸性，易分解。通常为 32%~40% 溶液。

（2）性能　过醋酸对细菌、芽孢、真菌、病毒均有很强的杀灭能力，是广谱型高效杀菌剂。0.2% 浓度的过醋酸水溶液即可有效地杀死霉菌、酵母和细菌。对蜡状芽孢杆菌的芽孢，用 0.3% 过醋酸水溶液 3min，即可杀死。杀菌力强，低温下仍有良好的杀菌力，特别是对在有机物保护下的细菌亦有杀灭能力。

对热、杂质、冲击、酸碱度、强光及振动、摩擦等极敏感，受冲击、热和电火花等易发生燃烧或爆炸；加热至 110℃ 即猛烈分解爆炸，受振动时发生爆炸的灵敏度更大。

（3）毒性　大鼠经口 $LD_{50}$ 为 0.5g/kg。过醋酸对人体无害。高浓度（40%）能使皮肤变白、起泡，皮肤灼伤后 1~2 日即可恢复正常。手触浓溶液后立即以水冲洗，不会引起灼伤。此外，对呼吸道黏膜有刺激性。

（4）应用　用 0.2% 水溶液浸泡水果、蔬菜 2~5min，可抑制霉菌生长、增殖。用 0.1% 水溶液浸泡鸡蛋 2~5min，可明显消除蛋壳表面上的细菌，再经涂膜，利于保存。此外，过醋酸还可用于车间、工具、容器和皮肤的消毒。

由于过醋酸的稀溶液分解很快，通常是使用时现配，亦可暂存于冰箱内，以减少分解。40% 以上浓度的溶液易爆炸、燃烧。使用时要注意。还要注意不得与其他药品混合。

## 项目四

# 除氧剂

依照 GB 2760—2024《食品安全国家标准　食品添加剂使用标准》，食品添加剂不包括除氧剂，但是在食品加工过程中常常会使用到，所以在此介绍之。

### 一、除氧剂的作用

氧气是引起食品质变的一个重要因素。大部分微生物都是在有氧环境中能良好生长，哪怕氧含量低至 2%~3%，大部分的需氧菌和兼性厌氧菌仍能生长，生化反应仍能进行。故在包装中除去氧气，具有非常重要的现实意义。

1. 除氧剂

为防止食品氧化变质可以加入脱氧剂，在食品包装密封过程中，同时封入能除氧气的物质，可除去密封体系中的游离氧和溶存氧或使食品与氧气隔绝，防止食品由于氧化而变质、发霉等。这类物质称作除氧剂（FOR），也称作吸氧剂（FOA）或脱氧剂（FOX），在日本称作脱酸素剂。

除氧剂作为食品保鲜新材料，有它独特的优点。除氧剂的原料必须具有反应稳定、无怪味及无有害气体生成等作用，万一误食对人体也无害。

2. 除氧剂的作用

（1）能保持食品原有的色、香、味，抑制需氧微生物生长。脱氧剂不直接与食品接触，不会改变食品风味。合适的脱氧包装，除氧剂可在半天至 2 天时间内将氧气的浓度从21%降至0.1%以下，在食品上形成不透气的可食用的覆盖膜来隔离食品，延缓食品氧化，维持营养成分，有效地抑制微生物生长和防止虫蛀；还能防止食品的形态及外观遭受破坏。

（2）安全可靠。由于除氧剂与食品分隔包装，不会污染食品，保持食品的品质；封入脱氧剂后，可不使用或减少食品中防腐剂和抗氧化剂的用量，提高食品安全性。

（3）操作方便。进行脱氧包装时，只需在包装食品时将脱氧剂小袋一同放入即可，不需增添额外设备、不改变食品加工工艺，不受生产规模的制约。

生产中还常与真空和充气包装结合起来应用，增强保鲜效果。

除氧剂及除氧封存保鲜技术效率高，去氧、防腐和保鲜，综合效果好，无毒无味，使用范围广，价格低廉。是一种质优、方便的包装保藏方法。

## 二、除氧剂的种类

1. 根据除氧剂组成不同分类

除氧剂可分为两类：有机系除氧剂和无机系除氧剂。

（1）有机系除氧剂　有机系除氧剂如抗坏血酸除氧剂（又称维生素 C 系列脱氧剂）、酶类除氧剂、油酸除氧剂、维生素 E 类、儿茶酚类等除氧剂。

如抗坏血酸系列除氧剂（AA），本身是还原剂。在有氧的情况下，用铜离子作催化剂可被氧化成脱氢抗坏血酸（DHAA），从而除去环境中的氧。安全性较高。其反应机制：

$$AA + \frac{1}{2}O_2 \longrightarrow DHAA + H_2O$$

碱性糖制剂是以有机糖类做主剂，脱氧机制推测如下：

$$(CH_2O)_n + n \cdot NaOH + n \cdot H_2O + n \cdot O_2 \longrightarrow 邻苯二酚+甲邻基邻苯二酚+甲基对苯醌$$

这类制剂常用于肉制品的保藏。

（2）无机系除氧剂　无机系除氧剂有一个与氧气反应的主剂，还有一个控制、辅助主剂反应的辅剂。如果需要在除氧的同时放出 $CO_2$ 来保鲜，就要选择一个能与主剂反应产生气体置换反应的辅剂。如无机铁系脱氧剂。

2. 根据除氧剂主剂种类不同分类

可将除氧剂分为：铁系除氧剂、亚硫酸盐系除氧剂等类型。

（1）铁系除氧剂　当前使用较为广泛的是铁系除氧剂。铁系除氧剂其成分除铁粉外，一般还有氯化钙、盐分、活性炭以及硅藻土等辅助成分，由于铁系除氧剂需要有少量水分的参与才能发挥作用,添加氯化钙等成分就是为了吸潮。铁壳船在海水中更容易被腐蚀,就是因为盐分会让铁的氧化还原反应加快,因此在除氧剂里还常常会添加少量盐分。另外,铁粉表面积越大越容易吸收氧气,因此利用活性炭、沸石或硅藻土等多孔材质增加表面积,可以提高除氧剂的效果。

铁系除氧剂一般用于蛋糕、鱼制品、粮食的保藏。它的脱氧速度随包装内相对湿度变化而变化,湿度越高,速度越快。这种铁系脱氧剂可做成袋状,放入包装内。

(2) 亚硫酸盐系除氧剂 以连二亚硫酸盐作主剂,辅剂较多,常用的是碱性无机物。可加入碳酸氢钠、氢氧化钙作辅剂,反应如下:

$$2Na_2S_2O_4 + 2NaHCO_2 + O_2 \longrightarrow Na_2SO_4 + Na_2SO_3 + H_2O + CO_2 \uparrow$$

$$Na_2S_2O_4 + Ca(OH)_2 + O_2 \xrightarrow{水、活性炭} Na_2SO_4 + CaSO_4 + H_2O$$

另外还要加入一些反应的催化剂和基料,如上反应就要加入水和活性炭做触媒。

这类制剂常用于油脂产品的保藏。

(3) 其他类型的除氧剂 成分多种多样,有酶制剂、金属、惰性气体、纤维素等。通过化学反应、酶的作用、吸附作用、驱氧作用产生低氧环境,常用于水果、蔬菜、生鲜食品的保鲜。

例如,酶系除氧剂常用的是葡萄糖氧化醇,是利用葡萄糖氧化成葡萄糖酸时消耗氧来达到脱氧目的。酶系除氧剂应用也很广。酶系脱氧剂对 pH、$A_w$、盐含量、温度和其他因素的变化都很敏感,在反应时还需水的参与,因此,在低水分含量的食品中应用效果不好。但在瓶装啤酒或白酒饮料中,这种脱氧剂可直接做成小袋,放入瓶盖内。另外,也可将酶系固定在聚丙烯或聚乙烯膜上。

还有一类脱氧剂是光敏感性染料脱氧剂,这种脱氧技术是在透明包装袋的内顶部密封一乙基纤维素膜小薄片(内部溶解有光敏染料和单线态氧受体),当包装膜受到合适波长的光照时,激发的染料分子就会将环境中渗入包装膜的氧分子致敏成单线态氧,此单线态氧分子与受体分子反应而被消耗掉。

### 三、除氧能力

1. 除氧剂的性能指标

通常用几个指标来考察除氧剂的性能:

(1) 除氧效率 除氧效率是指用除氧剂后包装容器内能达到的最低氧浓度。好的除氧剂,氧浓度可降低到 0.1% 以下,甚至达到 0.001% 以下。无论何种脱氧剂,其脱氧能力都要达到使密封容器或包装中的游离氧降到 0.2% 以下,4 周后达 0.1% 以下。

(2) 除氧速度 除氧速度又称首次脱氧时间,指食品包装容器内的氧浓度由大气中的 21% 降到 0.1% 所需的时间。普通型除氧剂的除氧速度不大于 48h,快速型除氧剂的除氧速度不大于 12h。

(3) 总除氧剂 总除氧量也称作实际除氧,即除氧剂的最大除氧能力。除氧剂的总除氧量不同型号有不同的数值,一般规定为除氧剂牌号后面的数值(术语称作公称除氧量)的 3 倍。具体选用除氧剂型号时应根据包装袋内氧气量数值相近的型号。

例如,高湿型除氧保鲜剂(片、粒)有 25,50,100,200,300,500,1000,2000,3000 型。

型号选用方法是以上各规格产品所列的型号数,即为该型号除氧剂在包装物内吸取氧气的体积(又称之为公称除氧量)。具体测算方式如下:

(包装物口袋尺寸×包装物厚度) ÷5 = 所选用的除氧剂型号及数量

例如:(50cm×30cm×10) ÷5 = 3000(即选用一袋规格为 3000 型的除氧剂即可)。

选定除氧剂后,保质期的确定为:

$$保质期(d) = \frac{除氧剂的总除氧量-包装袋内的含氧量}{包装袋的透氧率×包装袋面积}$$

除氧剂开封后要立即使用,铁系除氧剂必须在开封后 5 天内使用完毕,且包装要完全密封。包装要求使用气体阻隔性材料、包装材料与脱氧剂无反应。

### 2. 除氧方式的效果比较

几种除氧方式的效果比较见表 16-1。

表 16-1　　　　　　　　　几种除氧方式的效果比较

| 内容 | 998 除氧保鲜 | 充气保鲜 | 抽真空保鲜 |
| --- | --- | --- | --- |
| 保鲜原理 | 吸除包装内的氧气 | 充入 CO 或 N 等中性气体使包装袋内的氧浓度降低 | 将包装内的空气抽出使包装内的氧气浓度降低 |
| 除氧效果 | 除氧效率近 100%,余氧在 $1/10^6$ 以下 | 除氧不完全,通常在 1%~2% 左右 | 同左 |
| 保质期内包装 | 只要除氧剂能力够,可长期保持无氧状态 | 随时间延长,包装内的氧气增加 | 同左 |
| 保鲜效果:防霉 | 完全,不长霉 | 不能完全控制霉菌生长 | 同左 |
| 防哈败 | 可完全防止哈败 | 氧气不断透入,不完全防止哈败 | 同左 |
| 防变色 | 可完全防止褪色 | 不完全防止 | 同左 |
| 防虫蛀 | 可完全防止虫蛀、可完全杀死虫和卵 | 不完全防止 | 同左 |
| 防止陈化、老化、保持风味 | 完全 | 氧气透入,风味变坏 | 同左 |
| 保持营养 | 效果最佳 | 氧气进入,营养损失 | 同左 |

---

> **思考题**
>
> 1. 异构化乳糖液在食品中有什么作用?
> 2. 举例简述呈味剂在食品加工中的作用。
> 3. 举例说明漂白剂的杀菌性能和应用。
> 4. 举例阐述过醋酸的杀菌性能和应用。
> 5. 举例说明除氧剂的组成、作用及脱氧机制。

模块十六
在线测试

## 实训内容

### 实训一　即食软包装风味菜丝的制作

#### 一、实训目的

了解食品呈味剂（咸味剂、甜味剂等）和杀菌剂的性能、应用。

#### 二、实训材料

蒜薹；莴笋；食用醋、八角、丁香、老姜、桂皮、白胡椒、小茴香等香料；食盐；白砂糖；味精；花生油；小磨香油；辣椒粉；蒜粉；辣椒油；柠檬酸；氯化钙；山梨酸钾（均为食用级）。

不锈钢锅；切片机；真空封口机；灭菌锅；离心机等。

#### 三、实训配方（自选配方 1 或 2）

(1) 菜丝 50%、食盐 1.0%、白砂糖 0.8%、熟花生油 2.5%、味精 0.1%、小磨香油 2%、山梨酸钾 0.1%、辣椒油 2%。

(2) 菜丝 75%、香料水 2%（八角 20g、老姜 40g、丁香 8g、桂皮 8g、白胡椒 5g、小茴香 10g、加水总体积为 10kg）、食盐 2%、白砂糖 20%、食用醋 1%。

#### 四、工艺流程

原料预处理→盐制→切丝→脱盐→脱水→调味→装袋→封口→杀菌→成品

#### 五、实训步骤

(1) 原料预处理、盐制　选择新鲜幼嫩的莴笋和蒜薹，莴笋去皮去筋，蒜薹去苔苞。清洗后，采用 10% 食盐水腌制（从第 2 天起每天递增 2% 直至食盐浓度为 16% 为止）。莴笋腌制 4 天，蒜薹腌制 5 天。

(2) 切丝、脱盐、脱水　将莴笋切成粗 3~5mm，长 5cm 的丝，蒜薹切成 5cm 长段。用流动水反复冲洗 12h，在 120r/min 离心机里离心 2min，以脱去蔬菜表面的水。

(3) 调味、装袋、封口、杀菌　配制香料水：八角 20g、老姜 40g、丁香 8g、桂皮 8g、白胡椒 5g、小茴香 10g。将以上香料粉碎，用白布包好，用 10g 沸水熬制 1h（熬制过程中挥发损失的水分应补足使总体积为 10kg），即得香料水。

将香料水、白砂糖、食用醋、食盐按配方要求配制成调味液，拌菜丝，用聚酯/聚丙烯复合袋包装，置于沸水中杀菌 10min 即可。

(4) 成品　取出包装擦干水分，冷却至室温，即得成品。

#### 六、思考题

(1) 举例说明呈味剂、杀菌剂的性能、应用。

（2）你认为产品配方还可以如何改进，使效果更好？

## 实训二　淮山玫瑰果酱的制作

### 一、实训目的

了解呈味剂的性能、应用。

### 二、实训材料

淮山；玫瑰；盐；柠檬酸；抗坏血酸。
破碎机；打浆机；夹层锅，真空浓缩锅；封罐机；灭菌锅等。

### 三、实训配方

淮山 35%、玫瑰 15%、白糖 20%、柠檬酸 0.5%、水 29.5%。

### 四、实训工艺流程

淮山、玫瑰→预处理→破碎→预煮→打浆→调配→加热浓缩→热装罐→密封→杀菌→冷却→成品
　　　　　　　　　　　　　　↑
　　　　　　　　　　　白糖、柠檬酸

### 五、实训步骤

（1）预处理　应选择粗壮，成熟度好的淮山块根，剔除腐烂变质、虫蛀部分。采集将开放的玫瑰花蕾，剔除霉烂变质部分，清洗干净，立即投入 5%盐水中护色。

（2）破碎　将去皮淮山放在破碎机中破碎成 2~3mm 碎块，然后放入打浆机中磨碎。玫瑰花处理后浸入水中，2h 后，放入打浆机中打浆。

（3）预煮　将处理后的原料称取一定量置于钢锅中加上占原料重 10%~20%的清水，加柠檬酸、抗坏血酸，煮 1min，并不断搅拌，使原料软化均匀。

（4）打浆　煮后的原料，用打浆机打成浆状。

（5）调配　将打浆好的淮山、玫瑰、白糖、水，按配方的比例调配好，搅拌均匀，再加热到 85℃左右，边加热边搅拌，使其混合均匀。

（6）加热浓缩　将调配好的物料放入真空浓缩锅中，缓慢打开蒸汽阀，压力控制在 0.1~0.5MPa，温度为 50~60℃。等浓缩到一定程度后，将糖浆和柠檬酸缓慢加入，待浓缩到可溶性固形物达到 66%时迅速出锅。

（7）热装罐、密封　浓缩出锅后的果酱，应迅速趁热装入消好毒的玻璃罐中，密封好最多不应超过 0.5h，酱温应保持在 85℃以上。

（8）杀菌和冷却　密封后应立即杀菌，选用沸水，杀菌方式为在沸水中煮 5~15min。

（9）成品　杀菌后立即冷却到 38℃左右，擦去表面水，即得成品。

## 六、思考题

(1) 说明本实训中采用的呈味剂的性能、应用。
(2) 上网查阅资料,提出新的产品配方并说明理由。

### 实训三　除氧剂的调研和试验

## 一、实训目的

了解食品用除氧剂的组成、应用。

## 二、实训材料

pH 计;酒精灯;铁架台;带导管的单孔塞试管等。

## 三、实训试剂

硝酸银溶液;稀硝酸;氢氧化钠溶液;稀盐酸;氯水;硫氰化钾;澄清石灰水。

## 四、实训步骤

(1) 两人一组,到市场调查,寻找茶叶或者月饼等含有脱氧剂的食品。
(2) 选择某一食品的包装袋中的一包除氧剂作为样品进行观察和试验。
①取出除氧剂,打开封口,将其倒在滤纸上,仔细观察除氧剂的颜色和状态。
②将除氧保鲜剂平分成 4 份进行试验:

a. 取一份除氧剂放入试管中,加水溶解,取上层清液观察颜色,测定其 pH。(提示:无色颗粒可能包括氯化钠和硅藻土,棕色粉末可能是铁粉吸收氧气和水后生成的氢氧化铁,黑色粉末可能包含铁粉和木炭粉。)
并且在其中滴加硝酸银溶液和稀硝酸,观察是否有沉淀产生。(确定是否含有氯离子。)

b. 取一份除氧剂于试管中,加入足量的稀盐酸,观察现象。静置后,取反应后的清液滴加氯水和硫氰化钾溶液,观察溶液的状态和颜色。(确定是否含有铁粉。)

c. 取一份除氧剂,加入氢氧化钠溶液,观察其是否溶解,再取上层清液,加入足量稀盐酸,观察现象。(确定是否含有硅藻土。)

d. 取一份除氧剂,放入试管中加热,并用带导管的单孔塞连通到澄清石灰水中,观察现象(澄清石灰水是否变混浊,不溶物可能为木炭粉)。
③查找资料,确定实训试剂:硝酸银溶液、稀硝酸溶液、氢氧化钠溶液等试剂的浓度,并进行配制。

## 五、解释与结论

通过试验,解释现象。并得出结论:该除氧剂的主要成分。

# 附录一

# 食品添加剂卫生管理办法

## 第一章 总 则

**第一条** 为加强食品添加剂卫生管理，防止食品污染，保护消费者身体健康，根据《中华人民共和国食品卫生法》制定本办法。

**第二条** 本办法适用于食品添加剂的生产经营和使用。

**第三条** 食品添加剂必须符合国家卫生标准和卫生要求。

**第四条** 卫生部主管全国食品添加剂的卫生监督管理工作。

## 第二章 审 批

**第五条** 下列食品添加剂必须获得卫生部批准后方可生产经营或者使用：

（一）未列入《食品添加剂使用卫生标准》或卫生部公告名单中的食品添加剂新品种；

（二）列入《食品添加剂使用卫生标准》或卫生部公告名单中的品种需要扩大使用范围或使用量的。

**第六条** 申请生产或者使用食品添加剂新品种的，应当提交下列资料：

（一）申请表；

（二）原料名称及其来源；

（三）化学结构及理化特性；

（四）生产工艺；

（五）省级以上卫生行政部门认定的检验机构出具的毒理学安全性评价报告、连续三批产品的卫生学检验报告；

（六）使用微生物生产食品添加剂时，必须提供卫生部认可机构出具的菌种鉴定报告及安全性评价资料；

（七）使用范围及使用量；

（八）试验性使用效果报告；
（九）食品中该种食品添加剂的检验方法；
（十）产品质量标准或规范；
（十一）产品样品；
（十二）标签（含说明书）；
（十三）国内外有关安全性资料及其他国家允许使用的证明文件或资料；
（十四）卫生部规定的其他资料。

**第七条** 申请食品添加剂扩大使用范围或使用量的，应当提交下列资料：
（一）申请表；
（二）拟添加食品的种类、使用量与生产工艺；
（三）试验性使用效果报告；
（四）食品中该食品添加剂的检验方法；
（五）产品样品；
（六）标签（含说明书）；
（七）国内外有关安全性资料及其他国家允许使用的证明文件或资料；
（八）卫生部规定的其他资料。

**第八条** 食品添加剂审批程序：
（一）申请者应当向所在地省级卫生行政部门提出申请，并按第六条或第七条的规定提供资料；
（二）省级卫生行政部门应在30天内完成对申报资料的完整性、合法性和规范性的初审，并提出初审意见后，报卫生部审批；
（三）卫生部定期召开专家评审会，对申报资料进行技术评审，并根据专家评审会技术评审意见作出是否批准的决定。

**第九条** 进口食品添加剂新品种和进口扩大使用范围或使用量的食品添加剂，生产企业或者进口代理商应当直接向卫生部提出申请。申请时，除应当提供本办法第六条、第七条规定的资料外，还应当提供下列资料：
（一）生产国（地区）政府或其认定的机构出具的允许生产和销售的证明文件；
（二）生产企业所在国（地区）有关机构或者组织出具的对生产者审查或认证的证明材料。

进口食品中的食品添加剂必须符合《食品添加剂使用卫生标准》。不符合的，按本办法的有关规定获得卫生部批准后方可进口。

## 第三章 生产经营和使用

**第十条** 食品添加剂生产企业必须取得省级卫生行政部门发放的卫生许可证后方可从事食品添加剂生产。

**第十一条** 生产企业申请食品添加剂卫生许可证时，应当向省级卫生行政部门提交下列资料：
（一）申请表；

（二）生产食品添加剂的品种名单；
（三）生产条件、设备和质量保证体系的情况；
（四）生产工艺；
（五）质量标准或规范；
（六）连续三批产品的卫生学检验报告；
（七）标签（含说明书）。

**第十二条**　食品添加剂生产企业应当具备与产品类型、数量相适应的厂房、设备和设施，按照产品质量标准组织生产，并建立企业生产记录和产品留样制度。

食品添加剂生产企业应当加强生产过程的卫生管理，防止食品添加剂受到污染和不同品种间的混杂。

**第十三条**　生产复合食品添加剂的，各单一品种添加剂的使用范围和使用量应当符合《食品添加剂使用卫生标准》或卫生部公告名单规定的品种及其使用范围、使用量。

不得将没有同一个使用范围的各单一品种添加剂用于复合食品添加剂的生产，不得使用超出《食品添加剂使用卫生标准》的非食用物质生产复合食品添加剂。

**第十四条**　企业生产食品添加剂时，应当对产品进行质量检验。检验合格的，应当出具产品检验合格证明；无产品检验合格证明的不得销售。

**第十五条**　食品添加剂经营者必须有与经营品种、数量相适应的贮存和营业场所。销售和存放食品添加剂，必须做到专柜、专架，定位存放，不得与非食用产品或有毒有害物品混放。

**第十六条**　食品添加剂经营者购入食品添加剂时，应当索取卫生许可证复印件和产品检验合格证明。

禁止经营无卫生许可证、无产品检验合格证明的食品添加剂。

**第十七条**　食品添加剂的使用必须符合《食品添加剂使用卫生标准》或卫生部公告名单规定的品种及其使用范围、使用量。

禁止以掩盖食品腐败变质或以掺杂、掺假、伪造为目的而使用食品添加剂。

## 第四章　标识、说明书

**第十八条**　食品添加剂必须有包装标识和产品说明书，标识内容包括：品名、产地、厂名、卫生许可证号、规格、配方或者主要成分、生产日期、批号或者代号、保质期限、使用范围与使用量、使用方法等，并在标识上明确标示"食品添加剂"字样。

食品添加剂有适用禁忌与安全注意事项的，应当在标识上给予警示性标示。

**第十九条**　复合食品添加剂，除应当按本办法第十八条规定标识外，还应当同时标示出各单一品种的名称，并按含量由大到小排列；各单一品种必须使用与《食品添加剂使用卫生标准》相一致的名称。

**第二十条**　食品添加剂的包装标识和产品说明书，不得有扩大使用范围或夸大使用效果的宣传内容。

## 第五章  卫生监督

**第二十一条**  卫生部对可能存在安全卫生问题的食品添加剂，可以重新进行安全性评价，修订使用范围和使用量或作出禁止使用的决定，并予以公布。

**第二十二条**  县级以上地方人民政府卫生行政部门应当组织对食品添加剂的生产经营和使用情况进行监督抽查，并向社会公布监督抽查结果。

**第二十三条**  食品卫生检验单位应当按照卫生部制定的标准、规范和要求对食品添加剂进行检验，作出的检验和评价报告应当客观、真实，符合有关标准、规范和要求。

**第二十四条**  食品添加剂生产经营的一般卫生监督管理，按照《食品卫生法》及有关规定执行。

## 第六章  罚  则

**第二十五条**  生产经营或者使用不符合食品添加剂使用卫生标准或本办法有关规定的食品添加剂的，按照《食品卫生法》第四十四条的规定，予以处罚。

**第二十六条**  食品添加剂的包装标识或者产品说明书上不标明或者虚假标注生产日期、保质期限等规定事项的，或者不标注中文标识的，按照《食品卫生法》第四十六条的规定，予以处罚。

**第二十七条**  违反《食品卫生法》或其他有关卫生要求的，依照相应规定进行处罚。

## 第七章  附  则

**第二十八条**  本办法下列用语的含义：

食品添加剂是指为改善食品品质和色、香、味，以及为防腐和加工工艺的需要而加入食品中的化学合成或天然物质。

复合食品添加剂是指由两种以上单一品种的食品添加剂经物理混匀而成的食品添加剂。

**第二十九条**  本办法由卫生部负责解释。

**第三十条**  本办法自 2002 年 7 月 1 日起施行。1993 年 3 月 15 日卫生部发布的《食品添加剂卫生管理办法》同时废止。

# 附录二

# GB 2760—2024《食品安全国家标准 食品添加剂使用标准》（节选）

## 前 言

本标准代替 GB 2760—2014《食品安全国家标准 食品添加剂使用标准》。

本标准与 GB 2760—2014 相比，主要变化如下：

——增加了国家卫生健康委员会（原国家卫生和计划生育委员会）2015 年 1 号公告、2016 年 8 号公告、2016 年 9 号公告、2016 年 14 号公告、2017 年 1 号公告、2017 年 3 号公告、2017 年 8 号公告、2017 年 10 号公告、2017 年 13 号公告、2018 年 2 号公告、2018 年 8 号公告、2019 年 2 号公告、2019 年 4 号公告、2019 年 6 号公告、2020 年 4 号公告、2020 年 6 号公告、2020 年 8 号公告、2020 年 9 号公告、2021 年 2 号公告、2021 年 5 号公告、2021 年 6 号公告、2021 年 9 号公告、2022 年 1 号公告、2022 年 2 号公告、2022 年 5 号公告、2023 年 1 号公告、2023 年 3 号公告、2023 年 5 号公告的食品添加剂规定。

——修改了正文有关内容：

a）修改了 2.1 食品添加剂的定义，增加了营养强化剂；

b）将原标准中 2.5 "国际编码系统（INS）" 和 2.6 "中国编码系统（CNS）" 合并为 2.5 "食品添加剂编码"，并修改其定义描述；

c）删除了原标准中 4 "食品分类系统" 中 "如允许某一食品添加剂应用于某一食品类别时，则允许其应用于该类别下的所有类别食品，另有规定的除外"，将其在附录 A 中 A.3 体现；

d）增加了第 8 章 "食品添加剂的功能类别" 和第 9 章 "附录 A 中食品添加剂使用规定索引"。

——修改了附录 A 食品添加剂的使用规定：

a）修改了部分食品添加剂英文名称、INS 号、CNS 号；

b）修改了附录 A 中食品添加剂使用规定的查询方式，将表 A.3 的内容在表 A.1 和 A.2 中体现，原表 A.2 合并入表 A.1；

c）删除了附录 A 中消泡剂功能；

d) 修改部分食品添加剂的使用规定。

——修改了附录 B 食品用香料、香精的使用规定：

a) 修改了食品用香料、香精的使用原则中部分描述；

b) 修改了部分食品用香料的规定、中文名称、英文名称和编号。

——修改了附录 C 食品工业用加工助剂（以下简称"加工助剂"）使用规定：

a) 将过氧化氢从表 C.1 放入表 C.2，并规定其使用功能和范围；

b) 修改部分加工助剂的名称和使用范围的描述。

——修改了附录 D 食品添加剂功能类别：

a) 增加了营养强化剂的编号和定义；

b) 修改了食品用香料的定义。

——修改了附录 E 食品分类系统：

a) 修改了 05.01.03、12.03、12.03.02、12.04.02、12.05、12.10.03.01 等的食品分类名称，并按照调整后的食品类别对食品添加剂使用规定进行了调整。

——修改了附录 F "附录 A 中食品添加剂使用规定索引"：

a) 增加了食品添加剂的 INS 号。

# 参 考 文 献

1. 李江华. 食品添加剂使用卫生标准速查手册 [M]. 北京：中国标准出版社，2011.
2. 刘程. 食品添加剂实用大全 [M]. 北京：北京工业大学出版社，2004.
3. 高彦祥. 食品添加剂 [M]. 北京：中国轻工业出版社，2011.
4. 凌关庭. 食品添加剂手册 [M]. 北京：化学工业出版社，2008.
5. 刘志皋，高彦祥. 食品添加剂基础 [M]. 北京：中国轻工业出版社，2008.
6. 刘钟栋. 食品添加剂原理及应用技术 [M]. 北京：中国轻工业出版社，2001.
7. 彭珊珊，石燕，靳桂敏等. 食品添加剂知多少 [M]. 北京：中国轻工业出版社，2006.
8. 万素英，赵亚军，李琳等. 食品抗氧化剂 [M]. 北京：中国轻工业出版社，2000.
9. 郭勇. 酶工程 [M]. 北京：科学出版社，2004.
10. 彭志英. 食品生物技术导论 [M]. 北京：中国轻工业出版社，2008.
11. 贾士儒. 生物防腐剂 [M]. 北京：中国轻工业出版社，2009.
12. 黄来发. 食品增稠剂 [M]. 2版. 北京：中国轻工业出版社，2009.
13. 胡国华. 食品添加剂应用基础 [M]. 北京：化学工业出版社，2005.
14. 姚焕章. 食品添加剂 [M]. 北京：中国物资出版社，2001.
15. 汪建军. 食品添加剂应用技术 [M]. 北京：科学出版社，2010.
16. 侯振建. 食品添加剂及其应用技术 [M]. 北京：化学工业出版社，2008.
17. 郝利平. 食品添加剂 [M]. 北京：中国农业出版社，2010.